建筑五大员必备丛书

建筑施工员一本通

修订版

潘旺林　杨发青　黄　平　主编

时代出版传媒股份有限公司
安徽科学技术出版社

图书在版编目(CIP)数据

建筑施工员一本通 / 潘旺林,杨发青,黄平主编. -- 2
版. —合肥:安徽科学技术出版社,2019.1(2023.9重印)
（建筑五大员必备丛书）
ISBN 978-7-5337-7522-3

Ⅰ.①建… Ⅱ.①潘…②杨…③黄… Ⅲ.①建筑
工程-工程施工-基本知识 Ⅳ.①TU74

中国版本图书馆 CIP 数据核字(2018)第 162813 号

建筑施工员一本通(修订版)　　　　　潘旺林　杨发青　黄　平　主编

出 版 人：王筱文　　　　选题策划：刘三珊　　　　责任编辑：李志成
责任校对：岑红宇　　　　责任印制：梁东兵　　　　装帧设计：冯　劲
出版发行：安徽科学技术出版社　　　　http://www.ahstp.net
（合肥市政务文化新区翡翠路 1118 号出版传媒广场,邮编:230071）
电话：(0551)63533330
印　　制：合肥创新印务有限公司　　　电话:(0551)64321190
（如发现印装质量问题,影响阅读,请与印刷厂商联系调换）

开本：710×1010　1/16　印张：20.5　　　字数：440 千
版次：2019 年 1 月第 2 版　2023 年 9 月第 7 次印刷　累计 22 次印刷

ISBN 978-7-5337-7522-3　　　　　　　　定价：49.80 元

前　言

　　根据建筑工程项目管理的实际需要,本套丛书以工程项目中"五大员"为对象编写,目的是在建筑技术不断发展的今天,能够为其提供一套内容简明、通俗易懂、图文并茂,并融新技术、新材料、新工艺与管理工作为一体的实用参考书。该套丛书依据最新的规程、规范和试件经验,按管理知识、工艺技术、规范与标准的内容结构进行编写,突出实际操作,注意管理的可控性,力求更为贴近建筑工程施工"五大员"的实际工作需要。

　　本书结合当前建筑施工管理人员的实际工作需要进行编写,在总结我国建筑施工经验的基础上,系统地介绍了各工种工程传统的基本施工方法和施工要点,同时介绍了近年来应用较为频繁的新技术和新工艺,目的是给广大施工人员,特别是基层施工技术人员提供一本可读性及实用性比较强的学习资料。主要内容包括建筑施工基础知识、准备工作、施工测量、土方工程、基础工程、砌体工程、钢筋混凝土工程、预应力混凝土工程、防水工程等内容。编写过程中严格遵循国家现行建筑工程施工及验收规范、标准与规定,内容上尽量符合建筑工程施工的实际需要。本书既可作为建筑施工员岗位培训教材,也可作为基层施工管理人员和工程技术人员的学习参考用书。

　　本书由潘旺林、杨发青、黄平主编,参加编写的有徐峰、高建党、陈忠民、刘兴武、姚韵红、徐伟平、冯宪民、张露露、夏红民、卢小虎、李树军、邱立功、唐亚鸣、余莉、周迎红、李林、王书娴、韩绍才、王一鸣、姜旭春、徐明、刘艳、陶云、姚东伟、王功、桂黎红、杨光明、韩满林、满维龙、王治平、江建刚、方立友、周晓俊、孙波、杨小波等同志。全书最后由潘旺林统稿。

　　由于编者水平有限,书中难免有不足之处,敬请读者批评指正。

编　者

目　　录

第一章　建筑施工基础知识

第一节　建筑识图

一、建筑施工图的内容

1. 建筑总平面图

建筑总平面图主要标明拟建工程的位置以及周围环境。在图上应标出拟建建筑物的平面形状、标高、周围地形地貌以及原有建筑物的平面形状,建成后的道路、供水、供电线路布置及排水等。可以采用标有坐标网的测量地形图来绘制总平面图。在图上还应标明指北针方向和标明风向出现频率的"风玫瑰图"。

2. 建筑施工图

建筑施工图标明了房屋各层平面布置、立面和剖面形式,有建筑各部构造及构造详图。应包括设计说明,各层平面图、各立面图(如南立面、北立面图)、剖面图、构造详图及作法、材料说明等。在图标栏应注明"建施××号图"。

3. 结构施工图

结构施工图说明了房屋结构构造类型、结构布置、构件尺寸、材料类型和等级以及施工要求等。结构施工图应包括基础详图和基础平面布置图,各层平面结构布置图、结构构造详图和大样图、构件图等。在其图标栏应标明"结施××号图"。

4. 水、电、暖、卫施工图

电气设备施工图是房屋内部电气线路的布置走向和电气设备布置的施工图纸。它有平面布置图、系统图、详图等,在图标栏应标明"电施"。

水、暖、卫施工图是房屋中给排水管道、暖气管道、煤气管道和卫生设备的布置和构造图。它应有平面布置图、轴测图、构造详图等,在图标栏上标明"水施""暖通"等。

二、详图索引标志和图例说明

1. 详图索引标志

一套施工图纸,可以只有几张、十余张,复杂的可以有几十张甚至几百张。图纸之间紧密联系,要看懂图纸,必然要对照阅看。这就需要有一种简单明了的符号来表示,这种符号就称为详图索引标志。

(1)所索引的图在本张图纸上时,表示方法如图 1-1(a);所索引的详图不在本张图纸上时,表示方法如图 1-1(b);索引的图纸采用标准详图时,须在中间横线左上面写上标准图代号,如图 1-1(c)所示,查阅该 J103 标准图集的第 4 号图中的第 5 号详图。

(2)详图的本身标志,采用双圆圈表示,外细内粗,外径 16 mm,内径 14 mm,如图 1-1(d)、(e)所示,其中(d)为在本图纸上。

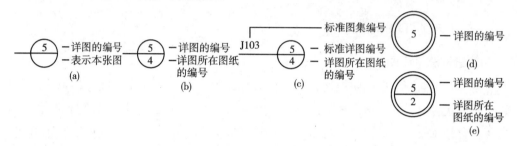

图 1-1　详图索引标志和详图标志

2. 图例和符号

施工图中的图例和符号颇多,这里介绍几种。如图 1-2(a)所示剖切线,表示剖面图在平面图中的剖切位置和剖视方向,用粗实线表示,并加注标注编号。图 1-2(b)表示轴线,即墙、柱定位轴线编号。

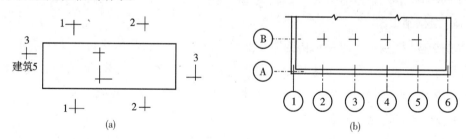

图 1-2　剖切线和墙、柱定位轴线

表 1-1 为建筑施工图中常用的图例。

表 1-1　建筑施工图中常用的图例

名　称	图　例	名　称	图　例
新设计的建筑物		室内地坪标高	154.20

续表

名　称	图　例	名　称	图　例
原有建筑物		室外地坪标高	
		原有道路	
计划扩建的预留地或建筑物		现有道路	
		自然土壤	
拆除的建筑物		素土夯实	
贮罐或水塔		砂砾石和碎砖三合土	
烟　囱		石　材	
围　墙		混凝土	

三、施工图的读图方法和步骤

1. 读图方法

读图的基本原则是,先粗后细,从大到小,建筑图和结构图相互对照。识图者应该掌握正投影原理,熟悉房屋构造,了解结构的基本概念。

2. 识图步骤

(1)理清图纸。根据图纸目录清查总共多少张图纸,各类图纸分别是几张,有无缺失,应做到无缺失、遗漏。涉及本建筑物的标准图集或配件图应予配齐。

(2)粗读。一般可按顺序粗看一遍。其目的在于对本工程建设有一个大致的概念。例如了解工程概况、工程所在位置、周围环境、地形、地貌、建筑形式、建筑面积、结构形式、建筑特点和关键部位等。

(3)对照阅读,进行深入细致的了解。可先看建筑施工图,其次是结构施工图,最后是水电暖通施工图。要注意对照阅读,如平面与立面、平面与剖面图对照,整体与详图对照,图形与文字对照,建筑与结构图对照。只有通过反复对照,才能深入找出未弄清楚的问题。在阅图中,还应着重搞清重要的构造和尺寸,如开间、进深、轴线、层高等。要认真做好记录或用铅笔标上记号。

(4)图纸会审。在开工之前,建设、设计和施工单位要共同进行图纸会审。其目的是全面审查图纸,研究和讨论图纸中存在的问题,提出修改意见,由设计单位负责修改设计中的不合理部分和错误。同时,会审时设计单位也可对关键部位作详尽交底。会审记录、设计核定单(修改部位的核定)、隐蔽工程签证等重要技术文件,应妥善存档,以备日后查考。

四、建筑施工图识读

建筑施工图包括设计说明、总平面图、平面图、立面图、剖面图和构造详图等。

1. 设计说明

它主要包括工程概况(建筑名称、平面形式、层数、建筑面积、标高、与周围建筑物的关系等);结构特征(介绍工程属于哪种类型的结构、主要结构施工方法);构造作法(详细介绍楼地面、墙体、屋面、楼梯、门窗、散水、勒脚、油漆、粉刷……的做法或采用标准图集的代号和构造代号),也可采用表格方式介绍各部装修的做法。

设计说明一般置首页,首页除设计说明外,还包括图纸目录、标准图集目录和门窗明细表等。

2. 总平面图

它主要包括新建工程的总体布置。包括下列内容:新建工程周围的地形、地貌、道路、水电管网的布置;新建工程的平面位置、形式、层数、标高,与原有建筑的相对位置;周围地形用等高线标出,并注明绝对高程;供水、排水、供电等管线总平面布置图、竖向设计图、道路纵横设计图以及绿化布置图等,应与总平面设计图配套。

3. 平面图

各层平面图都应绘出,如中间各层相同,可只画底层、标准层和屋顶层平面图。

平面图包括以下内容:墙柱定位轴线;墙厚尺寸,柱截面尺寸,门窗洞位置及尺寸;室外台阶、踏步、大门入口、散水、明沟、阳台、室内设备等;尺寸标注;标高;详图索引;标注门窗代号;文字说明;剖面的剖切位置;图名、比例、方位等。

4. 屋顶平面图

它应标明排水情况(分区、坡度、天沟和水落管位置),同时还应配以檐口节点详图、女儿墙泛水构造详图、变形缝详图、高低层泛水构造详图等。

5. 立面图

建筑立面图主要是表现建筑物的外貌,它反映各立面的造型、门窗形式和布置,各部分标高、外墙面的装修。它可分为正立面、背立面、左侧立面、右侧立面。立面用标高来表示建筑物的总高度、窗台上口、窗过梁下口、各层楼地面、屋面的垂直位置等。

6. 剖面图

它主要标示建筑物内部的结构和构造形式、沿高度分层情况、门窗洞高等。凡关键部位(如檐口、过梁、窗台、勒脚、散水等墙身节点)如不能详细表达清楚的,须用构造详图来表示。

7. 详图

为了表示某些部位的结构构造和详细尺寸,必须绘制详图。详图主要有:楼梯间平面图及构造详图,介绍梯段宽度、长度和步数,平台宽度和尺寸,栏杆位置和形式等;墙身节点构造大样,如檐口、过梁、窗台、勒脚等;屋面构造详图,如女儿墙、高低跨泛水、天沟、山墙顶等;特殊设备房间,如盥洗、厕所、厨房等,应用详图来标明设备的形状、尺寸、位置和构造等;其他如花格、花台、踏步、台阶、雨篷、散水等局部构造。

8. 建筑施工图识图举例

图1-3是一张邮电所的建筑施工图。

(1)首先看平面图。该平面图比例尺为 1∶100,纵向长度 12 360 mm,横向宽 4 836 mm。

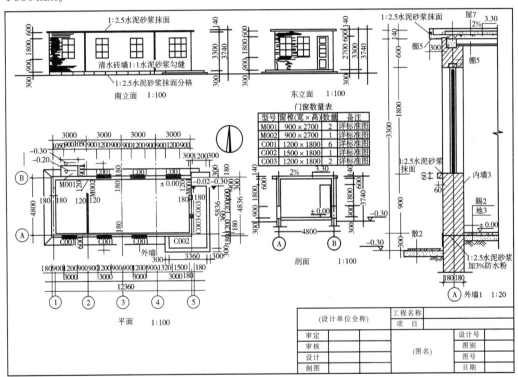

图 1-3　某邮电所建筑施工图

平面图纵向共有五道轴线,轴线间距为 3 m。横向共有两道轴线,轴线间距是 4.8 m。

从图中还可以看到,外墙厚 360 mm,内墙厚 240 mm。山墙的轴线位于墙的中间,距墙内外缘都是 180 mm。

从图上可以看出,共有两间房屋,外间是营业室,内间是工作人员休息室。两间相

5

套,中以一内门连通,另各有一个外门通到室外。门的编号分别为 M001、M002、M003。从门窗数量表中可以查到门的数量及其尺寸。

室内外高差为 300 mm,地坪标高±0.000 相当于绝对标高 45.5 m。

剖面图的剖面线和外墙 1 剖切线,可结合剖面图和外墙详图阅看。

平面图上关键的信息是总长、总宽、几道轴线、轴线间距、墙厚、门窗尺寸和编号、地面标高、踏步走向等。

(2)看立面图。从图 1-3 的建筑立面图可看出该建筑为一平房,层高 3.3 m,从室外地面到挑檐顶,整个竖向尺寸在立面图一侧标出。

从东立面图可以看出,外门是单扇玻璃门,有两个外窗。从南立面图看出有四个外窗。窗台高为 900 mm,窗身高为 1 800 mm。

外墙面的做法,是清水砖墙,用 1∶1 水泥砂浆勾缝,屋顶挑檐和窗外滴水均为 1∶2.5 水泥砂浆抹面。勒脚高为 300 mm,用 1∶2.5 水泥砂浆抹面分格。

在南立面上有两条落水管。

立面图主要信息是:各部分标高,门窗位置,装修做法及水落管位置。

(3)看剖面图。可看出层高为 3 300 mm,窗竖向高 1 800 mm,内门的竖向高为 2 700 mm。窗上口为一钢筋混凝土过梁,屋面板下有一圈梁。屋面坡度为 2%。

剖面图主要信息为层高,各部作法,门窗位置以及外墙竖向尺寸和标高等。

(4)看外墙详图。与平面图上的对应编号是外墙 1。从图中可知层高,从室外地面到挑檐顶板的竖向尺寸,窗上有过梁、窗台滴水。图中标示了屋面、顶棚、内墙面、地面、踢脚以及散水等的做法。

建筑各部分构造,我国各省均已编制标准详图,并绘制统一标准图集供设计和施工单位采用。

五、结构施工图识读

1. 结构设计说明

主要包括:各主要部位工程的设计要求,结构施工图图纸目录,结构标准图目录,构件统计表等。具体内容主要有以下几项(以砖混结构为例)。

(1)工程地质条件,如土层类型和容许承载力。

(2)基础工程,材料、标号、施工要求,开挖后地质条件发生变化的处理意见。

(3)砖砌工程,砖材料类型标号、砌筑砂浆标号,质量要求。

(4)预制构件及钢筋混凝土工程,预制构件标号(强度等级)及质量要求,钢筋混凝土构件的构造要求,现浇构件标号(强度等级)等。

(5)结构施工图纸目录。

(6)构件统计表。

2. 基础结构图

基础施工图由基础平面图和基础剖面图组成。基础平面图主要表现基础墙、垫层的布置情况。例如图 1-4 中表示了基础在平面上的轮廓线,包括灰土地基垫层的边线、基础墙边线以及与轴线的关系。

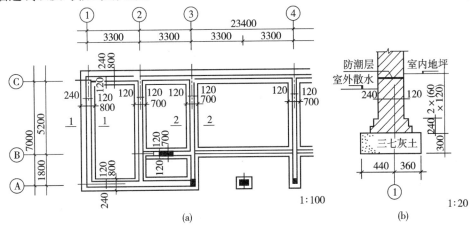

图 1-4　基础施工图

从图中可以看出轴线两边的尺寸相加为 360 和 240,这就是外墙和内墙的厚度;而基槽总宽度为 800,也就是说,墙身两边各伸展出 220 mm。图 1-4(b)表示外墙基础剖切线,1-4(a)图表示内墙剖切线,从剖面图上可以看到其具体结构和做法。外墙基础下部宽 800 mm,灰土垫层高 300 mm,基础是偏心的,基础墙中心线与轴线偏离 60 mm,两步大放脚,每步60 mm宽,120 mm 高。低于室内地坪的墙身处铺设了防潮层。图中还标示了室外散水的位置。

3. 楼板、屋面板结构图

楼板和屋面板结构图,主要由平面图与剖面图组成,见图 1-5。

楼板有预制板和现浇板两种。

预制板结构的平面图,应表示出板的布置情况(方向和块数)、板的型号、板缝处理及板与承重墙的关系。如为现浇板,则须绘出楼板的配筋图。

楼板与承重墙搭接处的构造作法,应绘出剖面大样图,并在平面图的相应位置画出剖面符号。

图 1-5 是一个预制板结构的楼板平面图。从图中可以看出承重墙的布置和墙厚。以轴线①为例,承重墙的厚度为 360 mm,与轴线的关系是 240 mm、120 mm。构件安装可以此为据。

从图中可看出楼板的布置情况。轴线①~②间的楼板,标有 8YB33-2 的标志。这表示用 8 块预应力圆孔板,跨度为 3.3 m(实际长度为 3 280 mm),荷载为二级。①轴线上的剖面 3—3 表示了楼板、墙和圈梁的联结关系和构造作法。楼板搭接在 360 mm 的承重墙上,搭接长 75 mm,板高 130 mm,板底标高 3.10 m。板底座浆厚 20 mm。圈梁断面为 200 mm×165 mm,配筋为 $4\phi10$,箍筋为 $\phi6$,间距为 250 mm。

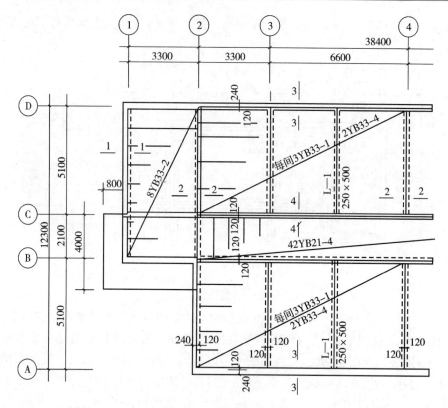

图 1-5 楼板结构平面图

4. 钢筋混凝土构件详图

结构构件有现浇和预制两种。梁、板、柱构件均应绘出配筋详图。预制构件是在预制厂内或现场预制好,然后在现场直接吊装就位。现浇构件还必须绘出它与支座的关系及梁的位置。图 1-6 为一现浇的配筋详图。图中表示了梁的长度为 5 340 mm,高为 500 mm,宽为 250 mm,梁的两端各与承重墙搭接 120 mm。图中标出了梁的配筋,上部为 2ϕ12,下部为 2ϕ18 和 1ϕ20,箍筋是 ϕ6,间距为 200 mm。

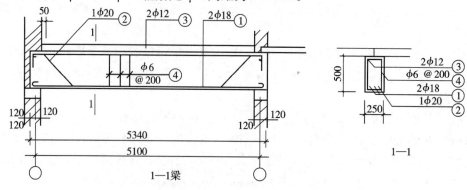

图 1-6 梁的配筋详图

第二节　建筑材料

一、混凝土和砂浆

由胶凝材料、粗细骨料、水及其他外加材料按适当比例配合,再经搅拌、成型和硬化而成的人造石材称为混凝土。

现代土木建筑工程中,工业与民用建筑、给水与排水工程、水利工程、道路桥梁工程以及国防工程中等都广泛用到混凝土。混凝土是当代最重要的建筑材料之一,也是当今世界用量最大的人工建筑材料。

由胶凝材料、细骨料、水及塑化剂按一定比例配制而成的材料称为砂浆。

砂浆广泛用于胶结单块材料构成砌体,大型墙板和各种结构的接缝,墙、地面及梁柱结构表面抹灰,贴面材料的粘贴等。

(一)混凝土的特点和分类

1. 混凝土的特点

混凝土之所以能得到广泛应用,是因为它有如下特点:

(1)原料来源广、价格低廉。

(2)适应性强。

(3)成型性好、施工方便。

(4)强度高。

(5)良好的耐久性。

2. 混凝土的分类

混凝土的品种繁多,可按其组成、特性和功能等从不同角度进行分类。

按胶凝材料分:水泥混凝土、沥青混凝土、聚合物混凝土等。

按表观密度分:轻质混凝土($\rho_0 < 1\,900\,\mathrm{kg/m^3}$)、普通混凝土($\rho_0 = 1\,900 \sim 2500\,\mathrm{kg/m^3}$)、特重混凝土($\rho_0 > 2\,500\,\mathrm{kg/m^3}$)。

按特性分:加气混凝土、补偿收缩混凝土、耐酸混凝土、高强混凝土、喷射混凝土等。

按用途分:结构混凝土(普通混凝土)、道路混凝土、水工混凝土等。

(二)常用混凝土品种

1. 普通混凝土

普通混凝土(即普通水泥混凝土,亦称水泥混凝土)是以普通水泥为胶结材料,普通的天然砂石为骨料,加水或再加少量外加剂,按专门设计的配合比配制,经搅拌、成型、养护而得到的混凝土。

普通混凝土是建筑工程中最常用的结构材料,表观密度 $2400\,kg/m^3$ 左右。

根据《混凝土结构设计规范》(GB 50010—2002)规定,目前混凝土的强度等级有 C15、C20、C25、C30、C35、C40、C45、C50、C55、C60、C65、C70、C75 和 C80 共十四级。在结构设计中,为保证混凝土的质量,应根据建筑物的不同部位及承受荷载的区别,选用不同强度等级的混凝土,一般情况下:

C15 的混凝土多用于垫层、基础、地坪及受力不大的结构。

C20~C30 的混凝土多用于普通钢筋混凝土结构中的梁、柱、板、楼梯、屋架等。

C30 以上的混凝土多用于吊车梁、预应力钢筋混凝土构件、大跨度结构及特种结构。

2. 轻混凝土

表观密度小于 $1900\,kg/m^3$ 的混凝土称为轻混凝土。按组成和结构状态的不同,又分轻骨料混凝土、多孔混凝土和无砂大孔混凝土。这里仅对常用的轻骨料混凝土和加气混凝土做简要介绍。

(1)轻骨料混凝土。用轻质的粗细骨料(或普通砂)、水泥和水配制成的表观密度较小的混凝土。按轻质骨料品种不同分为粉煤灰陶粒混凝土(工业废渣轻骨料)、浮石混凝土(天然轻骨料)、黏土陶粒混凝土(人工轻骨料)。按混凝土构造不同分为保温轻骨料混凝土、保温结构混凝土和结构混凝土。与普通混凝土相比,虽强度有不同程度的降低,但保温性能好,抗震能力强。按立方体抗压强度标准值划分为 LC5.0、LC7.5、LC10、LC15、LC20、…、LC60 等强度等级。比黏土砖强度高。

(2)加气混凝土。用含钙材料(水泥、石灰)、含硅材料(石英砂、粉煤灰、矿渣等)和加气剂为原料,经磨细、配料、浇筑、切割和压蒸养护等制成。由于不用粗细骨料,也称无骨料混凝土,其质量轻、保温隔热性好并能耐火。多制成墙体砌块、隔墙板等。

(3)聚合物混凝土。这是一种将有机聚合物用于混凝土中制成的新型混凝土。按制作方法不同,分三类:聚合物浸渍混凝土、聚合物混凝土和聚合物水泥混凝土。

①聚合物浸渍混凝土(PIC)。它是将已硬化的普通混凝土放在单体里浸渍,然后用加热或辐射的方法使混凝土孔隙内的单体产生聚合作用,使混凝土和聚合物结合成一体的新型混凝土。它具有高强、耐腐蚀、耐久性好的特点,可做耐腐蚀材料、耐压材料及水下和海洋开发结构方面的材料。但目前造价较高,主要用于管道内衬、隧道衬砌、铁路轨枕、混凝土船及海上采油平台等。现在国外还在研究聚合物浸渍石棉水泥、陶瓷等。

②聚合物混凝土(树脂混凝土)(PC)。它是以聚合物(树脂或单体)代替水泥作为胶凝材料与骨料结合,浇筑后经养护和聚合而成的混凝土。它的特点是强度高、抗渗、耐腐蚀性好,多用于要求耐腐蚀的化工结构和高强度的接头。还用于衬砌、轨枕、喷射混凝土等。如用绝缘性好的树脂制成的混凝土,也做绝缘材料。此外树脂混凝土有美观的色彩,可制人造大理石等饰面构件。

③聚合物水泥混凝土(PCC)。它是在水泥混凝土搅拌阶段掺入单体或聚合物,浇筑后经养护和聚合而成的混凝土。由于其制作简单,成本较低,实际应用也比较多。它比

普通混凝土黏结性强、耐久性和耐磨性好,有较高的抗渗、耐腐蚀、抗冲击和抗弯能力,但强度提高较少。主要用于路面、桥面及有耐腐蚀要求的楼地面。也可作衬砌材料、喷射混凝土等。

(4)高强、超高强混凝土。一般把 C15～C50 强度等级的混凝土称普通强度等级混凝土,C60～C80 强度等级为高强混凝土,C100 以上称超高强混凝土。

如用高强和超高强混凝土代替普通强度混凝土可以大幅度减少混凝土结构体积和钢筋用量。而且高强混凝土的抗渗、抗冻性能均优于普通强度混凝土。

(5)粉煤灰混凝土。凡是掺有粉煤灰的混凝土,均称粉煤灰混凝土。粉煤灰是指从烧煤粉的锅炉烟气中收集的粉状灰粒,多数来自于热电厂。

(三)建筑砂浆

1. 建筑砂浆的组成和分类

(1)建筑砂浆的组成。建筑砂浆常用的胶结材料是通用水泥、石灰、石膏等。在选用时,应根据使用环境、条件、用途等进行合理选择。细骨料经常采用干净的天然砂、石屑和矿渣屑等。为改善砂浆的和易性,还常在水泥砂浆中加入适量无机微细颗粒的掺和料,如石灰膏、磨细生石灰、消石灰粉、磨细粉煤灰等,或加少量有机塑化剂如泡沫剂。建筑砂浆用水与混凝土拌和水要求基本相同。

(2)建筑砂浆的分类。建筑砂浆按胶凝材料分为石灰砂浆、水泥砂浆和混合砂浆三种,混合砂浆又分水泥石灰砂浆、水泥黏土砂浆和石灰黏土砂浆。

按用途不同分:砌筑砂浆、抹面砂浆(包括装饰砂浆、防水砂浆)等。

2. 常用建筑砂浆品种

(1)砌筑砂浆。将砖、石、砌块等黏结成整个砌体的砂浆称砌筑砂浆。

砌筑砂浆应根据工程类别及砌体部位的设计要求选择砂浆的强度等级。一般建筑工程中办公楼、教学楼及多层商店等宜用 M2.5～M15 级砂浆,平房宿舍等多用 M2.5～M5 级砂浆,食堂、仓库、地下室及工业厂房等多用 M2.5～M15 级砂浆,检查井、雨水井、化粪池可用 M5 级砂浆。根据所需要的强度等级即可进行配合比设计,经过试配、调整、确定施工用的配合比。为保证砂浆的和易性和强度,砂浆中胶凝材料的总量一般为 350～420 kg/m³。

(2)抹面砂浆。用以涂在基层材料表面兼有保护基层和增加美观作用的砂浆称抹面砂浆或抹灰砂浆。

用于砖墙的抹面,由于砖吸水性强,砂浆与基层和空气接触面大,水分失去快,宜使用石灰砂浆,石灰砂浆和易性和保水性良好,易于施工。在有防水、防潮要求时,应用水泥砂浆。

抹面砂浆主要的技术性质要求不是抗压强度,而是和易性及与基层材料的黏结力,故胶凝材料用量较多。为保证抹灰层表面平整、避免开裂,抹面砂浆应分三层施工:底层主要起黏结作用,中层主要起找平作用,面层主要起保护装饰作用。

（3）防水砂浆。给水排水构筑物和建筑物，如水池、水塔、地下室或半地下室泵房，都有较高的防渗要求，常用防水砂浆抹面做防水层。

防水砂浆是在普通砂浆中掺入一定量的防水剂，常用的防水剂有氯化物金属盐类防水剂和金属皂类防水剂等。

氯化物金属盐类防水剂又称防水浆。主要是由氯化钙、氯化铝和水配制而成的一种淡黄色液体。掺入量一般为水泥质量的 3%～5%。可用于水池及其他建筑物。

氯化铁防水剂也是氯化物金属盐类防水剂的一种。是由制酸厂的废硫铁矿渣和工业盐酸为主要原料制成的一种深棕色液体，主要成分是氯化铁和氯化亚铁，可以提高砂浆的和易性、密实性和抗冻性，减少泌水性，掺量一般为水泥质量的 3%。

金属皂类防水剂又称避水浆，是用碳酸钠（或氢氧化钾）等碱金属化合物掺入氨水、硬脂酸和水配制而成的一种乳白色浆状液体。具有塑化作用，可降低水灰比，并能生成不溶性物质阻塞毛细管通道，掺量为水泥质量的 3%左右。

防水砂浆中，水泥应选用强度等级 32.5 级以上的普通硅酸盐水泥，砂子宜用中砂。

（4）装饰砂浆。用于室内外装饰以增加建筑物美观效果的砂浆称装饰砂浆。装饰砂浆主要采用具有不同色彩的胶凝材料和骨料拌制，并用特殊的艺术处理方法，使其表面呈现各种不同色彩、线条和花纹等装饰效果。常用的装饰砂浆品种有：

①拉毛：在砂浆尚未凝结之前，用刷子将表面拉成凹凸不平的形状。

②水磨石：将彩色水泥、石碴按一定比例掺颜料拌和，经涂抹、浇筑、养护和硬化及表面磨光制成的装饰面。

③干黏石：在水泥净浆表面黏结一层彩色石碴或玻璃碎屑的粗糙饰面。

④斩假石：制法与水磨石相似，只是硬化后表面不经磨光，而是用斧刀剁毛，表面颇似加工后的花岗石。

（5）绝热、吸声砂浆。以水泥、石膏为胶凝材料，膨胀珍珠岩、膨胀蛭石、火山渣或浮石砂、陶粒砂等多孔轻质材料为骨料，按一定比例配合制成的多孔砂浆。它具有质轻、导热系数小、吸声性强等优点。

二、墙体材料

墙体材料是房屋建筑主要的围护和结构材料。目前常用的墙体材料主要有三类：砖、砌块和板材。

（一）砌墙砖

墙体材料的品种很多，但由于砖的价格低，又能满足一定的建筑功能要求，因此砖在墙体材料中约占 90%。按所用原料不同，分为烧结普通砖、粉煤灰砖和蒸压灰砂砖等。

1. 烧结普通砖

以黏土、页岩、煤矸石、粉煤灰等为主要原料，经取料、调制、制坯、干燥、焙烧后制成的实心砖,按主要原料分为黏土砖、页岩砖、煤矸石砖等。

根据国家标准《烧结普通砖》(GB 5101—2003)的规定,烧结普通砖技术要求包括:外形尺寸、抗压强度、抗风化性和外观质量等。

(1)砖的外形尺寸:长 240 mm,宽 115 mm,高 53 mm。

(2)砖的抗压强度:砖的强度等级分为 MU30、MU25、MU20、MU15、MU10 五个等级。划分方法是根据 10 块砖的抗压强度平均值和强度标准值。

(3)砖的抗风化性能:指砖抵抗干湿变化、温度变化、冻融变化等气候作用的性能。

(4)砖的外观质量:按砖的尺寸偏差、裂纹长度、颜色、泛霜、石灰爆裂等项检验结果,分为优等品、一等品、合格品三个产品等级。

2. 粉煤灰砖

粉煤灰砖是以粉煤灰、石灰为主要原料,掺入适量石膏和炉渣,加水混合制坯、压制成型,再经高压或常压蒸汽养护而成的实心砖。

国家建材行业标准《粉煤灰砖》(JC 239—2001)中规定:

(1)砖的公称尺寸为:长 240 mm,宽 115 mm,高 53 mm。

(2)根据砖的抗压、抗折强度和抗冻性要求,分为 MU30、MU25、MU20、MU15、MU10 五个等级。

(3)按砖的外观质量、干燥收缩值可分为:优等品、一等品和合格品。

粉煤灰砖可用于工业与民用建筑的墙体和基础,但用于基础或用于易受冻融和干湿交替作用的建筑部位必须使用 MU15 及以上强度等级的砖。粉煤灰砖不得用于长期受热(200℃以上)、受急冷、受急热和有酸性介质侵蚀的建筑部位。

3. 蒸压灰砂砖

蒸压灰砂砖是以石灰和砂为主要原料,经过坯料制备、压制成型、蒸压养护而制得的实心墙体材料。

蒸压灰砂砖技术性能应满足国家标准《蒸压灰砂砖》(GB 11945—1999)中的各项规定。

(1)砖的尺寸为:长 240 mm,宽 115 mm,高 53 mm。

(2)根据灰砂砖的抗压、抗折强度和抗冻性要求,分为 MU25、MU20、MU15、MU10 四个等级。

(3)按灰砂砖的强度、外观等,可分为优等砖、一等砖和合格砖三个等级。蒸压灰砂砖 MU15 级以上可用于基础或其他建筑部位,MU10 级砖只可用于防潮层以上的建筑部位。长期受热高于 200℃、受急冷、受急热和有酸性介质侵蚀的建筑部位,不得使用蒸压灰砂砖。

(二)建筑砌块

砌块是比砌墙砖大、比大板小的砌筑材料。具有适用性强、原料来源广、制作及使用方便等特点。建筑砌块按空心程度可分为实心砌块和空心砌块,按规格分为中型砌块和小型砌块,按原料成分分为硅酸盐砌块和混凝土砌块。

1. 粉煤灰砌块

粉煤灰砌块是硅酸盐砌块的品种之一。它是以粉煤灰、石灰、石膏和骨料等为原料,经成型、蒸汽养护而制成的实心砌块。

国家建材行业标准《粉煤灰砌块》(JC 238—1996)中规定:

(1)砌块的主规格尺寸:880 mm×380 mm×240 mm

880 mm×430 mm×240 mm

(2)砌块按抗压强度、人工碳化后强度、抗冻性、密度等要求分为 10 级、13 级两个等级。

(3)砌块按外观质量、尺寸偏差和干缩性能分为一等品、合格品两个等级。

粉煤灰砌块适用于一般民用与工业建筑的墙体和基础。

2. 小型混凝土空心砌块

混凝土砌块是以水泥、砂、石为原料,加水搅拌、经振动或振动加压成型,再经自然或蒸汽养护而制得的空心砌块。

常用的混凝土空心砌块,有小型和中型两类。

小型砌块使用灵活、砌筑方便、生产工艺简单、原料来源广、价格较低。

小型混凝土空心砌块的主规格尺寸为:390 mm×190 mm×190 mm。见图 1-7。

砌块各项技术性能应符合国标《普通混凝土小型空心砌块》(GB 8239—1997)中的规定。

砌块按抗压强度分为 MU3.5、MU5.0、MU7.5、MU10、MU15、MU20 六个等级。

按外观质量,砌块分为优等品、一等品和合格品。

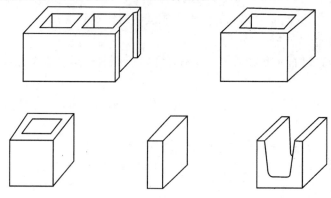

图 1-7　小型空心砌块

3. 中型空心砌块

中型空心砌块是以水泥或煤矸石无熟料水泥为胶结料,配以一定比例的骨料制成的空心砌块(空心率大于或等于 25%)。

根据原料不同,中型空心砌块包括水泥混凝土砌块和煤矸石硅酸盐砌块两种。

根据国家专业标准《中型空心砌块》[ZQB 15001—1986(1996)]中规定,中型空心砌块的尺寸及技术性能应符合以下要求。

中型空心砌块的主规格尺寸是：长：500、600、800、1 000 mm；宽：200、240 mm；高：400、450、800、900 mm。

砌块的壁、肋厚度：水泥混凝土砌块≥25 mm，煤矸石硅酸盐砌块≥30 mm。

砌块的铺浆面除工艺要求的气孔外，一般封闭。

砌块按抗压强度分 35、50、75、100、150 号，见图 1-8。

中型空心砌块的尺寸偏差、缺棱掉角等外观质量均应符合标准的规定。

砌块的密度应不大于产品设计密度加 100 kg/m³。

中型空心砌块主要用于民用及一般工业建筑的墙体材料，特点是自重轻、隔热、保温、吸声等，并有可锯、可钻、可钉等加工性能。

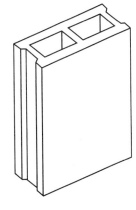

图 1-8　中型空心砌块

三、金属材料

金属材料包括黑色金属和有色金属两大类。

黑色金属是指以铁元素为主要成分的金属及其合金，如钢材、铸铁等，统称为钢铁产品。有色金属是指以其他元素为主要成分的金属及其合金，如铝、铜、锌、铅、镁等金属及其合金。

（一）建筑钢材的分类与技术标准

建筑钢材是指建筑工程中所用的各种钢材。主要包括钢结构用的型钢、钢板、钢筋混凝土中用钢筋和钢丝及大量用的钢门窗和建筑五金等。

1. 钢的分类

钢的分类方法很多，日常使用中，各种分类方法经常混合使用。常见的分类方法有以下几种。

1）按冶炼方法分类

（1）转炉钢：根据炉衬材料不同分为酸性转炉和碱性转炉。

（2）平炉钢：平炉也分为酸性和碱性两种。

（3）电炉钢：电炉分为电弧炉、感应炉、电渣炉三种，也分为酸性和碱性两种。

2）按脱氧程度分类

（1）沸腾钢：脱氧不充分，存有气泡，化学成分不均匀，偏析较大，但成本较低。

（2）镇静钢和特殊镇静钢：脱氧充分、冷却和凝固时没有气体析出，化学成分均匀，机械性能较好，但成本也高。

（3）半镇静钢：脱氧程度、化学成分、均匀程度、钢的质量和成本均介于沸腾钢和镇静钢之间。

3）按化学成分分类

(1)碳素钢:含碳量不大于1.35%,含锰量不大于1.2%,含硅量不大于0.4%,并含有少量硫磷杂质的铁碳合金。碳素钢根据含碳量可分为:

① 低碳钢:含碳量小于0.25%;② 中碳钢:含碳量为0.25%~0.6%;③ 高碳钢:含碳量大于0.6%。

(2)合金钢:在碳钢基础上加入一种或多种合金元素,以使钢材获得某种特殊性能的钢种。根据合金元素含量可分为:

① 低合金钢:合金元素总含量小于5%;② 中合金钢:合金元素总含量为5%~10%;③ 高合金钢:合金元素总含量大于10%。

4)按钢材品质分类

(1)普通钢:含硫量≤0.055%~0.065%;

　　　　　含磷量≤0.045%~0.085%;

(2)优质钢:含硫量≤0.030%~0.045%;

　　　　　含磷量≤0.035%~0.040%;

(3)高级优质钢:含硫量≤0.020%~0.030%;

　　　　　　　含磷量≤0.027%~0.035%。

5)按用途分类

(1)结构钢:按化学成分不同分两种。

①碳素结构钢:根据品质不同有普通碳素结构钢(含碳量不超过0.38%,是建筑工程的基本钢种)和优质碳素结构钢(杂质含量少,具有较好的综合性能,广泛用于机械制造等工业)。

②合金结构钢:根据合金元素含量不同有普通低合金结构钢(是在普通碳素钢基础上加入少量合金元素制成的,有较高强度、韧性和可焊性,是工程中大量使用的结构钢种)和合金结构钢(品种繁多如弹簧钢、轴承钢、锰钢等,主要用于机械和设备制造等)。

(2)工具钢:按化学成分不同有碳素工具钢、合金工具钢和高速工具钢,主要用于各种刀具、模具、量具等。

(3)特殊性能钢:大多为高合金钢,主要有不锈钢、耐热钢、电工硅钢、磁钢等。

(4)专门用途钢:按化学成分不同分为碳素钢和合金钢,主要有钢筋钢、桥梁钢、钢轨钢、锅炉钢、矿用钢、船用钢等。

2. 建筑钢材的技术标准

目前我国建筑钢材主要有普通碳素结构钢、优质碳素结构钢和低合金高强度结构钢三种。

1)普通碳素结构钢

普通碳素结构钢常简称碳素结构钢,属低中碳钢。可加工成型钢、钢筋和钢丝等,适用于一般结构工程。构件可进行焊接、铆接等。

(1)钢牌号表示方法。碳素结构钢的牌号由屈服点的字母、屈服点数值、质量等级符号和脱氧程度四部分组成,各种符号及含义见表1-2。

表 1－2　碳素结构钢符号含义

符　号	含　义	备　注
Q A、B、C、D	屈　服　点 质　量　等　级	
F B	沸　腾　钢 半　镇　静　钢	
Z TZ	镇　静　钢 特殊镇静钢	在牌号组成表示方法中,可以省略

例如 Q235—B·b 表示普通碳素结构钢其屈服点不低于 235MPa,质量等级为 B 级,脱氧程度为半镇静钢。钢的质量等级 A、B、C、D 是逐级提高的。

(2)钢的技术要求。碳素结构钢的技术要求包括化学成分、力学性质、冶炼方法、交货状态及表面质量五个方面。

碳素结构钢按屈服强度分 Q195、Q 215、Q235、Q255 和 Q275 五个牌号,每种牌号均应满足相应的化学成分和力学性质要求。牌号越大,含碳量越多,强度和硬度越高,塑性和韧性越差。其拉伸和冲击试验指标应符合 GB 700—1988 的规定。

碳素结构钢中,Q235 有较高的强度和良好的塑性、韧性,且易于加工,成本较低,被广泛应用于建筑结构中。

2)优质碳素结构钢

简称优质碳素钢,与碳素结构钢相比,有害杂质少,性能稳定。

根据《优质碳素钢技术条件》(GB 699—1999)规定,优质碳素钢有 31 个牌号,除 3 个是沸腾钢外,其余都是镇静钢。按含锰量不同又分为两大组,普通含锰量(0.35%～0.80%)和较高含锰量(0.70%～1.20%)。

优质碳素钢的钢牌号以平均含碳量的万分数表示。如含锰量较高,在钢号数字后加"Mn",如是沸腾钢在数字后加"F"。三种沸腾钢是 08 F、10 F、15 F。分别表示其含碳量 8/万、10/万、15/万。如 50 号钢,表示含碳量 50/万,含锰量较少的镇静钢。如 50 Mn,表示含碳量 50/万,含锰量较多的镇静钢。特殊情况下可供应半镇静钢,如 08 b～25 b,同时要求含硅量不大于 0.17%。

3)低合金高强度结构钢

在普通碳素结构钢中加入不超过 5%合金元素制成的钢种。

根据《低合金高强度结构钢》(GB 1591—1994)中规定,低合金高强度结构钢的牌号表示方法为:

钢的牌号由代表屈服点的汉语拼音字母(Q)、屈服点数值、质量等级符号(A、B、C、D、E)三个部分按顺序排列。

例如:Q390 A

其中：

Q——钢材屈服点的"屈"字汉语拼音的首位字母；

390——屈服点数值，单位 MPa；

A、B、C、D、E——分别为质量等级符号。

钢的牌号和化学成分(熔炼分析)、钢材的拉伸、冲击和弯曲试验结果应符合《低合金高强度结构钢》(GB 1591—1994)的规定，合金元素含量应符合 GB/T 13304 对低合金钢的规定。

(二)常用建筑钢材

建筑中常用的钢材主要有钢筋混凝土用的钢筋、钢丝、钢绞线及各类型材。

1. 钢筋和钢丝

结构中用的钢筋，按加工方法不同常分为热轧钢筋和冷加工钢筋。

(1)热轧钢筋。经热轧成型并自然冷却的成品钢筋称热轧钢筋。

热轧钢筋按外形分为光圆钢筋和带肋钢筋，见图 1-9。带肋钢筋按肋的截面形式不同分为月牙肋钢筋和螺旋肋、人字肋等高肋钢筋。热轧钢筋按钢种不同分为碳素钢钢筋和普通低合金钢钢筋。按钢筋强度等级分Ⅰ、Ⅱ、Ⅲ、Ⅳ四个等级。Ⅰ级钢筋为碳素钢制的光圆钢筋，钢筋牌号为 HPB235；Ⅱ、Ⅲ、Ⅳ级为低合金钢制的带肋钢筋，其牌号为 HRB335、HRB400 和 HRB500。

Ⅰ～Ⅲ级热轧钢筋焊接性能尚好，且有良好塑性和韧性，适用于强度要求较低的非预应力混凝土结构。预应力混凝土结构要求采用强度更高的钢做受力钢筋。

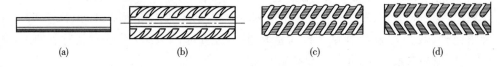

(a)   (b)   (c)   (d)

图 1-9 钢筋的外形

(a)光圆；(b)月牙肋；(c)螺旋肋；(d)人字肋

(2)冷拉钢筋。在常温下将热轧钢筋一端固定，另一端予以拉长，使应力超过屈服点至产生塑性变形为止，此法称冷拉加工。冷拉后的钢筋屈服点可提高 20％～30％，如经时效处理(即冷拉后自然放置 15～20 d 或加热至 100～200 ℃，保温一段时间)其屈服点和抗拉强度均进一步提高，但塑性和韧性相应降低。

冷拉Ⅰ级钢可用作非预应力受拉钢筋，冷拉Ⅱ、Ⅲ、Ⅳ级钢可用作预应力钢筋。

(3)冷拔低碳钢丝。将直径 6.5～8 mm 的 Q235(或 Q215)热轧圆盘条，通过拔丝机进行多次强力冷拔加工制成的钢丝。

根据《混凝土结构工程施工质量验收规范》(GB 50204—2002)，冷拔低碳钢丝分为甲、乙两个级别，甲级用于预应力钢丝，乙级用于非预应力钢丝，如焊接网、焊接骨架、构造钢筋等。

2. 型钢

由钢锭经热轧加工制成具有各种截面的钢材称为型钢(或型材)。按截面形状不同,型钢分有圆钢、方钢、扁钢、六角钢、角钢、工字钢、槽钢、钢管及钢板等。型钢属钢结构用钢材,不同截面的型钢可按要求制成各种钢构件。型钢按化学成分不同主要有两种:碳素结构钢和低合金结构钢

常用型钢的截面形状、代号、分类及用途见表1-3。

表1-3 常用型钢及钢板的规格和用途

型钢种类	规 格	截面形状	代 号	钢材分类	用 途
角 钢	等边∟ 2～20 号 (20 种)		∟ a(cm)	普通碳素结构钢 普通低合金钢	可铆、焊成钢构件
角 钢	不等边∟ 3.2/2～20/12.5 (12 种)		∟ a/b(cm)	普通碳素结构钢 普通低合金钢	可铆、焊成钢构件
槽 钢	轻型和普型[5～30(共14个型号)		[hb/(cm) hb	普通碳素结构钢 普通低合金钢	可铆、焊接成钢构件 大型槽钢可直接用作钢构件
工字钢	轻型工 22～63(8个型号) 普型工 10～30(12个型号) 20 种规格		工h 当腰宽、腿宽不同时,加用 a、b、c 表示		可铆、焊接成钢构件 大型工字钢可直接用作钢构件
钢 管	无缝(一般、专用)				工业、化工管道、建筑工程中用一般无缝钢管
钢 管	焊接(普通、加厚、镀锌、不镀锌)				用做输水、煤气、采暖管道
钢 板	薄钢板 a≤0.2～4 mm				屋面、通风管道、排水管道
钢 板	中钢板 a>4～60 mm				料仓、储仓、水箱、闸门等

3. 冷轧钢筋

(1)冷轧带肋钢筋。冷轧带肋钢筋是采用普通低碳钢或低合金钢热轧圆盘条为母材,经冷轧或冷拔减径后在其表面冷轧成具有三面或两面月牙形横肋的钢筋。

钢筋混凝土结构及预应力混凝土结构中的冷轧带肋钢筋,可按下列规定选用:

550 级钢筋宜用作钢筋混凝土结构构件中的受力主筋、架立筋、箍筋和构造钢筋。

650 级和 800 级钢筋宜用作预应力混凝土结构构件中的受力主筋。

注:550 级、650 级、800 级分别代表抗拉强度标准值为 550 N/mm²、650 N/mm²、800 N/ mm² 的冷轧带肋钢筋级别。

冷轧带肋钢筋、预应力冷轧带肋钢筋的抗拉强度标准值、设计值和弹性模量应按照《冷轧带肋钢筋》(GB 13788—2000)中的规定。

另外,使用冷轧带肋钢筋的钢筋混凝土结构的混凝土强度等级不宜低于 C20;预应力混凝土结构构件的混凝土强度等级不应低于 C30。

注:处于室内高湿度或露天环境的结构构件,其混凝土强度等级不得低于 C30。

混凝土的强度标准值、强度设计值及弹性模量等应按国家现行《混凝土结构设计规范》(GB 50010—2002)的有关规定采用。

(2)冷轧扭钢筋。冷轧扭钢筋成品质量应符合现行行业标准《冷轧扭钢筋》(JG 3046—1998)的规定。

冷轧扭钢筋的规格及截面参数应按表 1-4 采用。

表 1-4 冷轧扭钢筋的规格及截面参数

	标志直径 d(mm)	公称截面面积 A_s(mm²)	公称质量 G(kg/m)	等效直径 d_0(mm)	截面周长 u(mm)
Ⅰ 型	6.5	29.5	0.232	6.1	23.4
	8.0	45.3	0.356	7.6	30.0
	10.0	68.3	0.536	9.2	36.4
	12.0	93.3	0.733	10.9	42.5
	14.0	132.7	1.042	13.0	49.2
Ⅱ 型	12.0	97.8	0.768	11.2	51.5

注:① Ⅰ型为矩形截面,Ⅱ型为菱形截面。

② 等效直径 d_0 由公称截面面积等效为圆形截面的直径

冷轧扭钢筋的外形尺寸应符合表 1-5 的规定。

表 1-5 冷轧扭钢筋的外形尺寸(mm)

类 型	标志直径 d	轧扁厚度 t	节距 l_1
Ⅰ 型	6.5	≥3.7	≤75
	8.0	≥4.2	≤95
	10.0	≥5.3	≤110
	12.0	≥6.2	≤150
	14.0	≥8.0	≤170
Ⅱ 型	12.0	≥8.0	≤145

冷轧扭钢筋的强度标准值、设计值和弹性模量应按表 1-6 采用。

表 1-6　冷轧扭钢筋的强度标准值、设计值和弹性模量（N/mm²）

抗拉强度标准值 f_{stk}	抗拉强度设计值 f_y	抗压强度设计值 f_y'	弹性模量 E_s
≥580	360	360	1.9×10^5

另外，使用冷轧扭钢筋的钢筋混凝土构件的混凝土强度等级不应低于 C20。

混凝土强度等级、强度标准值、强度设计值、弹性模量等均应按现行国家标准《混凝土结构设计规范》(GB 50010—2002)的规定确定。

第三节　建　筑　结　构

一、墙体的建筑构造

(一)墙体的类型与要求

1. 墙体的类型

建筑物的墙体根据所在位置、受力情况、材料及施工方法的不同有如下几种分类方式。

(1)墙体按所在位置分类：外墙和内墙、纵墙和横墙。如图 1-10 所示。

(2)墙体按受力状况分类：承重墙和非承重墙。非承重墙不承受外来荷载，又可分为自承重墙、填充墙、隔墙和幕墙。

(3)墙体按材料分类：用砖和砂浆砌筑的墙称为砖墙；用石块和砂浆砌筑的墙称为石墙；用土坯和黏土砂浆砌筑的墙或在模板内填充黏土夯实而成的墙称为土墙；此外还有钢筋混凝土墙、砌块墙、轻质隔墙和玻璃幕墙等。

(4)按构造方式分类：有实体墙、空体墙和复合墙三种。

(5)按施工方法分类：有叠砌墙、现浇板筑墙和装配式板材墙三种。

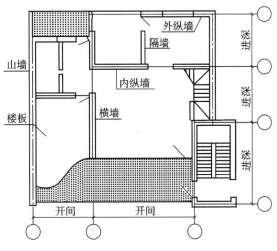

图 1-10　墙体名称

2. 墙体的要求

(1)满足强度、稳定性及抗震的要求。

(2)热工性能满足保温和隔热的要求。

(3)满足隔声和环保的要求。

(4)其他方面的要求:满足防火、防水、防潮等要求以及建筑工业生产化的要求。

(二)墙体的材料与性能

墙体根据所用材料的不同有多种类型。主要有砖墙、预制砌块墙、钢筋混凝土墙、轻质隔墙、地方材料墙及幕墙等。

(1)砖墙:是用砂浆将砖块按一定规律砌筑而成的砌体。包括砖和砂浆两种材料。从结构角度称砖墙为砌体,砌体的强度是由砖和砖浆的强度等级决定的。工程实践中采用优先提高砖的强度等级,其次考虑提高砌筑砂浆的强度等级来提高砌体强度。

(2)砌块墙:根据材料分,有混凝土、轻骨料混凝土、加气混凝土砌块以及利用各种工业废渣、粉煤灰、煤矸石等制成的无熟料水泥煤渣混凝土和蒸养粉煤灰硅酸盐砌块等;根据品种分,有实体砌块、空心砌块和微孔砌块等;根据重量和尺度分有小型砌块、中型砌块和大型砌块等。

(3)钢筋混凝土墙:用钢筋和混凝土现制或预制的墙体。强度高,隔声好,可用于工业化生产,但建成的房屋改动性差,材料不能循环利用。

(4)轻质隔墙:用石膏板或类似的板材和轻钢龙骨等组成的墙体。种类繁多,施工快,符合工业化发展方向,但隔声效果差。

(5)地方材料墙:采用当地材料砌筑的墙体,包括石材墙、土墙、统砂墙和飞竹笆墙等。由于因地取材,所以造价便宜。

(6)幕墙:用金属骨架、玻璃或其他板材构成的外挂墙体。美观,种类多,施工快,符合现代工业化发展方向,但造价较高。

(三)砖墙的构造

1.砖墙的尺寸

砖墙的基本尺寸指的是墙厚度和墙段长度两个方向的尺寸。有一定的模数要求。墙厚与砖规格尺寸的关系如图1-11所示。常见砖墙厚度见表1-7。

砖墙的洞口及墙段尺寸主要是指门窗洞口和窗间墙、转角墙等部位墙体的长度。其尺寸应按模数协调统一标准制定。

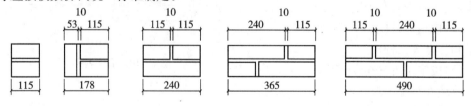

图1-11 墙厚与砖规格的关系

表 1-7　常见砖墙厚度

墙　厚	名　称	尺寸(mm)	墙　厚	名　称	尺寸(mm)
1/4 砖墙	6 墙	53	1 砖墙	24 墙	240
1/2 砖墙	12 墙	115	1+1/2 砖墙	37 墙	365
3/4 砖墙	18 墙	178	2 砖墙	49 墙	490

2. 砖墙的细部构造

为了保证砖墙的耐久性和墙体与其他构件连接的可靠性,必须对一些重点部位加强构造处理。

1)墙脚构造

由于墙脚所处的位置常会有地表水和土层中水渗入,致使墙身受潮、饰面层脱落、影响室内环境。墙脚的构造包括墙身防潮、勒脚和散水构造。墙身防潮的方法是在墙脚处铺设水平防潮层,防止土层和地面水渗入砖墙体。

墙身防潮层的构造做法通常有以下 3 种,如图 1-12 所示。

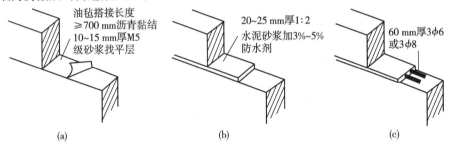

图 1-12　墙身水平防潮层
(a)油毡防潮层;(b)防水砂浆防潮层;(c)细石混凝土防潮层

(1)油毡防潮层。

(2)防水砂浆防潮层:用 1:2 水泥砂浆加 3%～5%的防水剂,厚度为 20～25 mm,或用它砌 3～5 皮砖。

(3)细石混凝土防潮层,浇筑 60 mm 厚细石混凝带,内配 2～3 根 $\phi6$ 或 $\phi8$ 钢筋。

勒脚的构造一般采用如图 1-13 所示的几种构造做法。

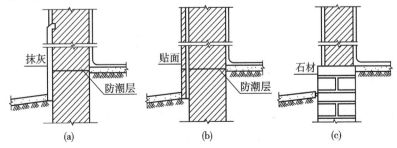

图 1-13　勒脚的构造
(a)抹灰;(b)贴面;(c)石材

23

(1)加强勒脚表面抹灰可采用 20 mm 厚 1∶3 水泥砂浆抹面,以增加牢度和提高防水性能。

(2)勒脚镶贴天然或人工石材、面砖等。

(3)勒脚部位增加墙厚度或改用坚固耐久的材料,如条石、混凝土等材料。

散水又称护坡,它的作用是防止雨水及室外地表积水渗入勒脚及基础。散水宽度一般为 600～1 000 mm,由内向外设置 5% 左右的排水坡度将雨水排离建筑物。明沟与散水一样位于建筑物四周,其作用是将雨水有组织地导向雨水管道。

2)门窗过梁与窗台

为防止水的渗漏,常在窗下墙身部位设置泄水构件——窗台。窗框下槛与窗台交接处是防水渗漏的薄弱环节,必须引起重视。窗台依用料不同,一般有砖砌窗台和预制混凝土窗台之分。

3)墙体加固措施

当墙身由于承受集中荷载、开洞和考虑地震的影响,致使稳定性有所降低时,必须采取加强措施,通常采取以下措施:

(1)增加壁柱和门垛。

(2)设置圈梁。

(3)设置构造柱。

(四)砌块墙构造

砌块墙构造的构造原理与砖墙有很多相似之处,在构造上也要求墙体具有足够的稳定性,但砌块的组合是一件复杂而重要的工作,为了使砌块墙合理组合并搭接牢固,必须根据建筑的初步设计经过多次试排,从而正确决定砌块的尺寸、规格。

(五)隔墙构造

隔墙仅起分隔房间的作用,不承受任何外来荷载。主要有轻质骨架隔墙、块材隔墙和板材隔墙。

1. 轻质骨架隔墙

轻质骨架隔墙系由木筋骨架或金属骨架及墙面材料两部分所构成。根据墙面材料的不同,又有板条抹灰墙、钢丝网抹灰墙、石膏面板墙等之分,但其原理是一样的。其构造的关键是楼板上下部位的连接应尽可能地牢固和可靠。如图 1-14 所示。

2. 块材隔墙

块材隔墙最常用的有砖隔墙和砌块隔墙。

3. 板材隔墙

板材隔墙有预应力钢筋混凝土薄板、碳化石灰板、加气混凝土板、多孔石膏板、蜂窝板、水泥刨花板以及用其他轻质材料组成的预制板等。

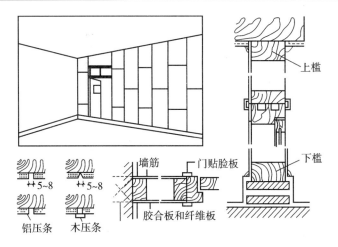

图 1 - 14 胶合板和纤维板隔墙

二、屋面、楼地面的建筑构造

(一)屋面的建筑构造

1. 屋顶的作用、组成、类型和防水等级

1)屋顶的作用和要求

屋顶是房屋最上层起覆盖作用的外围护构件,除承担自重和风、雨、雪及检修屋面时的荷载外;同时还要用以抵抗风、雨、雪和太阳的辐射,以及冬季低温的影响。因此,屋顶设计必须满足坚固、安全、防水、防火、排水、保温(隔热)、抵御侵蚀等要求,同时还应做到自重轻、构造简单、施工方便、经济合理和建筑艺术的要求等。

2)屋顶的基本组成

屋顶由屋面(防水层)、承重结构、保温(隔热)层和顶棚等部分组成。如图 1 - 15 所示。

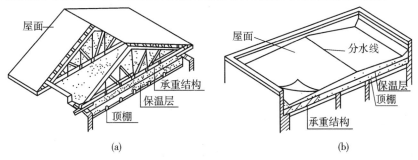

(a) (b)

图 1 - 15 屋顶的组成

(a)坡屋顶;(b)平屋顶

3)屋顶的类型

由于屋面材料和承重结构形式的不同,屋顶有多种类型,一般可分为平屋顶、坡屋顶、曲面屋顶三大类。

4)屋面的防水等级

屋面工程根据建筑物的性质、重要程度、使用功能要求以及防水耐用年限等,将屋面防水分为四个等级,见表1-8。

表1-8　屋面防水等级

项　目	屋 面 防 水 等 级			
	Ⅰ	Ⅱ	Ⅲ	Ⅳ
建筑物类别	特别重要的民用建筑和对防水有特殊要求的工业建筑	重要的工业和民用建筑、高层建筑	一般的工业和民用建筑	非永久性的建筑
防水层耐用年限	25年	15年	10年	5年
防水层选用材料	宜选用合成高分子防水卷材、高聚物改性沥青防水卷材、合成高分子防水涂料、细石防水混凝土等材料	宜选用合成高分子防水卷材、高聚物改性沥青防水卷材、合成高分子防水涂料、高聚物改性沥青防水涂料、细石防水混凝土、平瓦等材料	应选用三毡四油防水卷材、用合成高分子防水卷材、高聚物改性沥青防水卷材、合成高分子防水涂料、高聚物改性沥青防水涂料、刚性防水层、平瓦、油毡瓦等材料	应选用二毡三油沥青防水卷材、高聚物改性沥青防水涂料、沥青基防水涂料、波形瓦等材料
设防要求	三道或三道以上防水设防,其中应有一道合成高分子防水卷材,且只能有一道厚度不小于2mm的合成高分子防水涂膜	两道防水设防,其中应有一道卷材,也可采用压型钢板进行一道设防	一道防水设防,或两种防水材料复合使用	一道防水设防

2. 屋顶的排水与防水

屋顶设计必须满足坚固耐久、防水、排水、保温(隔热)、耐侵蚀等要求。在这些要求中防水和排水是至关重要的内容。

1)屋顶的排水

(1)屋顶排水坡度的形成。

材料找坡(亦称垫置坡度):屋面板水平搁置,屋面坡度由铺在屋面板上的厚度有变化的找坡层形成。

结构找坡(亦称搁置坡度):屋面板倾斜搁置形成坡度。

(2)排水方式。屋面的排水方式分为无组织排水和有组织排水两类。无组织排水是指雨水经屋檐,自由下落的排水方式,也称自由落水。有组织排水是设置天沟将雨水汇集后,经天沟底部1‰的坡度将雨水导向雨水口,然后按屋面汇水面积大小设置雨水管排到室外地面或地下排水系统。有组织排水分为外排水和内排水两种方式。

2）屋顶的防水

平屋顶的防水方式有卷材防水、涂膜防水和刚性防水等。

（1）卷材防水屋面：常用的防水卷材有沥青防水卷材、高聚物改性沥青防水卷材、合成高分子防水卷材等。

（2）涂膜防水屋面：涂膜防水的防水涂料有沥青基防水涂料、高聚物改性沥青防水涂料和合成高分子防水涂料等。

（3）刚性防水屋面：刚性防水屋面，是指用防水砂浆或密实混凝土作为防水层的屋面。

（4）屋面密封材料：改性沥青密封材料和合成高分子密封材料。

3. 平屋顶的构造

1）柔性防水屋面的构造

柔性防水屋面指以卷材为防水层的屋面。柔性防水屋面的构造组成从下至上有：结构层、找平层、结合层、防水层和保护层。

柔性防水屋面构造除应做好大面积防水外，还应按照《屋面工程技术规范》的要求，特别注意屋面各节点部位的构造、处理。如屋面防水层与垂直墙面相交处的泛水、屋面檐口、雨水口、变形缝和伸出屋面的管道、烟囱、屋面检查口等与屋面防水层的交接处的构造，这些部位是防水层切断处或防水层的边缘，是屋面防水层最容易处理不当的部位。如图 1-16 和图 1-17 所示。

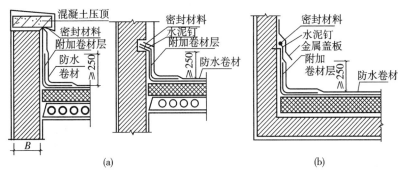

图 1-16　泛水构造

（a）砖墙泛水构造；（b）钢筋混凝土墙泛水构造

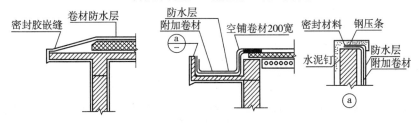

图 1-17　自由落水檐口和挑檐沟构造

2)刚性防水屋面

刚性防水屋面的构造由防水层、隔离层、找平层和结构层组成。刚性防水屋面常采用不低于 C20 级细石混凝土整浇防水层,为防止混凝土收缩时产生裂缝,应在混凝土中配置双向钢筋网片和一些添加剂。为了防止因温度变化产生的裂缝无规律地扩展,通常在防水层中设置分格(仓)缝。

4. 坡屋顶的构造

(1)坡屋顶的承重结构。坡屋顶的承重结构有桁架结构、梁架结构和空间结构三种。

(2)坡屋面的基层和防水层。坡屋面所采用的防水层有平瓦屋面、小青瓦屋面、波形瓦屋面、压型钢板屋面等。平瓦屋面所用的瓦材有黏土平瓦及水泥平瓦两种,其做法有:

冷摊瓦屋面:是直接在椽条上钉挂瓦条的做法。

木望板瓦屋面:是在屋架上或砖墙上设檩条,在檩条上钉望板,并平行于屋脊干铺一层油毡,在油毡上面垂直于屋脊方向钉顺水条,然后垂直于顺水条钉挂瓦条,最后挂平瓦。

5. 屋顶的保温与隔热

1)平屋顶的保温

北方地区,为减少冬季室内的热量通过屋顶向室外散失,屋顶应设置保温层。保温材料必须是空隙多、密度小、导热系数小的材料。按施工方式不同可分为三类。

(1)松散保温材料:有膨胀蛭石、膨胀珍珠岩、炉渣(粒径为 5～40 mm)、矿棉等。

(2)现制整体保温材料:沥青膨胀珍珠岩、沥青膨胀蛭石、水泥膨胀珍珠岩、水泥膨胀蛭石、水泥炉渣等。

(3)块、板状保温材料:加气混凝土板、泡沫混凝土板、膨胀珍珠岩板、膨胀蛭石板、矿棉板、泡沫塑料板等。

2)平屋顶的保温构造

平屋顶保温层的位置有两种:一种是将保温层放在防水层之下、结构层之上,成为封闭的保温层;另一种是将保温层放在防水层之上,成为敞露的保温层。前一种方式叫正铺法,后一种方式叫倒铺法。

3)平屋顶的隔热

屋顶隔热降温的基本原理是减少太阳辐射热直接作用于屋顶表面。隔热的构造措施有种植屋面、蓄水屋面、通风隔热屋面、反射降温隔热等四种方式。

4)坡屋顶的保温与隔热

坡屋顶的保温:当屋顶有吊顶时,保温层应设在吊顶上。不设吊顶的屋顶,保温层设在屋面层中。保温材料多用膨胀珍珠岩、玻璃棉、矿棉、石灰锯末等。

坡屋顶的通风隔热:屋面可设成双层屋面,屋檐设进风口,屋脊设出风口,利用空气流动带走间层中的一部分热量,从而达到降温的目的。另外当屋顶有吊顶棚时,可利用吊顶棚与屋面之间的空隙来通风,通风口一般设在檐口、屋脊、山墙等处。

(二)楼地面的建筑构造

1. 楼板层的类型与要求

1)楼板层的类型

依构成楼板层的主要材料和结构形式的不同,楼板层可采用钢筋混凝土楼板、木楼板和钢楼板以及复合楼板等结构形式。

2)楼板层的组成及要求

楼板层由结构层、面层和顶棚3个基本部分组成。其要求如下:首先必须具有足够的强度,其次要考虑隔声、防水、防火、设备管线等技术问题,最后则是方便工业化施工和经济合理。

2. 钢筋混凝土楼板的构造

钢筋混凝土楼板依施工方式的不同,分为现浇整体式、预制装配式和装配整体式3种类型。

1)现浇整体式钢筋混凝土楼板

现浇整体式钢筋混凝土楼板是在现场绑扎钢筋并支模浇筑混凝土而成。分为板式、梁板式、井式和无梁楼板等几种。

2)预制装配式钢筋混凝土楼板

预制装配式钢筋混凝土楼板,是将楼板的梁、板预制成各种形式和规格的构件,在现场装配而成。由于构件在工厂或现场预制,可节省模板,改善劳动条件,提高效率,加快施工进度。

预制装配式钢筋混凝土楼板根据预制构件是否施加了预应力,可分为预应力和非预应力两种构件。根据楼板的形式有预制实心平板、空心板、槽形板、T形板等。

3)装配整体式钢筋混凝土楼板

装配整体式钢筋混凝土楼板是现浇和预制相结合的一种组合楼板。分为密肋填充块楼板和叠合式楼板。

3. 顶棚构造

顶棚可分为直接抹灰顶棚和吊顶棚两大类。直接式顶棚是在屋面板、楼板等的底面进行直接喷浆、抹灰或粘贴墙纸等而达到装饰目的的做法。吊顶棚简称"吊顶"。对一些隔声或吸声要求较高,或楼板底部不平而又需要平整,或在楼板底敷设管线的房间,常在楼板的下部空间做吊顶。其主要技术措施如下:

(1)顶棚设计其材料的选用应使装饰效果和空间的使用功能协调,并必须具有保障其安全使用的可靠技术措施。

(2)顶棚设计应满足各专业设计要求。如顶棚材料选用、主次龙骨布置、各类灯具、电扇、扬声器、火灾自动报警探测器、火灾警铃、自动灭火系统喷洒头、空调风口位置等,在顶棚设计时各专业应密切配合,协调统一,必须绘制顶棚综合平面图。顶棚内空间较大,设施较多,宜设排风设施。

(3)上人吊顶、重型吊顶或顶棚上、下挂置有周期性摆振设施者,应在钢筋混凝土顶板内预留钢筋或预埋件与吊杆连接;不上人的轻型吊顶及翻建工程吊顶可采用后置连接件(如射钉、膨胀螺栓)。无论预埋或后置连接件,其安全度应做结构验算。

(4)顶棚内管道、管线、设施和器具较多,需进人检修者,则在顶棚的龙骨间应铺马道,并设置便于人员进入的开口或便于开启的顶棚入孔。顶棚净空较低,而管道、管线、设施和器具较多,人员又不便进入检修的,应设置便于拆卸的装配式顶棚,或在经常需检修部位设检修孔。顶棚不宜设置散发大量热能的灯具。顶棚照明灯具的高温部位,应采取隔热、散热等防火保护措施。灯饰所用的材料不应低于吊顶燃烧等级。可燃气体管道不得在封闭的吊顶内敷设。顶棚装排风机时,应将排风管直接和排风竖管相连,使潮湿气体不经过顶棚内部空间。顶棚内的上、下水管道应做保温隔汽处理,防止产生凝结水。

(5)玻璃顶棚的玻璃应选用夹丝玻璃、夹层玻璃或钢化玻璃(顶棚离地高于5 m时不应采用钢化玻璃)。玻璃顶棚若兼有人工采光要求时,应采用冷光源。

吊顶在构造上由吊筋、支承结构、基层和面层四个部分组成。由于基层材料的不同可分为木骨架吊顶和金属骨架吊顶。面层即吊顶的饰面部分,如板条抹灰吊顶、钢板网抹灰吊顶、纤维板吊顶、石膏板吊顶、矿棉板吊顶、金属板吊顶等。如图1-18所示。

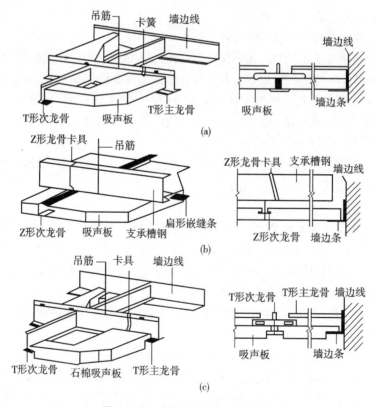

图1-18 矿棉板安装构造示意图

(a)T形龙骨全露明式;(b)T形龙骨隐蔽式;(c)T形龙骨半露明式

4.楼地面的种类、组成、材料和构造

1)楼地面的种类、组成与要求

楼地面的种类可归纳为四类:整体地面、块料地面、木地面和人造软地面。

楼地面均由基层、垫层和面层三部分组成。如图1-19所示。

楼地面的设计要求包括:足够的坚固性,良好的保温性和弹性,良好的防潮、防火和耐腐蚀性以及美观的要求。

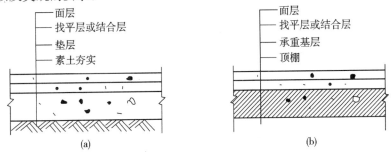

图1-19 楼地面的基本构造组成

(a)底层地面的组成;(b)楼层地面的组成

2)地面的材料与构造

整体地面:是指水泥地面、混凝土地面、水磨石地面等在现场整体浇筑而成的地面。如图1-20所示。

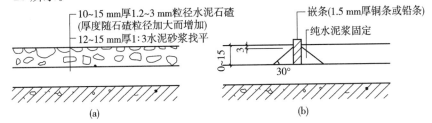

图1-20 现浇水磨石楼地面构造

(a)现浇水磨石;(b)嵌条做法

板块料铺贴地面:是指用胶结材料将加工好的板块状地面材料,如预制水磨石板、大理石板、花岗岩板、缸砖、陶瓷棉砖、水泥砖等,用铺砌或粘贴的方式,使之与基层黏结固定所形成的地面。这类地面有花色多、品种全、经久耐用、易于保持清洁等优点,但有造价偏高、工效低等缺点。

木地面:是指表面由木板铺钉或胶合而成的地面。依构造方式不同,有架空式和实铺式两种。主要特点是具有弹性、不起灰、易清洁、不反潮,由于木材蓄热系数小,冬天人们行走在木地面上不至于感到冷。

人造软制品地面:常用于地面装修的人造软制品,有塑料制品、橡胶制品及地毯等几种。按制品成型的不同,人造软制品可分为块材与卷材两类。块材可以拼成各种图案,施工灵活,修补简单;卷材整体性较好,但施工繁重,修理不便。

3)楼地面踢脚板的构造

踢脚板又称踢脚线,是楼地面与内墙面相交处的一个重要构造节点。它的主要作用是遮盖楼地面与墙面的接缝;保护地面,以防搬运东西、行走或清洁卫生时弄脏墙面。

5. 阳台、雨篷的构造

1)阳台

阳台按其与外墙面的关系可分为挑阳台、凹阳台和半挑阳台、半凹阳台等几种形式。阳台结构布置应与建筑物楼板结构布置统一考虑。通常有现浇或预制构件两种。如图1-21所示。

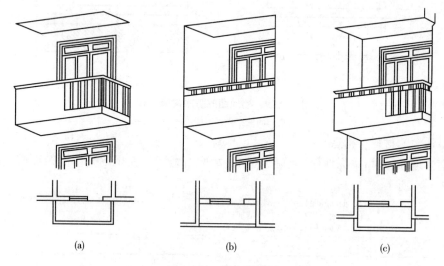

图1-21 阳台的类型

(a)挑阳台;(b)凹阳台;(c)半凹阳台

阳台的设计应满足以下要求:①安全、坚固、耐久;②解决防水和排水问题;③美观;④便于施工。

为防止雨水进入室内,要求阳台地面低于室内地面30 mm以上,并在阳台一侧或两侧栏杆下设排水孔,地面抹出排水坡度,将水导向排水孔排除。

阳台栏杆及扶手按材料可分为砖砌栏杆、混凝土栏杆及金属栏杆等。

2)雨篷

雨篷和悬挑阳台结构受力状况和构造基本一样。

三、楼梯的建筑构造

楼梯与电梯是建筑物中联系上下各层的垂直交通设施。

（一）楼梯的组成与类型

楼梯的组成：一般楼梯是由梯段、平台和中间平台、扶手和栏杆（栏板）三大部分组成的。如图1－22所示。

楼梯的类型：楼梯的形式有多种。按其所在位置有室内楼梯和室外楼梯之分；按其使用性质有主要楼梯、辅助楼梯、疏散楼梯、消防楼梯之分；按其所用材料有木梯、钢梯、钢筋混凝土楼梯之分。此外，按照楼梯间的防火性能分，有开敞式楼梯间、封闭式楼梯间和防烟楼梯间等。楼梯如果按照它的形式划分，有直跑式、双跑式、双分式、双合式、转角式、三跑式、四跑式、多跑式、多边形式、螺旋式、曲线式、剪刀式、交叉式等。如图1－23所示。

一般建筑物中，最常见的楼梯形式是双梯段的并列式楼梯，又称双跑楼梯或双折式楼梯。

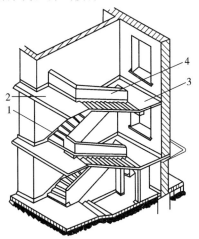

图1－22　楼梯的组成

1-梯段；2-平台；3-中间平台；4-扶手和栏板

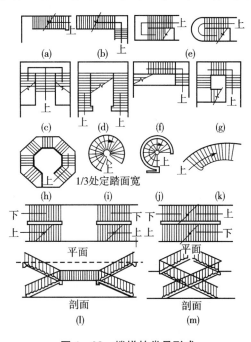

图1－23　楼梯的常见形式

(a)直跑式；(b)转角式；(c)双分式；(d)双合式；(e)双跑式；
(f)三跑式；(g)四跑式；(h)八角式；(i)圆形；(j)螺旋式；
(k)曲线式；(l)剪刀式；(m)交叉式

（二）楼梯的设计

1. 楼梯的坡度

坡度有两种表示方法：一种是用斜面与水平面的夹角（度）表示；一种是用斜面的垂直投影高度与其水平投影的长度之比表示。楼梯的坡度范围在 $20°\sim45°$，也就是在(1：2.75)$\sim$(1：1)。坡道的坡度范围在 $0°\sim20°$。当坡度大于 $45°$ 时，称为爬梯，常用于屋面检修或一些大型设备处。如图1－24所示。

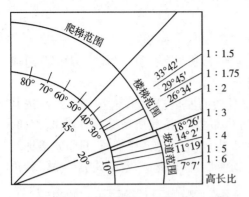

图1-24　爬梯、楼梯和坡道的坡度范围

2. 楼梯的宽度

楼梯的宽度包括梯段的宽度和平台的宽度。为保证安全疏散,在防火设计规范中,对楼梯的宽度做了相应的规定。

3. 净空高度

梯段的净空高度是指自踏步前缘到上方突出物的垂直高度。规范规定梯段净高不应小于2.2 m。平台处的净空高度不应小于2.0 m。

4. 踏步尺寸

楼梯的踏步尺寸包括踏面的宽度和踢面的高度。踏步的踢面高度和踏面宽度的比值决定梯段的坡度。踏面的宽度不宜过小,也不宜过大,以人的脚可以全部落在踏步面上为宜。高度值也应合适,以保证楼梯有合适的坡度。

5. 扶手高度

扶手的高度应能够保证人们上下楼梯的安全。一般为90 cm左右。

6. 楼梯设计时应满足的一般要求

按楼梯数量的确定、楼梯位置的确定和楼梯形式的确定。

(三)电梯与自动扶梯

电梯是大型建筑和高层建筑的主要垂直交通部分,由轿厢、梯井、机房、井道地坑等部分组成。电梯有客梯、货梯、消防电梯。

电梯由机房、井道和轿厢三大部分组成。

电梯轿厢由电梯厂家定型生产,不同种类、不同载重量以及不同厂家的电梯轿厢尺寸也不尽相同。

自动扶梯由电动机械牵动,踏步和扶手同步运行,运行的方向可正可反,既可以提升也可以下降。自动扶梯的机房设在楼地面以下。与电梯相类似,自动扶梯也是由厂家生产,在施工现场进行组装即可。土建施工必须按要求准确预埋安装自动扶梯的一些预埋铁件。自动扶梯的栏板分为全透明型、透明型、半透明型和不透明型等几种。并可以安装灯具,可根据不同的室内装修标准选用。

第二章　施工准备工作

第一节　各项施工准备

一、施工准备工作的意义和要求

建筑施工是一项综合性、复杂性的生产活动,它涉及大量材料的供应,多种机械设备的使用,诸多专业化施工班组的组织安排与配合协调等,而且还要处理许多复杂的施工技术难题。因此充分做好施工准备工作,对于加快施工进度,提高工程质量,降低工程成本,都将起到重要的作用。实践证明,凡是施工准备工作做得愈充分,考虑愈周到,实际施工就愈顺利,施工速度就愈快,经济效益就愈好。反之,如果忽视施工准备工作,仓促开工,必然会造成现场混乱,进度迟缓,物资浪费,质量低劣,甚至被迫停工、返工,造成不应有的损失。因此,在施工前,必须坚持做好各项准备工作。

施工准备工作,不仅是指开工前的准备工作,而且贯穿于整个施工过程中。拟建工程开工前,施工准备工作是为工程正式开工创造必要的条件;而工程开工后,继续做好各项施工准备工作,是使施工顺利进行和工程圆满完成的重要保证。

为了确保施工准备工作的有效实施,应做到以下几点:

(1)建立施工准备工作责任制。按施工准备工作计划将责任落实到有关部门和人,同时明确各级技术负责人在施工准备工作中应负的责任。

(2)建立施工准备工作检查制度。施工准备工作不但要有计划、有分工,而且要有布置、有检查,以利于经常督促,发现薄弱环节,不断改进工作。

(3)坚持按基本建设程序办事,严格执行开工报告制度。

单位工程的开工,在做好各项施工准备工作后,应写出开工报告(参见表2-1),经申

表 2-1　工程开工报告

申请开工施工单位:　　　　　　　　　　　　　　　　　　　　　编号:

工程名称		工程地点		建设单位		设计单位	
工程结构		建筑面积		层　数		建筑造价	
工程简要内容				申请开工日期			
				批　准		负责人	
施工准备工作情况				会　签		××科	
						××科	
						⋮	

35

报上级批准后，才能开工。

施工准备工作的范围包括两个方面：一方面是阶段性的施工准备，它是指工程开工前的各项准备工作，这带有全局性。没有这一准备，工程既不能顺利开工，也做不到连续施工，大型工程更是如此；另一方面是工程作业条件的施工准备，它是为某一项单位工程，或某一个施工阶段，或某个分部分项工程或某个施工环节所做的施工准备，这是局部性的，也是经常性的。一般说来，雨季施工准备属于作业条件的施工准备。

每项工程施工准备工作的内容，视该工程本身及其具备的条件而异。有的比较简单，有的却十分复杂。例如，只有一个单项工程的施工项目和包含多个单项工程的群体项目；一般小型项目和规模庞大的大中型项目；新建项目和改扩建项目；在未开发地区兴建的项目和在已开发区内所需各种条件大多已具备的地区的项目等，都因工程的特殊需要和特殊条件而对施工准备提出各不相同的具体要求。因此，需根据具体工程的需要和条件，按照施工项目的规划来确定准备工作的内容，并拟订具体的、分阶段的施工准备工作实施计划，才能充分地而又恰如其分地为施工创造一切必要条件。一般工程必需的准备工作内容如图2-1所示。

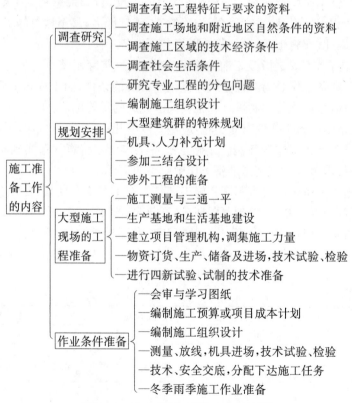

图2-1　施工准备工作的内容系统图

为此，我们要在时间上、内容上、步骤上进行合理安排，既要重视开工前的各项准备，又要重视施工中的准备,两方面的工作都要做好。务必做到:条件具备再开工,准备充分再作业,不搞无准备的施工。

开工前的施工准备工作,分前期准备和后期准备两个阶段进行。前期施工准备工作又分为实地勘察、收集资料与技术资料的准备;后期的施工准备又包含现场施工准备、劳动力及物资准备。

二、施工准备工作的实施

将施工准备工作的内容,逐项确定完成日期,落实具体负责人。单位工程施工准备工作的内容包括:

(1)现场障碍物清理及场地平整。

(2)临时设施的搭建。

(3)暂设水电管线的安装。

(4)场内交通道路。

(5)排水沟的修筑以及人工降低地下水位。

(6)材料、机具设备及劳动力进场。

(7)加工订货及设备的落实。

施工准备工作计划表格的格式见表2-2。

表2-2 施工准备工作计划表

序号	项目	准备工作内容	做法要求	完成日期	负责人	涉及单位	备注

三、前期施工准备工作

1. 建设场地勘察

建设场地勘察主要是了解建设地点的地形、地貌、地质、水文、气象以及市场状况和施工条件,周围环境和障碍物情况等。一般可作为确定施工方法和技术措施的依据。

对于施工区域内的建筑物、构筑物、水井、树木、坟墓、沟渠、电杆、车道、土堆、青苗等地面物,均可用目测的方法进行,并详细记录下来;对于场区内的地下埋设物,如地下沟道、人防工程、地下水管、电缆等,可向当地村镇有关部门调查了解,以便于拟定障碍物的拆除方案以及土方施工和地基处理方法。关于地方资源条件的调查内容见表2-3;对于地方建筑材料及构件生产企业的调查内容见表2-4;建筑场址自然条件调查内容见表2-5;水电等调查的内容见表2-6;当地交通运输条件调查的内容见表2-7;社会劳动力和生活设施调查见表2-8。

表 2－3　地方资源条件调查表

序号	材料名称	产地	储藏量	质量	开采量	出厂价	开发费	运距	单位运价	备注

表 2－4　地方建筑材料及构件生产企业调查表

序号	企业名称	产品名称	单位	规格	质量	生产能力	生产方式	出厂价格	运距	运输方式	单位运价	备注

表 2－5　建筑场址自然条件调查表

项目	调查内容	调查目的
气温	(1)年平均、最高、最低温度,最冷、最热月份的逐日平均温度 (2)冬、夏季室外计算温度 (3)≤－3℃、0℃、5℃的天数、起止时间	(1)确定防暑降温的措施 (2)确定冬季施工措施 (3)估计混凝土、砂浆强度
雨(雪)	(1)雨季起止时间 (2)月平均降雨(雪)量、最大降雨(雪)量、一昼夜最大降雨(雪)量 (3)全年雷暴日数	(1)确定雨期施工措施 (2)确定工地排水、防洪方案 (3)确定工地防雷设施
风	(1)主导风向及频率(风玫瑰图) (2)≥8级风的全年天数、时间	(1)确定临时设施的布置方案 (2)确定高空作业及吊装的技术安全措施
地形	(1)区域地形图:1/10000～1/25000 (2)工程位置地形图:1/1000～1/2000 (3)该地区城市规划图 (4)经纬坐标桩、水准基桩位置	(1)选择施工用地 (2)布置施工总平面图 (3)场地平整及土方量计算 (4)了解障碍物及其数量
地质	(1)钻孔布置图 (2)地质剖面图:土层类别、厚度 (3)物理力学指标:天然含水量、孔隙比、塑性指数、渗透系数、压缩试验及地基土强度 (4)地层的稳定性:断层滑块、流沙 (5)最大冻结深度 (6)地基土破坏情况,钻井、古墓、防空洞及地下构筑物	(1)土方施工方法的选择 (2)地基土的处理方法 (3)基础施工方法 (4)复核地基基础设计 (5)拟定障碍物拆除方案

续表

项目	调查内容	调查目的
地震	地震等级	确定对基础的影响、注意事项
地下水	(1)最高、最低水位及时间 (2)水的流速、流向、流量 (3)水质分析,水的化学成分 (4)抽水试验	(1)基础施工方案选择 (2)降低地下水的方法 (3)拟定防止侵蚀性介质的措施
地面水	(1)临近江河湖泊距工地的距离 (2)洪水、平水、枯水期的水位、流量及航道深度 (3)水质分析 (4)最大最小冻结深度及结冻时间	(1)确定临时给水方案 (2)确定施工运输方式 (3)确定水工工程施工方案 (4)确定工地防洪方案

表 2-6　水、电、蒸汽等条件调查表

序号	项目	调查内容	调查目的
1	供排水	(1)工地用水与当地现有水源连接的可能性、可供水量、接管地点、管径、材料、埋深、水压、水质及水费;至工地距离,沿途地形、地物状况 (2)自选临近江河水源的水质、水量、取水方式、至工地距离,沿途地形、地物状况;自选临时水井的位置、深度、管径、出水量和水质 (3)利用永久性排水设施的可能性,施工排水的去向、距离和坡度,有无洪水影响,防洪设施状况	(1)确定施工及生活供水方案 (2)确定工地排水方案和防洪设施 (3)拟定供排水设施的施工进度计划
2	供电与电信	(1)当地电源位置,引入的可能性,可供电的容量、电源、导线截面和电费,引入方向,接线地点及其至工地距离,沿途地形、地物的状况 (2)建设单位和施工单位自有的发、变电设备的型号、台数和容量 (3)利用邻近电信设施的可能性,电话、电报局等至工地的距离,可能增设电信设备、线路的情况	(1)确定施工供电方案 (2)确定施工通信方案 (3)拟定供电、通信设施的施工进度计划
3	供气(汽)	(1)蒸汽来源,可供蒸汽量,接管地点,管径、埋深、至工地距离,沿途地形、地物状况,蒸汽价格 (2)建设、施工单位自有锅炉的型号、台数和能力,所需燃料和水质标准 (3)当地或建设单位可能提供的压缩空气、氧气的能力,至工地距离	(1)确定施工及生活用气的方案 (2)确定压缩空气、氧气的供应计划

表 2-7　交通运输条件调查表

序号	项目	调查内容	调查目的
1	铁路	(1)邻近铁路专用线、车站至工地的距离及沿途运输条件 (2)站场卸货线长度,起重能力和贮存能力 (3)装载单个货物的最大尺寸、重量的限制 (4)运费、装卸费和装卸力量	(1)选择施工运输方式 (2)拟定施工运输计划
2	公路	(1)主要材料产地至工地的公路等级,路面构造宽度及完好情况,允许最大载重量、途经桥涵等级和允许最大载重量 (2)当地专业运输机构及附近村镇能提供的装卸、运输能力,汽车、畜力、人力车的数量及运输效率,运费、装卸费 (3)当地有无汽车修配厂,修配能力和至工地距离	(1)选择施工运输方式 (2)拟定施工运输计划
3	航运	(1)货源、工地至邻近河流、码头渡口的距离,道路情况 (2)洪水、平水、枯水期时通航的最大船只及吨位,取得船只的可能性 (3)码头装卸能力,最大起重量,增设码头的可能性 (4)渡口渡船的能力,同时可载汽车、马车数,每日次数,能为施工提供的能力 (5)运费、渡口费、装卸费	

表 2-8　社会劳动力和生活设施调查表

序号	项目	调查内容	调查目的
1	社会劳动力	(1)少数民族地区的风俗习惯 (2)当地能提供的劳动力人数、技术水平和来源 (3)上述人员的生活安排	(1)拟定劳动力计划 (2)安排临时设施
2	房屋设施	(1)必须在工地居住的单身人数和户数 (2)能作为施工用的现有的房屋栋数,每栋面积,结构特征,总面积、位置,水、暖、电、卫设备状况 (3)上述建筑物的适宜用途,用作宿舍、食堂、办公室的可能性	(1)确定现有房屋为施工服务的可能性 (2)安排临时设施
3	周围环境	(1)主副食品供应,日用品供应,文化教育、消防治安等机构能为施工提供的支援能力 (2)邻近医疗单位至工地的距离,可能就医情况 (3)当地公共汽车、邮电服务情况 (4)周围是否存在有害气体,污染情况,有无地方病	安排职工生活基地,解除后顾之忧

2. 收集资料

在编制施工组织设计时,除现场进行调查收集资料外,为弥补原始资料的不足,有时还可借助一些相关的参考资料来作为编制依据。这些参考资料可利用现有的施工定额、施工手册、施工组织设计实例或通过平时施工实践活动来获得。

以下一些资料可向当地县、镇气象部门调查。如收集不到有关的具体资料时,可参考表2-9至表2-11,作为确定冬、夏、雨期施工的依据。

表 2-9 各地区全年雨季参考资料

地区	雨季起止日期	月数
长沙、株洲、湘潭	2月1日—8月31日	7
南昌	2月1日—7月31日	6
汉口	4月1日—8月15日	4.5
上海、成都、昆明	5月1日—9月30日	5
重庆、宜宾	5月1日—10月31日	6
长春、哈尔滨、佳木斯、牡丹江、开远	6月1日—8月31日	3
大同、侯马	7月1日—7月31日	1
包头、新乡	8月1日—8月31日	1
沈阳、葫芦岛、北京、天津、大连	7月1日—8月31日	2
齐齐哈尔、富拉尔基、宝鸡、绵阳、德阳、温江、太原、西安、洛阳、郑州	7月1日—9月15日	2.5

表 2-10 全年有效作业日参考资料

地区	全年		季度							
	土建	安装	Ⅰ		Ⅱ		Ⅲ		Ⅳ	
			土建	安装	土建	安装	土建	安装	土建	安装
四川、云南、贵州	290	300	70	71	72	75	77	80	70	75
长江以南	280	300	65	70	73	75	73	80	69	75
长江以北	275	280	52	60	77	72	79	80	67	68
青海、甘肃	260	260	44	40	76	78	78	80	62	62
长城以北	250	260	35	40	74	78	78	80	63	62
长春以北、新疆	240	260	29	40	80	78	77	80	54	62
东南沿海	275	280	65	60	71	72	71	80	68	68

表 2-11　全年冬季天数参考资料

分区	平均温度	冬季起止日期	天数
第一区	−1℃以内	12月1日—2月16日 12月28日—3月1日	74～80
第二区	−4℃以内	11月10日—2月18日 11月25日—3月21日	96～127
第三区	−7℃以内	11月1日—3月20日 11月10日—3月31日	131～151
第四区	−10℃以内	10月20日—3月25日 11月1日—4月5日	141～168
第五区	−14℃以内	10月15日—4月5日 4月15日	173～183

3. 技术资料准备

技术资料的准备即通常所说的室内准备(内业准备),其内容一般包括:

(1)图纸会审。图纸会审是施工前的一项极为重要的技术准备工作。会审的目的主要有两个:一是事先认真阅读图纸,了解设计意图、工程质量标准,新结构、新技术、新材料、新工艺的技术要求及图纸间内在的联系;二是在熟悉图纸及有关资料的基础上,通过有设计、建设、施工等单位参加的会审,将有关问题发现并解决在施工之前,真正做到"按图施工"。图纸会审的主要内容如下:

① 设计图纸是否符合国家有关技术规范,是否符合实用经济、美观大方的原则。

② 图纸本身及说明是否完整、清晰,图纸的尺寸、轴线、标高、各种管线等是否准确,各种图纸(平、立、剖、节点大样,结构配筋图、水电安装图等)之间是否有矛盾。

③ 施工单位的技术水平、技术设备能否满足结构方案和建筑装饰的要求,保证工程质量和安全。

④ 图纸上选用的各种材料、配件、构件能否保证采购,其规格、型号、性能、质量、数量上能否满足设计要求。

⑤ 对设计中的不明确或疑问处,请设计人员做必要的解释。

⑥ 图纸上是否贯彻就地取材、因材设计的原则,如果没有,可在会审时提出合理化建议。

⑦ 若设计或建设单位在图纸发出后,由于情况有变需做某些方面的更改,其变动部分在图纸会审时一并解决。

图纸会审应有通过充分协商后统一形成的图纸会审纪要,并由参加会审单位盖章。这些应视为施工图的组成部分,在工程施工中也应遵守。

(2)编制施工组织设计。施工组织设计是规划和指导施工活动的重要技术经济文件。编制施工组织设计,是建筑工程施工前的必要准备工作,是科学合理组织施工生产和加强企业管理的一项重要措施。

(3)编制施工图预算和施工预算。根据会审后的施工图和批准的施工组织设计,预算人员便可编制施工图预算和施工预算。它是施工管理和实行经济核算的一项重要措施。

四、后期施工准备工作

施工现场的准备即后期施工准备,也就是通常所说的室外准备(外业准备)。它一般包括以下内容。

1. 拆除障碍物

这一工作通常由建设单位完成,但有时也委托施工单位完成。拆除时,一定要摸清情况,尤其是原有障碍物复杂、资料不全时,应采取相应的措施,防止发生事故。

架空电线、埋地电缆、自来水管、污水管、煤气管道等的拆除,都应与有关部门取得联系并办好手续后才可进行,一般最好由专业公司、单位来拆除。场内的树木需报请园林部门批准后方可砍伐。房屋只要在水源、电源、气源等截断后即可进行拆除。坚实、牢固的房屋等可采用定向爆破方法拆除,一般应经主管部门批准,由专业施工队进行。

2. 建立测量控制网

这项工作是确定建筑物平面位置和高程的关键环节。施工前应按总平面图的要求,将规划确定的水准点和红线桩引至现场,做好固定和保护装置。并按一定的距离布点,组成测量控制网。高层及大型工程应该设置固定标准桩和水准点,或建立标高控制网。通常此项工作由专业测量队完成,但施工单位还需根据施工的具体需要做一些加密网点等补充工作。

3. 临时设施的搭设

现场所需临时设施,应报请规划、市政、消防、交通、环保等有关部门审查批准。根据施工组织设计的要求,除利用现场旧有建筑外,还应搭建一批临时建筑,如警卫室、工人休息室、宿舍、办公室、厨房、食堂、仓库、吸烟室、厕所等。但均应按批准的图纸搭建,不得乱搭乱建,并尽量利用永久建筑物,减少临时设施搭设量。而这些临时设施,应在正式工程施工前做好。

为了施工方便和行人的安全,应用围墙将施工用地围护起来。围墙的形式和材料应符合市容管理的有关规定和要求,并在主要出入口设置标牌,标明工地名称、施工单位、工地负责人等。

4. 施工队伍的准备

基本施工队伍的确定,要根据现有的劳动组织情况及施工组织设计的劳动力需用量计划确定。建立与工程规模相应的组织机构。包括行政、技术、材料、计划等管理人员,并与建设单位密切联系,共同解决一些大的问题;基本施工人员的组织应根据工程的特点,选择恰当的劳动组织形式,处理好土建施工队伍与专业施工队伍的配备关系,在土建施工中一般以混合施工队形式较好,并注意技工与普工的比例关系。如需使用外包施工队时,必须按各企业的审批手续办。在使用外包队之前,要进行技术考核,对达不到技术标准的、质量没有保证的不得使用。若把外包施工队作为基本施工队伍时,必须经企业主管部门批准。

在施工前,企业还应做好职工的培训工作,进行劳动纪律和施工安全教育,不断提高其业务技术水平,使职工能遵守劳动时间、坚守工作岗位、遵守操作规程、保证工程质量、保证施工工期、保证安全生产、服从调动、爱护公物。

5. 物资器材准备

物资器材准备是保证工程顺利施工的基础,必须在各分部分项工程施工前准备就绪。应根据工程需要,确定需用量计划,及时组织货源,办理订货手续,安排运输和贮备,特别是对特殊的材料、构件应提早准备,使其满足连续施工的需要。

材料、构件分期分批进场时,应根据有关规定做好检查验收,对于重要部位使用的材料以及对质量有怀疑的材料,应做好抽样检验鉴定工作。对于进场的各种材料、构件,应按施工平面图指定的位置进行堆放。

进场的机构设备,必须经过检查验收,根据需要做好基础、轨道或操作棚,接通动力和照明线路,提前保养、试运转,达到台台完好。

6. "三通一平"工作

在施工现场范围内,修通道路,接通水源、电源,平整施工场地的工作称为"三通一平"。这项工作应根据施工组织设计的规划来进行。它分为全场性"三通一平"和单位工程"三通一平"。前者必须有计划、分阶段进行,后者必须在施工前完成。

(1)道路通。按施工组织设计的要求修筑好施工现场的临时运输道路。应尽可能利用原有道路或结合正式工程的永久性道路位置,修整路基和临时路面。现场道路应适当起拱(向道路两侧形成一定坡度),路边应做好排水沟,排水沟深度一般不小于 0.4 m,底宽不小于 0.3 m。现场道路的宽度,单行路为 4 m,最窄不得小于 3.5 m,双行路宽度为 7 m,施工现场的道路最好形成循环道路。要保证做到现场道路通畅和防滑。

(2)电通。供电包括施工用电和生活用电两部分。这项工作应注意电源的获得和现场供电线路的布置。根据各种施工机械设备用电量及照明用电量,计算选择配电变压器,与供电部门联系,按施工组织设计的要求,架设好连接电力干线的工地内外临时供电线路及通信线路。尽可能做到使用方便,总的供电线路最短。还需考虑断电情况下自行发电的工作,以确保施工的顺利进行。

(3)水通(或叫管网通)。包括施工工地的临时施工用水、供热等管线的敷设,以及施工现场红线内的排水系统布置,并按平面图的要求安装好消火栓。其中上水管网的敷设应尽量采用正式工程的管网线路,以节省临时设施费用;施工现场的排水沟要依场地的地势,做出不少于 1.5‰的坡度。

高层建筑工地应设置高压泵,大型工程中应有高压泵房和蓄水池,不允许直接接自来水管。这项工作应与解决临时水、电源同时进行。

(4)平整场地。平整场地需先做"场平设计"。因为施工场地的自然地貌常常是起伏不平的,不能满足建设要求,如不先平整,施工机具、材料及预制构件等进场也是不方便的。

平整场地前应清除地上障碍物和地下埋设物。在平整时往往会碰到地上的、地下的障碍物,例如坟墓、旧建筑、高压线、地下管线等,应由建设单位与有关部门协调做出妥善处理。

全场性的平整场地,是按设计总平面图中确定的标高进行的,通过测量,计算挖土及填土数量,从而设计调配方案。尽量做到挖填平衡、就近调运,以节约费用。单位工程平整场地,是在全场性平地的基础上,按设计规定的计划标高,分期分批平整(详见第三章中的第二节)。

现在所讲的"三通一平"实际上已不再是狭义的概念,而是一个广义的概念。实际做的有"四通一平",即水通、电通、路通、通信通,场地平整。随着地域的不同和生活要求的不断提高,还有蒸汽、煤气等的畅通,使"三通一平"工作更完善。

第二节 技 术 准 备

一、熟悉和审查施工图纸

熟悉和审查施工图纸是技术准备工作的重要内容,是组织施工的前提和基础,并为编制施工组织设计提供基本依据。这一工作通常分施工单位自审、图纸会审和签认现场洽商变更三个阶段进行,所形成的资料作为指导施工、竣工验收、绘制竣工图和竣工结算的依据。审查的重点如下:

(1)施工图是否完整齐全,是否符合国家有关工程设计规范和工程施工规范的要求,是否符合城市总体规划的要求。

(2)建筑图与结构图、给排水图、电气施工图、设备安装图等各专业施工图纸之间是否有矛盾。

(3)施工图纸本身是否有矛盾和错误,图纸与设计说明书是否一致。

(4)基础设计与地基处理方案是否与建造地点的工程地质和水文资料相一致,建筑物与地下构筑物或地下管网之间是否有矛盾。

(5)掌握拟建工程的建筑和结构形式及特点,复核主要承重结构或构件的强度、刚度和稳定性是否满足施工要求;对于施工难度大、技术要求高的分部分项工程,要在现有施工技术和管理水平的基础上制订详细的施工技术方案。

(6)施工图对于建筑设备、专业施工及加工订货有何特殊要求。

（7）熟悉工业项目的生产工艺流程和技术要求，审查设备安装图和与其相配套的土建图纸在坐标、标高等尺寸关系上是否一致，土建施工的质量标准如何满足设备安装的工艺和精度要求。

二、自然环境资料

施工现场所在地区的地形、地质、水文、气象等资料是制订施工方案的重要参考依据，其中包括：

（1）地形情况。包括地形起伏变化、河流、交通、拟建项目附近的建筑物情况等。

（2）地质情况。包括地层构造、土的性质与类别、土的承载力、抗震设防烈度等。

（3）水文情况。包括地下水的质量、含水层厚度、地下水的流向和流速及地下水的最高和最低水位等。

（4）气象条件。包括气温、季风风向、风速、雨量、积雪量、冻结深度、雨季及冬季的期限等。要利用自然环境安排好施工，要遵循自然规律，创造良好的施工条件，避免造成损失和浪费。

三、技术文件编制

包括编制施工组织设计，编制特殊工程施工和复杂设备安装的施工技术方案，拟订推广应用新材料新技术新工艺计划，编制施工图概算和施工预算等。

四、测量控制点

将坐标点、水准点引进施工现场，以此作为施工放线的依据。并可根据需要按建筑总平面图测量控制网，按设计标高测定自然地坪高程图。

第三节　建筑工地临时设施

一、工地临时房屋设施

1. 一般要求

（1）结合施工现场具体情况，统筹规划，合理布置。

①布点要适应施工生产需要，方便职工工作生活。

②不能占据正式工程位置，留出生产用地和交通道路。

③尽量靠近已有交通线路或即将修建的正式或临时交通线路。

④选址应注意防洪水、泥石流、滑坡等自然灾害，必要时应采取相应的安全防护措施。

（2）认真执行国家严格控制非农业用地的政策，尽量少占或不占农田，充分利用山地、荒地、空地或劣地。

（3）尽量利用施工现场或附近已有的建筑物。

（4）必须搭设的临时建筑，应因地制宜，利用当地材料和旧料，尽量降低费用。

（5）符合安全防火要求。

2. 临时房屋设施分类及参考指标

（1）生产性临时设施。生产性临时设施是直接为生产服务的，如临时加工厂、现场作业棚、机修间等，参考指标见表 2-12 至表 2-14。

表 2-12　临时加工厂所需面积参考指标

序号	加工厂名称	年产量		单位产量所需建筑面积	占地总面积 /m²	备注
		单位	数量			
1	混凝土搅拌站	m³	3200	0.022(m²/m³)	按砂石堆场考虑	400L 搅拌机 2 台
			4800	0.021(m²/m³)		400L 搅拌机 3 台
			6400	0.020(m²/m³)		400L 搅拌机 4 台
2	临时性混凝土预制厂	m³	1000	0.25(m²/m³)	2000	生产屋面板和中小型梁柱板等,配有蒸养设施
			2000	0.20(m²/m³)	3000	
			3000	0.15(m²/m³)	4000	
			5000	0.125(m²/m³)	小于 6000	
3	半永久性混凝土预制厂	m³	3000	0.6(m²/m³)	9000~12000	
			5000	0.4(m²/m³)	12000~15000	
			10000	0.3(m²/m³)	15000~20000	
4	木材加工厂	m³	15000	0.0244(m²/m³)	1800~3600	进行原木、大方加工
			24000	0.0199(m²/m³)	2200~4800	
			30000	0.0181(m²/m³)	3000~5500	
	综合木工加工厂	m³	200	0.30(m²/m³)	100	加工门窗、模板、地板、屋架等
			500	0.25(m²/m³)	200	
			1000	0.20(m²/m³)	300	
			2000	0.15(m²/m³)	420	
	粗木加工厂	m³	5000	0.12(m²/m³)	1350	加工屋架、模板
			10000	0.10(m²/m³)	2500	
			15000	0.09(m²/m³)	3750	
			20000	0.08(m²/m³)	4800	
	细木加工厂	万·m²	5	0.0140(m²/万·m²)	7000	加工门窗、地板
			10	0.0114(m²/万·m²)	10000	
			15	0.0106(m²/万·m²)	14300	

序号	加工厂名称	年产量		单位产量所需建筑面积	占地总面积/m²	备注
		单位	数量			
	钢筋加工厂	t	200	0.35(m²/t)	280～560	加工、成型、焊接
			500	0.25(m²/t)	380～750	
			1000	0.20(m²/t)	400～800	
			2000	0.15(m²/t)	450～900	
5	现场钢筋调直或冷拉 拉直场 卷扬机棚 冷拉场 时效场			所需场地(长×宽) (70～80)×(3～4)(m²) 15～20(m²) (40～60)×(3～4)(m²) (30～40)×(6～8)(m²)		包括材料及成品堆放 3～5 t电动卷扬机1台 包括材料及成品堆放 包括材料及成品堆放
	钢筋对焊 对焊场地 对焊棚			所需场地(长×宽) (30～40)×(3～4)(m²) 15～24(m²)		包括材料及成品堆放,寒冷地区应适当增加
	钢筋冷加工 冷拔、冷轧机 剪断机 弯曲机 φ12 以下 弯曲机 φ40 以下			所需场地(m²/台) 40～50 30～50 50～30 60～70		
6	加工(一般铁件)			所需场地(m²/台) 年产 500 t 为 10 年产 1000 t 为 8 年产 2000 t 为 6 年产 3000 t 为 5		按一批加工数量计算
7	石灰消化贮灰池 淋灰池 淋灰槽			5×3＝15(m²) 4×3＝12(m²) 3×2＝6(m²)		每 2 个贮灰池配 1套淋灰池和淋灰槽,每 600 kg 石灰可消化1m³石灰膏
8	沥青锅场地			20～24(m²)		台班产量1～1.5 t/台

表 2－13　现场作业棚所需面积参考指标

序号	名称	单位	面积/m²	备注
1	木工作业棚	m²/人	2	占地面积为建筑面积的 2～3 倍
2	电锯房	m²	80	86.3～91.4 cm 圆锯 1 台
	电锯房	m²	40	小圆锯 1 台
3	钢筋作业棚	m²/人	3	占地面积为建筑面积的 3～4 倍
4	搅拌棚	m²/台	10～185	
5	卷扬机棚	m²/台	6～126	
6	烘炉房	m²	30～40	
7	焊工房	m²	20～40	
8	电工房	m²	15	
9	白铁工房	m²	20	
10	油漆工房	m²	20	占地面积为建筑面积的 2～3 倍
11	机、钳工修理房	m²	20	86.3～91.4 cm 圆锯 1 台
12	立式锅炉房	m²/台	5～10	小圆锯 1 台
13	发电机房	m²/kW	0.2～0.3	
14	水泵房	m²/台	3～8	占地面积为建筑面积的 3～4 倍
15	空压机房(移动式)	m²/台	18～30	
	空压机房(固定式)	m²/台	9～15	

表 2－14　现场机运站、机修间、停放场所需面积参考指标

序号	施工机械名称	所需场地/(m²/台)	存放方式	检修间所需建筑面积	
				内容	数量/m²
	起重、土方机械类:			10～20 台设 1 个检修台位(每增加 20 台增设 1 个检修台位)	200 (增 150)
1	塔式起重机	200～300	露天		
2	履带式起重机	100～125	露天		
3	履带式正铲或反铲,拖式铲运机,轮胎式起重机	5～100	露天		
4	推土机,拖拉机,压路机	25～35	露天		
5	汽车式起重机	20～30	露天或室内		
6	运输机械类: 汽车(室内)	20～30	一般情况下室内不小于 10%	每 20 台设 1 个检修台位(每增加 20 台增设 1 个检修台位)	170 (增 160)
	(室外)	40～60			
7	平板拖车	100～150			

序号	施工机械名称	所需场地/(m²/台)	存放方式	检修间所需建筑面积	
				内容	数量/m²
8	其他机械类：搅拌机,卷扬机,电焊机,电动机,水泵,空压机,油泵,少先吊等	4～6	一般情况下室内占30%,露天占70%	每50台设1个检修台位(每增加50台增设1个检修台位)	50（增50）

注：1.露天或室内视气候条件而定,寒冷地区应当增加室内存放。

2.所需场地包括道路、通道和回转场地。

(2) 物资贮存临时设施。物资贮存临时设施专为某一项在建工程服务,一方面要做到能保证施工的正常需要;另一方面又不宜贮存过多,以免加大仓库面积,积压资金。其参考指标见表 2－15、表 2－16。

表 2－15　仓库面积计算所需数据参考指标

序号	材料名称	单位	储备天数/n	每平方米贮存量/P	堆置高度/m	仓库类型
1	钢材	t	40～50	1.5	1.0	露天
	工槽钢	t	40～50	0.8～0.9	0.5	露天
	角钢	t	40～50	1.2～1.8	1.2	露天
	钢筋(直筋)	t	40～50	1.8～2.4	1.2	露天
	钢筋(盘筋)	t	40～50	0.8～1.2	1.0	棚或库约占20%
	钢板	t	40～50	2.4～2.7	1.0	露天
	钢管　200以上	t	40～50	0.5～0.6	1.2	露天
	钢管　200以下	t	40～50	0.7～1.0	2.0	露天
	钢轨	t	20～30	2.3	1.0	露天
	铁皮	t	40～50	2.4	1.0	库或棚
2	生铁	t	40～50	5	1.4	露天
3	铸铁管	t	20～30	0.6～0.8	1.2	露天
4	暖气片		40～50	0.5	1.5	露天或棚
5	水暖零件	t	20～30	0.7	1.4	库或棚
6	五金	t	20～30	1.0	2.2	库
7	钢丝绳	t	40～50	0.7	1.0	库
8	电线电缆	t	40～50	0.3	2.0	库或棚
9	木材	m³	40～50	0.8	2.0	露天

序号	材料名称	单位	储备天数/d	每平方米贮存量/P	堆置高度/m	仓库类型
	原木	m³	40～50	0.9	2.0	露天
	成材	m³	30～40	0.7	3.0	露天
	枕木	m³	20～30	1.0	2.0	露天
	灰板条	千根	20～30	5	3.0	棚
10	水泥	t	30～40	1.4	1.5	库
11	生石灰(块)	t	20～30	1～1.5	1.5	棚
	生石灰(袋装)	t	10～20	1～1.3	1.5	棚
	石膏	t	10～20	1.2～1.7	2.0	棚
12	砂、石子(人工堆置)	m³	10～30	1.2	1.5	露天
	砂、石子(机械堆置)	m³	10～30	2.4	3.0	露天
13	块石	m³	10～20	1.0	1.2	露天
14	红砖	千块	10～30	0.5	1.5	露天
15	耐火砖	t	20～30	2.5	1.8	棚
16	黏土瓦、水泥瓦	千块	10～30	0.25	1.5	露天
17	石棉瓦	张	10～30	25	1.0	露天
18	水泥管、陶土管	t	20～30	0.5	1.5	露天
19	玻璃	箱	20～30	6～10	0.8	棚或库
20	卷材	卷	20～30	15～24	2.0	库
21	沥青	t	20～30	0.8	1.2	露天
22	液体燃料润滑油	t	20～30	0.3	0.9	库
23	电石	t	20～30	0.3	1.2	库
24	炸药	t	10～30	0.7	1.0	库
25	雷管	t	10～30	0.7	1.0	露天
26	煤	t	10～30	1.4	1.5	露天
27	炉渣	m³	10～30	1.2	1.5	露天
28	钢筋混凝土构件					
	板	m³	3～7	0.14～0.24	2.0	露天
	梁、柱	m³	3～7	0.12～0.18	1.2	露天
29	钢筋骨架	t	3～7	0.12～0.18	—	露天

序号	材料名称	单位	储备天数 /d	每平方米贮存量 /P	堆置高度 /m	仓库类型
30	金属结构	t	3～7	0.16～0.24	—	露天
31	铁件	t	10～20	0.9～1.5	1.5	露天或棚
32	钢门窗	t	10～20	0.65	2	棚
33	木门窗	m²	3～7	30	2	棚
34	木屋架	m³	3～7	0.3	—	露天
35	模板	m³	3～7	0.7	—	露天
36	大型砌块	m³	3～7	0.9	1.5	露天
37	轻质混凝土制品	m³	3～7	1.1	2	露天
38	水、电及卫生设备	t	20～30	0.35	1	棚、库各占 1/4
39	工艺设备	t	30～40	0.6～0.8	—	露天占 1/2
40	各种劳保用品	件		250	2	库

表 2－16　按系数计算仓库面积参考资料

序号	名称	计算基数/m	单位	系数/φ
1	仓库(综合)	按年平均全员人数(工地)	m²/人	0.7～0.8
2	水泥库	按当年水泥用量的 40%～50%	m²/t	0.7
3	其他仓库	按当年工作量	m²/万元	2～3
4	五金杂品库	按年建安工作量计算时	m²/万元	0.2～0.3
	五金杂品库	按年平均在建建筑面积计算时	m²/百 m²	0.5～1
5	土建工具库	按高峰年(季)平均全员人数	m²/人	0.1～0.2
6	水暖器材库	按年平均在建建筑面积	m²/百 m²	0.2～0.4
7	电器器材库	按年平均在建建筑面积	m²/百 m²	0.3～0.5
8	化工油漆危险品库	按年建安工作量	m²/万元	0.1～0.15
9	三大工具堆场	按年平均在建建筑面积	m²/百 m²	1～2
	(脚手架、跳板、模板)	按年建安工作量	m²/万元	0.5～1

(3)行政生活福利临时设施。行政生活福利临时设施是专为工作人员服务的。如办公室、宿舍、食堂、医务室、俱乐部等,其参考指标见表 2－17。

表 2 - 17　行政生活福利临时设施建筑面积参考指标

临时房屋名称	指标使用方法	参考指标/(m²/人)	备注
1. 办公室	按干部人数	3～4	
2. 宿舍	按高峰年(季)平均职工人数（扣除不在工地住宿人数）	2.5～3.5	
单层通铺		2.5～3	
双层床		2.0～2.5	
单层床		3.5～4	1. 本表根据收集到的全国有代表性的企业、地区的资料综合
3. 家属宿舍		16～25 m²/户	
4. 食堂		0.5～0.8	
5. 食堂兼礼堂		0.6～0.9	2. 工区以上设置的会议室已包括在办公室指标内
6. 其他合计		0.5～0.6	
医务室		0.05～0.07	
浴室		0.07～0.1	3. 家属宿舍应以施工期长短和离基地情况而定,一般按高峰年职工平均人数的 10%～30%考虑
理发室		0.01～0.03	
浴室兼理发室	按高峰年平均职工人数	0.08～0.1	
俱乐部		0.1	
小卖部		0.03	
招待所		0.06	4. 食堂包括厨房、库房,应考虑在工地就餐人数和进餐次数
托儿所		0.03～0.06	
子弟小学		0.06～0.08	
其他公用		0.05～0.10	
7. 现场小型设施			
开水房		10～40	
厕所		0.02～0.07	
工人休息室		0.15	

二、临时道路

临时道路的参考指标见表 2 - 18 至表 2 - 21。

表 2 - 18　简易公路技术要求表

指标名称	单位	技术标准
设计车速	km/h	≤20
路基宽度	m	双车道 6～6.5,单车道 4.4～5,困难地段 3.5
路面宽度	m	双车道 5～5.5,单车道 3～3.5
平面曲线最小半径	m	平原、丘陵地区 20,山区 15,回头弯道 12

续表

指标名称	单位	技术标准
最大纵坡	%	平原地区 6,丘陵地区 8,山区 9
纵坡最短长度	m	平原地区 100,山区 50
桥面宽度	m	木桥 4～4.5
桥涵载重等级	t	木桥涵 7.8～10.4

表 2-19　各类车辆要求路面最小允许曲线半径

车辆类型	路面内侧最小曲线半径/m		
	无拖车	有一辆拖车	有两辆拖车
小客车、三轮汽车	6	—	—
一般二轴载重汽车:单车道	9	12	15
双车道	7	—	—
三轴载重汽车、重型载重汽车、公共汽车	12	15	18
超重型载重汽车	15	18	21

表 2-20　临时道路路面种类和厚度

路面种类	特点及其使用条件	路基土	路面厚度/cm	材料配合比
级配砾石路面	雨天照常通车,可通行较多车辆,但材料级配要求严格	砂质土、黏质土或黄土	10～15 14～18	体积比: 黏土:砂:石子=1:0.7:3.5 重量比: 1.面层:黏土 13%～15%,砂石料 85%～87% 2.底层:黏土 10%,砂石混合料 90%
碎(砾)石路面	雨天照常通车,碎(砾)石本身含土较多,不加砂	砂质土、砂质土或黄土	10～18 15～20	碎(砾)石>65%,当地土壤含量≤35%
碎砖路面	可维持雨天通车,通行车辆较少	砂质土、黏质土或黄土	13～15 15～18	垫层:砂或炉渣 4～5 cm 底层:7～10 cm 碎砖 面层:2～5 cm
碎砖炉渣或矿渣路面	可维持雨天通车,通行车辆较少,当附近有此项材料可利用时	一般土较松软时	10～15 15～30	炉渣或矿渣 75%,当地土 25%

续表

路面种类	特点及其使用条件	路基土	路面厚度/cm	材料配合比
砂土路面	雨天停车,通行车辆较少,附近不产石料而只有砂时	砂质土、黏质土	15～20 15～30	粗砂50%,细砂、粉砂和黏质土50%
风化石屑路面	雨天不通车,通行车辆较少,附近有石屑可利用	一般土壤	10～15	石屑90%,黏土10%
石灰土路面	雨天停车,通行车辆少,附近产石灰时	一般土壤	10～13	石灰10%,当地土壤90%

表 2-21　路边排水沟最小尺寸

边沟形状	最小尺寸/m		边坡坡度	适用范围
	深	底宽		
梯形	0.4	0.4	1:1～1:1.5	土质路基
三角形	0.3	—	1:2～1:3	岩石路基
方形		0.3	1:0	岩石路基

第四节　季节性施工准备

我国地域辽阔,气候复杂,东西南北殊异,气温和雨水对建筑施工的质量、工期、成本和安全都有重要影响,特别是建筑施工多露天作业,季节性影响很大,给施工生产增加了很多困难。因此,做好周密的施工计划和充分的施工准备,是克服季节影响,保持均衡生产的有效措施。

一、雨季施工准备工作

不少施工现场,由于缺乏妥善的排水设施,以致平时施工用水漫流,特别是雨季排水紊乱,地面积水、泥泞,使施工环境恶化,不仅影响工作效率,延误工期,而且会导致土质软化,边坡坍塌,地基承载力降低,工程质量下降,甚至发生各种安全事故,造成重大损失。因此,在组织现场施工时应做好施工排水和雨季从事建筑施工的各项准备工作。

1. 现场排水

(1)地面截水。

① 贯彻先地下、后地上的原则,要根据工程情况,有条件的要结合正式工程预先做好正式下水道。在做基础的同时,根据自然排水的流向,配合将外线工程(包括雨水管线及水管线)做好。对湿陷性黄土和膨胀土地区,防水更为重要。

② 结合总平面图利用自然地形确定排水方向,找出坡度。并视施工现场大小设计与开挖临时纵横排水沟,排水沟应按规定放坡。

③ 排水沟如不能通往泄水处时,可选择远离建筑物的地点挖集水池(或集水井),用水泵外抽,但对其他建筑物不得有影响。

④ 布置的排水路线需横过马路时,应埋置横管,防止向路面上溢水。

⑤ 现场邻近高地时,高地边沿应挖截水沟,防止雨水侵入现场。傍山的工地要结合正式防洪沟考虑防洪和排洪问题,拦截场外施工水流进入现场。同时还要在雨季前做好对危石的处理,防止滑坡或塌方。对现场排水应随时保证畅通,可设专人负责,定期疏浚。

⑥ 要防止地面水排入地下室、基础、地沟及室内,应在雨季前将其封死。

(2)排除坑内积水。基坑开挖时,地下水和地表水的渗入会造成积水,施工时遇雨天也会造成基坑积水。为防止水泡引起的塌方,在挖方前应做好土方施工的排水方案,并准备相应的设备,以保证顺利开挖。浅基础或水量不大的基坑,一般在挖方时保持坑底有一定的排水坡度,并在低处挖沟引水,每 30～40 m 设一个集水井于基坑范围之外。

井底应低于集水沟 1 m 左右,或深于抽水泵进水阀的高度。井壁可用竹、木、砖等简易材料临时加固(图 2-2),并且利用水泵或人力将水抽出坑外。如为渗水性土的基坑,应将出水管适当引得远一些,以防抽出水再渗回坑内。在渗水性较强的土层中,抽水时可能使邻近基坑的水位相应降低,可利用这种条件,同时安排几个基坑一起施工。

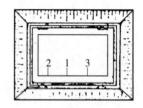

图 2-2 坑内明沟排水
1-排水沟;2-集水井;3-基础外缘线

随着基坑的挖深,排水沟和集水井也应逐级向下挖深(图 2-3),这就是分层开挖明沟排水。

排水沟与集水井应经常保持一定高差,一般集水井底比排水沟底要低 0.7～1.0 m,排水沟底比挖土面低 0.5 m 以上,沟底要有 2%～5% 的纵坡。当基坑挖至设计标高后,井底应低于坑底 1～2 m,并铺设 30 cm 左右的碎石或粗砂滤水层,以防抽水时将土粒搅动带走。

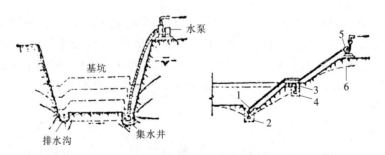

图 2-3 分层开挖明沟排水
1-底层排水沟;2-底层集水井;3-二层排水沟;4-二层集水井;5-水泵;6-水位降低线

排水明沟的截面积多采用梯形,在地形限制下和岩石地段可用矩形。梯形明沟常用边坡值见表 2-22。各种构造的明沟最大容许流速和粗糙系数见表 2-23。

表 2-22　梯形明沟边坡值

土的类别与铺砌情况	边坡值 1:m	土的类别与铺砌情况	边坡值 1:m
砂质黏土	1:1.50~1:2.00	风化岩土	1:0.25~1:0.50
黏土、亚黏土	1:1.25~1:1.50	岩石	1:0.10~1:0.25
砾石土、卵石土	1:1.25~1:1.50	砖石或混凝土铺砌	1:0.50~1:1.00
半岩性土	1:0.50~1:1.00		

表 2-23　明沟最大容许流速和粗糙系数

明沟构造	最大容许流速/(m/s)	粗糙系数/n
细沙、中沙、轻亚黏土	0.5~0.6	0.030
粗沙、亚黏土、黏土	1.0~1.5	0.030
黏土(有草皮护面)	1.6	0.025
软质岩石(石灰岩、砂岩,页岩)	0.017	4.0
干砌毛(卵)石	2.0~3.0	0.020
浆砌毛(卵)石	3.0~4.0	0.017
混凝土、各种抹面	4.0	0.013
浆砌砖	4.0	0.015(0.017)

注:1.当水深 h 小于 0.4m 或大于 1m 时,表中流速应乘以下列系数:$h<0.4m$:0.85;$h\geqslant1.0m$:1.25;$h\geqslant2.0m$:1.40。

2.最小容许流速不小于 0.4m/s。

3.明沟通过坡度较大地段,其流速超过表中规定时,应在该地段设置跌水或消力槽。

4.浆砌砖明沟采用次质砖时 $n=0.017$。明沟排水法设备简单,排水方便,多用于水流量大但颗粒不被带走的粗粒土层,也可用于渗水量不大的黏性土,但不宜用于细砂土和粉砂土

(3)明沟计算。在一般情况下,明沟的流量、流速可按以下公式计算:

$$Q = A \cdot v \qquad\qquad v = C \cdot R \cdot i$$

式中　Q——明沟的流量(m^3/s);

　　　A——明沟水流有效面积(m^2);

　　　v——流速(m/s);

　　　C——流速系数,与粗糙系数、水力半径有关,由表 2-24 查得;

　　　R——水力半径(m),即明沟有效面积与明沟湿润边总长度之比值,常用明沟的 R

　　　　　值,见表 2-25;

　　　i——明沟纵坡度。

表 2 – 24 流速系数 C 值

R \ n	0.013	0.015	0.017	0.020	0.025	0.030
0.10	54.3	45.1	38.1	30.6	22.4	17.3
0.12	55.8	46.5	39.5	32.6	23.5	18.3
0.14	57.2	47.8	40.7	33.0	24.5	19.1
0.16	58.4	48.9	41.8	34.0	25.4	19.9
0.18	59.5	49.8	42.7	34.8	26.2	20.6
0.20	60.4	50.8	43.6	35.7	26.9	21.3
0.22	61.3	51.7	44.4	36.4	27.6	21.9
0.24	62.1	52.5	45.2	37.1	28.3	22.5
0.26	62.9	53.2	45.9	37.8	28.8	23.0
0.28	63.6	54.0	46.5	38.4	29.4	23.5
0.30	64.3	54.6	47.2	39.0	29.9	24.0
0.35	65.8	56.0	48.6	40.3	31.1	25.1
0.40	67.1	57.3	49.8	41.5	32.2	26.0
0.45	68.4	58.4	50.9	42.5	33.1	26.9
0.50	69.5	59.5	51.9	43.5	34.0	27.8
0.55	70.4	60.5	52.8	44.4	34.8	28.5
0.60	71.4	61.4	53.7	45.2	35.5	29.2
0.65	72.2	62.2	54.5	45.9	36.2	29.8
0.70	73.0	63.0	55.2	46.6	36.9	30.4

表 2 – 25 常用明沟的水力半径 R 值

水深 h/m	m=1	m=1.5	B=400	B=600	水深 h/m	m=1	m=1.5	B=400	B=600
0.3	0.17	0.17	0.12	0.15	1.0	0.43	0.47	0.17	0.23
0.4	0.21	0.22	0.13	0.17	1.1	0.45	0.52	0.17	0.24
0.5	0.24	0.26	0.14	0.19	1.2	0.51	0.56	0.17	0.24
0.6	0.29	0.30	0.15	0.20	1.3	0.54	0.60	0.17	0.24
0.7	0.32	0.35	0.16	0.21	1.4	0.58	0.64	0.18	0.25
0.8	0.36	0.39	0.16	0.22	1.5	0.62	0.68	0.18	0.25
0.9	0.40	0.43	0.16	0.23					

【例】已知梯形明沟底宽 $B=0.4$ m,边坡值为 $1:1.5$,水深 $h=0.6$ m,土质为黏性土,$n=0.03$,纵坡度 $i=0.5\%$,试计算明沟的流速和流量。

【解】由题意知:水流有效面积 $A=0.4\times0.6=0.24$ m²。查表 $2-25$ 得 $R=0.30$,查表 $2-24$ 得 $C=24.0$,则

流速 $v=24.0\times0.30\times0.005=0.93$ m/s

流量 $Q=0.24\times0.93=0.223$ m³/s

基坑抽水有两种办法:一种是涌水量较小的排水,可采用人力提水桶、手摇泵或水龙车等将水排出;另一种是涌水量较大或暴雨灌坑的排水,应采用动力水泵,一般有机动、电动、真空、虹吸泵等。选用水泵时,一般按水泵的排水量是基坑涌水量的 $1.5\sim2$ 倍;当涌水量 $Q<20$ m³/h 时,可用膜式泵或手摇水泵;当涌水量 $Q=20\sim60$ m³/h 时,可用膜式泵或离心式水泵;当涌水量 $Q>60$ m³/h 时,采用离心式水泵。应参照水泵的技术性能及适用条件确定合理的排水方案。

2. 运输道路的维护

现场道路和排水应结合施工总平面图统一安排,争取先做正式道路,作为施工的运输干线。做正式道路有困难或不能修正式道路时,应做好临时道路,对于临时道路:

(1)不论做什么样的路面,路基起拱高度均应按设计规定,路基两旁要做排水沟,路旁要碾实,路基易受冲刷的部分可采取用石块堆置的办法加固,主要路面可铺焦渣、石灰渣、砾石等渗水防滑材料,保持道路畅通无阻。

(2)砂性土壤区,渗水、排水能力强的土质,可不铺临时路面,而重型车辆通行地区可加做路面。

(3)为了使干线上减少泥泞淤滑,凡黏土焦渣路或黏土碎石路与高级路面交接处可修 $10\sim15$ m 长的一段碎石截泥道,将车辆轮胎上的泥土截在该段路上。

(4)临时道路可向两侧起拱 5%,道路两侧做好排水沟。

(5)道路维护是一项经常而重要的工作,需指定专人负责,对不平路面或积水处,应抓紧晴天及时修好。

3. 原材料、成品、半成品

(1)水泥。水泥应按不同品种、标号、出厂日期和厂家分别堆放。雨季更应遵守"先收先发,后收后发"的原则,避免久存的水泥受潮影响活性。

尽量堆放在正式房屋内,要做到绝对不使水泥因雨受潮。雨季前要检查库房,防止渗漏,四周排水沟提前做好;处于低洼地区的库房,要把垛台适当加高。散装水泥库也要保证不漏不灌。

露天堆垛要砌砖平台,高度不低于 50 cm,四周设排水沟,垛底铺油毡,用苫布覆盖封好。

(2)砂石、炉渣应尽量集中大堆堆置,并应堆置于地势较高地区,排水要有出路。

(3)石灰应随到随淋,使用期长的淋灰池可搭雨棚。

(4)砖要尽可能大堆码放,四周注意排水,堆高不超过 1.5 m。

(5)钢、木门窗,加工铁活和加气块等怕潮湿的材料可架高、苫盖或堆放室内。

(6)构件及大模板的堆放场地要平整坚实,有排水措施,插放、靠放架要检查加固,必要时可打灰土砌地龙墙,要防止因下沉造成倒塌事故。

(7)要适当储备苫布、塑料布、油毡等防雨材料,以及排水需用的水泵及有关器材。

4. 其他准备工作

(1)施工进度安排上采取晴雨结合的办法。晴天多完成室外工程,雨季多安排室内项目施工,在保证主体工程施工的前提下,多为雨天创造工作空间。对于现场工棚、仓库、食堂、宿舍等大小型暂设工程应在雨季前整修完毕,要保证不塌、不漏和周围不积水。

(2)做好物资的供应和储备工作,雨期前多贮存一些必要的物质,以减少雨期运输量,节约施工费用。

(3)雨季到来之前,宜完成基础工程,做好基础回填。如果必须在雨季施工基础、管沟,要严防土方坍塌事故,以免造成财产损失和人员伤亡。

(4)雨季要加强检查现场各种电气设备的接零、接地保护措施是否牢靠,漏电保护装置是否灵敏,各种电线绝缘接头是否良好,有损坏的要及时调换。

(5)各种露天使用的现场机电设备(配电盘、闸箱、电焊机、水泵等)都应有防雨措施。检查照明线有无混线、漏电,线杆有无埋设不牢、腐蚀等情况。电气设备应选择较高的干燥处布置。如有问题要及时处理,保证正常供电。雨天不宜露天焊接作业。

(6)雨季到来之前,对脚手架、高车架的下脚埋深及塔基、地锚、缆风绳等应进行一次全面检查,每次大风雨后也要及时复查,检查中如发现松动、腐蚀情况应及时做好处理。

(7)采取有效技术措施,防止雨季施工的砂浆及混凝土含水量增大。

(8)塔式起重机、高于 15 m 的高车架或其他临时设施,施工中的高层建筑大模板等,应有避雷装置,并经常进行检查。

(9)雨季施工要采取现场防滑及高处作业安全措施。例如马道必须钉好防滑条。

(10)现场临时用水的贮水构筑物、白灰池、防洪疏水沟等设施,应注意防止漏水,并应与建筑物保持一定的安全距离:一般地区应不小于 12 m;自重湿陷性黄土地区应不小于 20 m;搅拌站与建筑物的距离应不小于 10 m。现场临时排水的集水坑距建筑物四周的距离是:一般地区不小于 15 m;自重湿陷性黄土地区材料堆放应防止阻碍雨水排泄,需要浇水润湿和冲洗的建筑材料应堆放在距基坑边沿 5 m 以外。

为确保工程质量,需采取相应措施,如防止砂浆、混凝土水分增加,钢筋生锈及粉刷面被冲刷,回填土泥泞等。因此,必须制订有效的技术组织措施。

加强气象预报工作,每日上班后、下班前,要及时掌握气象预报情况,便于采取措施,做好防风雨、防雷暴工作。

加强对职工的思想教育,保证雨期施工的顺利进行,防止各种意外事故的发生。

二、冬季施工准备工作

冬季是建筑施工质量和安全事故的多发性季节。特别是我国三北(东北、西北、华北)地区,每年都有较长的低温、负温天气(表2-11)。较低的气温,对工程施工的质量、工期、安全和成本都有重要的影响。冬季施工的特点主要表现在:

(1)天寒地冻,土方施工困难,砂浆和混凝土也易受冻结冰。

(2)采暖设备、锅炉、电器设备增加。

(3)为防冻而设置的保温材料,如草席、棉垫、锯末、芦苇板、油毡、棉麻毡等易燃物用量大大增加。

(4)气候干燥,各种材料的含水率低,极易引起火灾。

(5)处于负温下的给水、排水管网和消防设施容易发生冻结和冻裂,不仅影响生产、生活,而且一旦发生火灾,不能及时扑救。

(6)寒潮的到来,伴随有大风大雪,增加脚手架及各种设施的风荷、雪荷。

(7)受冻路面、脚手脚、马道、过桥表面光滑,工人操作行动不便,特别是高空作业,容易发生事故。

(8)冬季施工,由于工作人员衣着较多,手脚不灵便,潜藏着不安全因素。

冬季施工应采取的措施:

(1)合理安排冬季施工项目。由于冬季施工条件差、技术要求高,致使施工费用增加。因此,应尽量安排费用增加不多的项目在冬季施工,如吊装、打桩、室内装修等;不安排费用增加较多又不易保证施工质量的项目在冬季施工,如土方、基础、外装修、屋面防水等。

(2)落实各种热源的供应工作。如热源(包括正式热源、临时热源,炉灶等)设备和保温材料的贮存和供应、司炉培训工作,并提前做好消烟除尘工作等,以保证施工顺利进行。

(3)提前做好冬季施工材料(如煤、草帘、席子、苇箔、荆笆以及化学抗冻剂等)的需用计划和储备工作。

(4)做好现场临时设施(如机棚、灰池、供水和供气管线等)的保温防冻工作。特别是给水排水管线等,要深埋地下,外露部分用草绳或石棉绳等包扎好,以免受冻炸裂。

(5)在冬季到来前,贮存足够的材料、构件等,以节约冬季运输费用。对于冬季施工所需的特殊材料,如促凝剂、保温材料等,尤应尽早准备好。

(6)对脚手架的梯道、马道、过桥等人员行走部位要钉防滑条,发现损坏要及时修理好。大雪过后,要及时清扫积雪,并检查脚手架各部位是否有松动、下沉现象。要防止道路积雪和冻结。

(7)做好完工部位的保护。如基础完成后应及时回填土至基础顶面同一高度,砌完一层墙后及时将楼板安装完毕,室内装修应一层一室一次完成,室外装修则力求一次完成。如停工应停到一整齐部位,地面要进行保温防冻。对一层地面、室外台阶、散水及管线沟道要提前插入做好,并做好防冻保温。

(8)做好室内施工项目的保温。如先完成供热系统、安装好门窗玻璃等,以保证室内其他项目能顺利施工。

(9)加强现场火源管理,特别是锅炉、电焊气割、取暖炉、易燃材料等重要部位要注意防火。使用天然气、煤气时要防止爆炸,同时要防止一氧化碳和煤气中毒。要加强现场消火栓、消防设施、供水管路的保护,落实防火措施。

(10)冬季施工昼夜温差较大,为保证施工质量,应做好测温工作,防止砂浆、混凝土在达到临界强度以前遭受冻结而破坏。

从事高处作业的人员,衣着要灵便,系好安全带,严格遵守安全操作规程。

加强安全教育,建立健全安全保障体系,做好冬季施工的组织工作和思想准备。

三、夏季施工准备工作

夏天天气炎热,同样不利于建筑工程施工,在高温期间,一定要做好各种防暑降温工作。

其主要措施有:

(1)据测定,人体最舒适的环境温度是 20～28℃,如果气温在 30～35℃时,人工作就会汗流浃背,神疲力乏;当气温接近 40℃时,就无法工作。所以当南方夏季高温时,除早晚尚可进行施工作业外,一般白天的露天作业应予停止。

(2)气温过高,水分蒸发很快,土壤过于干燥,挖土困难,填土也不易压实,因此要尽量设法维持土壤中合适的含水量,特别是碾压土宜保持在最优含水量时压实,其压实功能最小。对于失水较多的土壤,可采用多种加水措施。

(3)砂浆和混凝土施工时,应特别注意在拌制、运输和施工中的水分蒸发问题,严防脱水。一般应通过观测、计算,适当增加拌和用水量,并在运输和施工中尽可能采取覆盖、遮阳等措施,并及时喷雾、洒水养护。对砌筑用的砖,也要充分浇水润湿,严禁干砖上墙。

第三章　建筑施工测量技术

第一节　概　　述

一、施工测量放线的内容

1. 名词解释

测量放线中有许多术语,下面仅就这些术语做一些解释:

(1)高程。高程是高低程度的简称。

我国规定以山东青岛市验潮站所确定的黄海的常年平均海水面,作为我国计算高程的基准面。这个大地水准面(基准面)的高程为零。

有了高程的零点基准面,陆地上任何一点到此大地水准面的铅垂距离,称为该点的高程或海拔。在工程测量中我们亦称之为该点的绝对标高。

(2)建筑标高。标高,是指标志的高度。建筑标高是指房屋建造时的相对高度。它表示在建房屋上某一点与该建筑所确定的起始基准点之间的高度差。房屋建筑施工时,一般将房屋首层的室内地面作为该房屋计算标高的基准零点,一般标成±0.000,其计量单位为米(m)。其他部位同它的高度差称为这个部位的建筑标高,简称标高。

建筑标高和大地高程(即绝对标高)之间的关系,是用建筑标高的零点等于绝对标高多少数量来联系的。

(3)高差。高差即高度之差。它是指某两点之间的高程之差或某两点(一幢房屋内的)之间建筑标高之差,而不能是高程与建筑标高之间的差;或两栋不同建筑之间的标高之差。高差,在水准测量(施工中俗称抄平)中是常用到的术语。

(4)水准测量。水准测量是为确定地面上点的高程所进行的测量工作,在施工中称之为抄平放线。主要是用水准仪所提供的一条水平视线来直接测出地面上各点之间的高差;从已知某点的高程,可以由测出的高差推算出其他点的高程。

水准测量是房屋施工中经常要进行的工作。

(5)角度。角度是测量中两条视线所形成的夹角大小,角度又分为水平角和竖直角。水平角是地面上两相交直线(或视线)在水平面上的投影所夹的角;竖直角是竖向平面内两条直线(或视线)相交的交角,竖直角又分为仰角和俯角。

角度的测量采用经纬仪来进行。在房屋建筑施工时,房屋一边沿与另一边沿相交的角度就是用经纬仪来测量的。

(6)坐标。坐标是测量中用来确定地面上物体所在位置的准线,是人们假想的线。坐标分为平面直角坐标和空间直角坐标,平面直角坐标系由两条互相垂直的轴线组成;空间直角坐标系由三条互相垂直的轴线组成。地球上的经纬度是最大的平面直角坐标。而区域性的由国家测绘部门定下来的坐标方格网,则是用来对房屋定位放线的测量依据。图3-1即为区域性的坐标方格网。

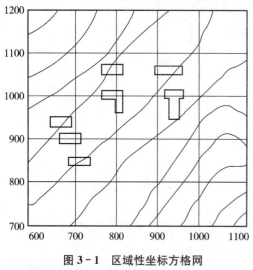

图3-1 区域性坐标方格网

2. 测量放线的主要内容

测量学的范围太广,本章只结合房屋建筑施工的实际应用介绍以下几个方面的有关内容:

(1)测量需用的仪器和工具。

(2)介绍施工放线的准备工作。

(3)介绍房屋建筑的定位和水准标高的引进,控制桩的设置与保护等。

(4)介绍不同类型建筑的测量放线的工作内容,及结构吊装时应做的一些测量放线工作。

(5)建筑物的沉降观测,包括观测点的设置和观测要求。

二、测量放线使用的仪器及工具

1. 水准仪和水准尺

水准仪是测量高程、建筑标高用的主要仪器。

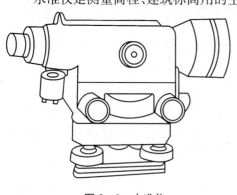

图3-2 水准仪

水准尺是为测定各点之间的高度差提供数据的尺寸,俗称"塔尺",其伸缩范围在5.0m以内。

水准仪目前常用的为微倾水准仪和万能自动安平水准仪两类。它由望远镜、水准器、基座三部分组成。如图3-2所示。望远镜由物镜、对光透镜、目镜和十字丝部分组成,是瞄准远处目标用的。如图3-3所示。

水准器有两种形式:一种称为水准管,一种称为水准盒。水准管封闭装在望远镜一侧,水准盒在望远镜下部为一圆形盒,盒内可见圆形水泡。

基座由轴座、定平螺旋(脚螺旋)和连接板组成,起到支承上部仪器和同支撑的三脚架连接的作用。

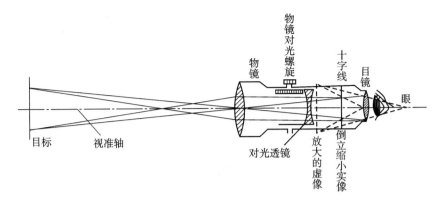

图 3 - 3　望远镜

在使用时还有安装在望远镜处的制动螺旋、微动螺旋、微倾螺旋等控制仪器的零件。

水准尺上的字有正写、倒写两种,配合水准仪望远镜使用。使用中应注意望远镜成像是正像或倒像,以避免误读。

2. 水准仪的安置

在进行水准测量前,即抄平前要将水准仪安置在适当位置,一般选在观测的两点的中间距离处,且没有遮挡视线的障碍物。其安置步骤如下:

(1)支三脚架:三脚架放置位置应行人少、振动小、地面坚实。支架高度以放上仪器后观测者测视合适为宜。支架的三角尖点形成等边三角形放置,支架上平面接近水平。

(2)安放水准仪:从仪器箱中取出水准仪放到三脚架上,用架上的固定螺栓与仪器的联结板拧牢。最后把三脚架尖踩入坚土中,使三脚架稳固在地面上。取放仪器注意轻拿轻放及仪器在箱内的摆放朝向。

(3)调平:旋松水准仪的制动螺旋,使镜筒先平行垂直于两个脚螺旋连线,旋动脚螺旋使水准盒的气泡居中,再将镜筒转 90°与两脚螺旋连线垂直,再转动第三个脚螺旋使水泡居中。重复上述操作,使镜筒在任何位置时水泡均居中,则调平完成,说明望远镜视准轴处于水平状态,符合"抄平"要求。如图 3 - 4 所示。脚螺旋调整是"顺高逆低"。

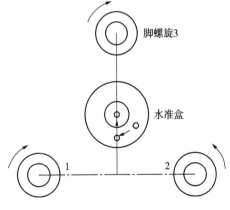

图 3 - 4　水准仪中气泡调整示意

(4)目镜对光:依个人视力将目镜转向明亮背景如白色墙壁,旋动目镜对光螺旋,使在镜筒内看到的十字丝达到十分清晰为止。

(5)概略瞄准:利用镜筒上的准星和缺口大致瞄准目标后,用目镜来观察目标并固定制动螺旋,完成概略瞄准。

(6)物镜对光:转动物镜对光螺旋,使目标在镜中十分清楚,再转动微动螺旋,使十字丝中心对准目标中心,物像和十字丝都十分清楚就照准了。

以上六步工作完成后就可进行水准测量、抄平了。需注意的是在拧旋螺旋时,不要硬拧或拧过头,以免损坏仪器。

3. 用仪器抄平

房屋建筑中的抄平是根据引进的水准标高为依据的。一般从城市规划给的某水准标高点或建设单位给定的水准标高点,用水准仪逐步测量到施工现场,并在施工工程附近设置该工程标高的依据水准点。通常引进后根据高差的计算,把该依据点定成设计要求的±0.000的绝对标高值。

抄平测高差的方法是先将水准尺放在第一点已知标高的点上,用望远镜照准,通过镜中十字丝的横丝所指示的读数,取得这点的观测数值。观测时通过旋对微倾螺旋,观察水准管中两半气泡吻合,把水准仪调到很准的水平位置。测量时应用测量手簿进行记录,形式见表3-1。

表3-1 水准测量记录

观 测 点	仪器位置	后视读数	前视读数	高 差	观测点高程	备 注

引进水准点时用测量记录,房屋施工抄平中第一点标高为已知,如基准点为一定的建筑的±0.000,测定比它高的点,把仪器读的基准点上的读数减去提高的尺寸,则该水准尺下部即为应求点的高度。如测定室内50 cm平线,基准点上尺读数为1.67 m,则尺靠在室内墙上读数为1.17 m时,尺下端点即为室内50 cm高线中一点,依此测点并弹线,就有了室内标高基准线,就可以控制地面、定门窗高度,以及安装楼板高度等。

抄平时注意读数要准确,在尺下划线点时要紧贴尺底,防止划线不准造成误差。若望远镜中见到的是倒置的物像,则指挥持尺者的手势与镜中物像移动的方向正好相反。

4. 水准测量中的精度要求和误差因素

水准测量在建筑施工中,主要是引进水准标高点时应用。由于在多次转折测量中易产生较大误差,通过总结经验,规定了误差的允许范围。在建筑工程及道路水准测量中允许误差按下面公式计算:

$$f_{允许误差} = \pm 20 \sqrt{K}(\text{mm}) \text{ 或 } f_{允许误差} = \pm 5 \sqrt{n}(\text{mm})$$

式中,K 是测量的路线长度,单位 km;n 是测量中转折的次数。每千米转折点少于15点时用前一个公式,反之用后一个公式。

例如水准基点离工地1768 m远,中间转折了16次,那么其允许误差为:

$$f_{允许误差} = \pm 5 \sqrt{16} = \pm 20(\text{mm})$$

允许误差值有了,那么施测值是否有误差及误差是否在允许范围内,这要通过校核才知道。一般校核方法有往返测法、闭合法、附合法等。往返法是由已知水准点测到工地后再按原线反向测回到原水准点;闭合法是由已知水准点测到工地后再另外循路闭合测至原水准点;附合法是由已知水准点测到工地后再复核至已知的第二个水准点。无论哪种校核方法,当所得误差值小于允许误差值时即为合格,反之为不合格,需重测。

引起水准测量误差的因素有以下几个方面,在测量时应避免:

(1)仪器引起的误差:主要是视准轴与水准管轴不平行所引起,要修正仪器才能解决。

(2)自然环境引起的误差:如气候变化、视线不清、日照强烈、支架下沉等。

(3)操作不当引起的误差:如调平不准、持尺不垂直、仪器碰动、读数读错或不准等。

造成误差的因素是多方面的,我们在做这项工作之前要检查仪器,排除不利因素,认真细致地操作,以提高精度,减少误差。

5. 经纬仪和钢卷尺

经纬仪是施工测量中确定物位的主要工具。测量中通过经纬仪观测角度,用钢卷尺丈量距离来确定地面上的点和线的位置,为房屋定位用。还可用来进行竖向观测,测看房屋的垂直度,水塔、烟囱等高大构筑物的垂直度。在结构吊装中随时用来检测所吊装的构件是否垂直、中心位置是否准确等。经纬仪是施工测量中必不可少的仪器。

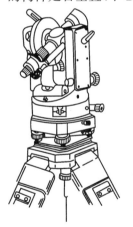

随着建筑施工技术的发展,对仪器的精度要求也日益提高。目前生产的经纬仪有光学经纬仪和激光经纬仪两种。

光学经纬仪由上部望远镜为主的照准部分、中间的度盘部分和下部基座部分组成。如图3-5所示。

1)照准部分

主要由望远镜、测微器和竖轴组成。望远镜可精确地照准目标,它和横轴垂直固结连在一起,并可绕横轴旋转。当仪器调平后,绕横轴旋转时,视准轴可以扫出一个竖直平面。在望远镜的边上有个读数显微镜,从中可以看到度盘的读数。为控制望远镜的竖向转动,设有竖向制动螺旋和微动螺旋。照准部分上还有竖直度盘和水准器。照准部分下面的竖轴插在筒状的轴座内,可以使整个照准部分绕竖轴做水平方向的转动。为控制水平方向的

图 3-5　经纬仪

转动,设有水平制动螺旋和微动螺旋。

2)零度盘部分

它主要是一个玻璃制成的精密刻度盘。度盘下面的套轴套在筒状的轴座外面。

度盘和照准部分的离合关系,是由装置在照准部分上的度盘离合器来控制的。当离合器的按钮向下扳时,度盘和照准部分就结合在一起,此时若松开水平制动螺旋,则度盘和照准部分就一起转动;反之照准部分可以单独转动。测角时就需要时合时离,达到测出角度的目的。

3)基座部分

它是支撑仪器的底座,主要由座轴、定平螺旋和连接板组成。转动定平螺旋可以使照准部分上的水准管气泡居中,从而使水平度盘保持水平。

将三脚架上的连接螺旋旋进基底的连接板中的螺孔,仪器就和三脚架连成一体。再将线锤挂到连接螺旋的小钩上,就可以用线锤尖对中。有的光学经纬仪装有直角棱镜的光学对中器,这要比用线锤的精度高得多,且不受风吹的影响。

度盘和它的测微器是测角时读数的依据。度盘上刻画有分划度数的线条,刻度从 $0°$ ~$360°$。顺时针方向刻画的,每度分为六格,每格 $10'$。测微器的分划刻度从 $0'$~$10'$,每分又分为三格,每格 $20''$,不足 $20''$ 的数可以估读。因此使用不同经纬仪之前应先学会如何读数,这很重要。

钢卷尺:它分为 30 m 及 50 m 长两种,用于丈量距离。钢卷尺购置时应有计量合格生产厂生产证及质量保证书。尺上还应有 MC 的计量标志,否则不能使用。在建筑施工中主要用于定位,量轴线尺寸、开间尺寸、竖向距离等。

使用时要展平,不得扭曲,还要根据气温做温度改正和使用拉力器拉住丈量,从而保证量的尺寸准确。

此外还有量小尺寸的 2 m、3 m 的钢卷尺,这也必须符合计量要求。使用时要读数准确,在配合使用时要满足测量放线的要求。

6. 经纬仪的安置和使用

1)经纬仪的安置

经纬仪的安置主要包括定平和对中两项内容。

(1)支架:三脚架,操作方法同水准仪支架,但是三脚架的中心必须对准下面测点桩位的中心,以便对中挂线锤时找正。

(2)安上仪器:将经纬仪从箱中取出,安到三脚架上后拧紧固定螺旋,并在螺旋下端的小钩上挂好线锤,使锤尖与桩点中心大致对准,将三脚架踩入土中固定好。

(3)对中:根据线锤偏离桩点中心的程度来移动仪器,使之对中。偏得少时可以松开固定螺旋,移动上部的仪器来达到对中;若偏离过大须重新调整三脚架来对中。对中时观测人员必须在线锤垂挂的两个互相垂直的方向看是否对中,不能只看一侧。一般桩上都钉一小钉作中心,其偏离中心一般不允许超过 1 mm。对中准确拧紧固定螺旋即完成对中操作。

(4)定平:目的是使整个仪器处于水平位置,方法和水准仪定平一样。

2)经纬仪的使用

经纬仪的使用主要是水平方向的测角,竖直方向的观测。

(1)水平角度的观测:经纬仪安置好后,将度盘的 $0°00'00''$ 读数对准,扳下离合器按钮,松开制动螺旋,转动仪器把望远镜照准目标,用十字丝双竖线夹住目标中心,固定度盘制动螺旋,对光看清目标后用微动螺旋使十字丝中心对准目标。扳上离合器检查读数应为0°00′00″,读数不为0应再调整直至为0。再松开制动螺旋和转动仪器,看第二个目标并照准,读出转过的度数(即根据图纸上房屋的边交角的度数,转过需要的度数),再固定仪器,让配合者把望远镜中照准的点定下桩位。此即定位定点的方法。测角示意如图3-6所示。

(2)竖直方向的观测:利用经纬仪进行竖向观测,是利用望远镜的视准轴在绕横轴旋转时扫出的一个竖直平面的原理来测建筑物的竖向偏差的。如构件吊装观测时,可将经纬仪放在观测物的对面,使其某构件轴线与仪器扫出的竖向平面大致对准,然后对准该构件根部的中心(或轴线)照准对好,最后竖向向上转动望远镜,观测其上部中心是否在一个竖向

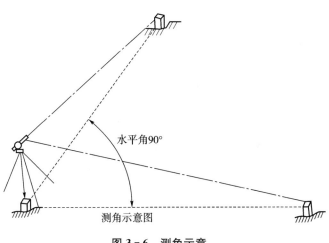

水平角90°

测角示意图

图3-6　测角示意

平面中,如上部中心点偏离镜中十字丝中心,则构件不垂直,反之垂直。偏离超过规范允许偏差要返工重置。

(3)经纬仪观测的误差和原因。其误差有测角不准、90°角不垂直、竖向观测竖直面不垂直水平面、对中偏离过大等。原因是:

① 仪器本身的误差:如仪器受损、使用年限过久、检测维修不善、制造不精密、质量差等。

② 气候等因素:如风天、雾气、光线过强、支架下沉等。高精度测量时应避开这些因素。

③ 操作不当因素:定平、对中不认真,操作时手扶三脚架,身体碰架子或仪器,操作者任意走开或受到其他因素影响等。

7. 其他工具

除上述主要器具外,施工测量放线还要用到很多工具。

(1)线坠和挂线坠的支架。

(2)细涤纶线或小白线、麻线,用来拉直线用。

(3)墨斗、粉袋、竹笔,用来弹线用。

(4)其他如大锤、铁锹、斧子、钉子、木桩、木板、红蓝铅笔等,用来定位放线、撒灰线及钉龙门桩等操作。

8. 测量仪器的管理和保养

测量放线工作是一项精密细致的工作,使用的测量仪器和工具也都要求精密。根据

国家计量法规规定,测量所用的仪器和某些工具都属于计量器具,应符合计量要求,即生产该器具的厂必须具备计量验收合格的条件或资质,特别是经纬仪和水准仪的生产厂必须是经国家批准且具有生产许可证的计量合格单位。

在施工中为保证测量的精度,对测量的器具必须加强管理和进行维护保养。

1)器具的管理

(1)采购时必须认真检查器具的合格证及计量合格证书,外观有无损坏,望远镜镜片有无磨损,各轴转动是否灵活等。

(2)建立测量器具台账、使用时的收发制度,专管专用。精密仪器定期送计量检测部门检验,确保其精度。

(3)用量较大的钢卷尺必须定期进行长度检定,检定须送具有长度标准器的检定室进行,通过检定对名义长度进行改正。

(4)操作使用仪器者,要了解仪器型号、大致构造和性能,严禁胡乱操作。

(5)加强对自制测量工具的管理。

2)器具的保养

(1)经纬仪和水准仪的保养:仪器开箱使用时,要记清仪器各部分的箱内位置。取出时要抱住基座部分轻轻取出,不能抓住望远镜部分。测量时支架要稳,防止倒架摔坏仪器,长距离转移时,应将仪器放入箱内搬运,近距离搬运应一手抱架,一手托住仪器竖直搬运。仪器箱上不能坐人。仪器用完放入箱内前要用软毛刷掸去灰尘,并检查仪器有无损伤,零件是否齐全,然后放松各制动螺旋,轻轻放入箱中,卡住关好。使用中不能淋雨或暴晒,不要用手、破布或脏布擦镜头;操作时手的动作要轻,不能硬来。坐车等要垫软物于箱下防震,骑自行车时应把箱子背在身上,不能放在后座架上颠簸运输。

(2)钢卷尺的保养:使用时防止受潮或水浸,丈量时应提起尺,携尺前进,不能拖尺走,用完后用干净布擦拭干净再回收入尺盒内,用后不能乱掷于地。使用一段时间后要详细检查尺身有无裂缝、损伤、扭折等,并把尺全部拉出来擦拭干净。

(3)水准尺的保养:水准尺是多节内空的,使用时要拿稳,不要摔到地上,用后放于室内边角处避免碰倒摔裂,并防止雨淋暴晒。塔尺底部要注意加固保护,防止穿底损坏。

第二节 建筑施工放线及测量作业

一、施工测量放线的准备工作

测量放线的准备工作分为室内准备和现场准备两个方面。

1. 室内准备工作

(1)学习、校对并审核所要施工的建筑施工图纸,防止互相矛盾、尺寸差错,对要施工的房屋有个全面了解。

首先,看建筑总平面图,以了解房屋所处位置、周围环境,以及是采用什么已知条件定位的,如红线定位、方格网定位、导线网定位等。并看总说明以了解房屋首层±0.000的绝对标高值为多少。

其次,看建筑施工图的建筑平面图、建筑立面图、建筑剖面图,但对施工详图可以暂时不看。

再次,看结构施工图,主要是基础图、主体结构平面图、剖面图等;构件详图之类可以先不看。

最后,初步阅一下相关的水、电、暖通安装图,它们的出入口与土建的关系;至于内部通线、穿管的详图,开始时也可以不看。

看图时要建筑与结构对照、土建与设备安装对照,以达到不矛盾、无差错才算阅图准备工作完毕。

(2)准备施工测量放线的有关资料。如房屋用方格网定位的,就要收集了解该地区方格网的情况资料;红线定位的要了解红线规定及城市规划部门对城市规划的有关资料;了解该拟建建筑附近的水准基点的位置及相关的资料。如无现成资料,则应去有关部门索取。

(3)研究该建筑施工放线的程序和计划。根据工程施工组织设计中进度计划的安排,要把自己制订的测量放线计划,安排在每个分部项工程之前及穿插在施工之中。

要安排测量放线人员的搭配,以及需用的仪器工具、记录本的准备。对较大型的工程,施工员要做到心中有数,操作人员也要做到心中有数。达到一人领导、互相配合、有条不紊地工作。

2. 现场准备工作

(1)根据建筑总平面图到现场进行草测,草测的目的是为核对总图上理论尺寸与现场实际是否有出入,现场是否有其他障碍物等。通过草测可以避免仓促上阵引起不良后果。

(2)接受规划部门给的定位桩及建筑"红线"规定。"红线"往往以给的两个定位桩的连线,向一侧推进若干尺寸,作为控制建筑物位置的"红线"。所谓"红线"是禁止踩上去的线,也就是根据城市规划建筑物只能在此线一侧,不能超越线外,或踩压"红线"。有了定位桩及"红线"施工部门才能定位。定位之后还要请城市规划部门来复验,通过才能正式对该建筑的建造进行施工测量放线。不用"红线",而采用方格网定位的,也要接受指定的方格网点上的坐标值,用它与图纸核对,并确定房屋轴线交点的坐标值,才能正式放线施工。

(3)接受水准基点。对拟建房屋的水准标高,由何处引入,也要按城市规划部门指定的水准基点去引入。标准的水准基点都由混凝土墩做成,在墩中央有一个半球形金属球面,如图3-7所示。在墩的一侧标上绝对标高数值。

(4)有时根据场地地貌的过于不平,往往还要用水准仪测量场地的不同高度,经过计

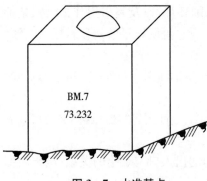

图 3-7 水准基点

算进行土方平衡,达到便于施工的目的。

(5)其他准备。如木桩、木橛、竹签、龙门板、撒灰线的木挡板、场地不平时用于丈量用的三脚架等。

二、建筑施工测量作业

(一)平面控制网和主轴线的测定

1. 平面控制网的布网原则及网形

根据定位条件、建筑物形状和轴线尺寸以及施工方案、现场情况等进行全面筹划。控制网中应包括场地定位依据的起始点和起始边,建筑物主点和主轴线。控制网应布置得便于使用并能长期保留,尽量组成四周平行于建筑物的闭合图形,以便于闭合校核。控制线的间距以 30~50 m 为宜,控制点之间应通视和便于测量。常用的网形有矩形、多边形和主轴线形三种。

(1)矩形图。也通称建筑方格图,最为常用。它用于按方形或矩形布置的建筑群或高层建筑。图 3-8 是一个高层建筑(饭店)的场地平面控制网。$ABCD$ 是建筑红线、$\angle A$ =90°00′00″。建筑定位条件是以 A 点位和 AB、AD 方向为准,按图示尺寸定位。

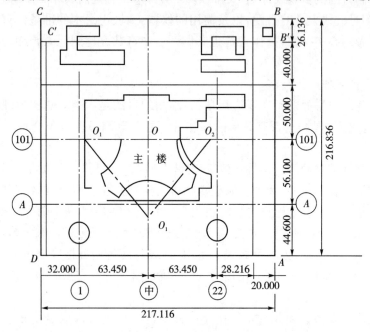

图 3-8　某饭店(高层)场地平面控制网

(2)多边形网。对于非矩形场地,可按其主轴线情况,设置多边形平面控制网。网中应尽量包括建筑物的对称轴及主要轴线、主要圆心点及其直径方向、主弧线的弦及矢高

方向。有两套轴线组成的场地,要尽量选其共同点以组成一套共用的平面控制网。图
3-9为某幢建筑物的平面控制网,它是根据 60°的柱网轴线和近于矩形的场地情况综合
考虑确定的。其夹角有 30°、60°、90°及 120°几种,中间为十字主轴线,四周为闭合七边形。

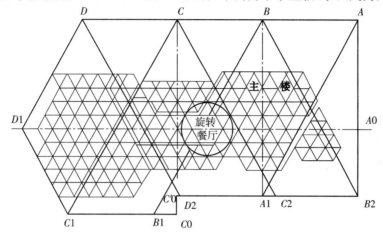

图 3-9　某建筑物多边形平面控制网

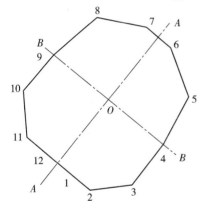

图 3-10　十字主轴线控制网

（3）主轴线。对于不便于设置成闭合网形的场地,
可只测定十字主轴线或平行于建筑物的折线形的主轴
线。图 3-10 为某建筑的十字主轴线控制网。AA 轴
为对称轴,BB 轴与 AA 轴垂直。定位条件是两轴线的
交点 O 的已知坐标值(x,y)及 AA 轴的方位。

2. 平面控制网的精度

水平丈量距离精度 1/10000,水平角或延长直线
的误差应小于 $20''$。因此,量距离时要求使用经过尺长
检定的钢尺,用弹簧秤控制拉力精确至±2.5 N,要测
出钢尺尺身温度,准确至±1℃,丈量结果要加尺长及
温度改正。正确丈量(如尽量水平,读数至 mm 等),往
返丈量,相对精度高于 1/20000。正确测水平角或延长直线(如用校验过有光学对中设备
的 J₆ 经纬仪,用正倒镜测回法观测取平均值等)。

3. 平面控制网的测法

以设计指定的一个定位点的点位和一定位边的方向为准进行测设,这样可保证平面
控制网的相对精度。具体测设时,须根据场地情况、工期及网形和精度的不同要求,采取
不同的测法。

常用的测法是根据定位条件,先测定控制网的中心十字主轴线,经校核无误后,再向
四周扩展成整个场地的闭合网形。如图 3-8 所示的控制网,是先以 A 点位和 AB、AD
方向为准,测设出 101 轴和⊕轴,在 O 点闭合校核后,再向外扩展成 $AB'C'D$ 矩形网。这

种一步一校核的测法,首先保证了主体建筑物轴线的定位精度,也使整个施测工作简便可行。

另一种做法是,当场地四周红线桩精度高、场地较大时,可根据红线桩测定场地控制网的四周界,再自内加密成网形。

对于图 3-10 所示只测定十字主轴线的场地,可根据周围 3 个红线桩的坐标和 O 点坐标,通过坐标反算,在 3 个红线桩上,用前方交会法定出 O 点位置。当交会点(实际上是一个误差三角形)误差三角形各边的边长均小于 10 mm 时,取其重心作为 O 点点位,然后在 O 点上以设计给定的 AA 轴和 BB 轴方位定出这两个方向。

无论采用哪种测法,都须进行整体和局部的校核和实地观测,做好记录,避免出现错误和过大的误差。

4. 平面控制网的验线及桩位保护

当控制网测定后应立即对桩位采取保护措施,并将控制网和各点点位绘制到现场总平面图上,提请主管领导注意桩位的保护问题。

(二)高程控制网的测定

(1)高程控制网的布网原则、精度及测法。在整个场地各主要幢号附近设置幢号水准点或±0.000 水平线,间距 100 m 左右,形成闭合的场地高程控制网。再根据设计指定的水准点,将已知高程引进场内并联测各幢号水准点到另一指定的水准点做复核校对,闭合差应小于 ± 5 mm $\sqrt{n}$(n 为测站数)或 20 mm $\sqrt{L}$(L 为测线长,以 km 为单位),并按测站数多少的比例分配闭合差。若只有场地附近一个水准点高程为设计指定水准点,则应采取往返测法或闭合测法做校核。

施测时,视线长度不应大于 80 m,前后视线应大致等长,镜位和转点要稳定,并按水准测量其他注意事项严格进行,保证精度,避免出现错误或过大误差。

(2)高程控制网的检测及桩位保护。场内各幢号水准点和±0.000 水平线高程,要经自检及有关技术部门和甲方检测合格后方可使用。各水准点及±0.000 水平线均应妥善保护,并应定期复测。

(三)建筑物的定位放线与基础放线

1. 定位方法

(1)从现有建筑物定位。根据设计图上拟建建筑物与原有建筑物或道路中心线的相对位置关系测设。表示常见的三种情况,图中画有斜线的为已有建筑物,未画斜线的为拟建建筑物。为了准确地做出 AB 的延长线 MN,应先做 AB 的平行线 $A'B'$(如用 3-4-5 法,用小线延长一直线方向),然后在 B' 点安置经纬仪,做 $A B'$ 的延长线 $M'N'$,再安置经纬仪于 M' 和 N' 点做垂线即得到轴线 MN、PQ。

按上法测出 M' 后,安置经纬仪于 M' 点,做垂线即得轴线 MN、PQ。

拟建建筑物的轴线平行道路中心线。可先测出道路中心线,再用经纬仪做垂线即可得到轴线。

(2)根据场地平面控制网定位。根据建筑物各角点的坐标测设轴线。

参见图 3-11 和表 3-2。建筑物角点坐标列于表 4-2 内,由相应点的坐标值可算得建筑物长度 l(即 MN 边长)为 66.000 m,宽度 b(即 MP 边长)为 11.000 m。

表 3-2　建筑物角点坐标值

点	Y(m)	X(m)
M	664.000	460.000
N	664.000	526.000
P	675.000	460.000
Q	675.000	526.000

测设轴线 MN、PQ 时,先安置经纬仪于 A 点并照准 B 点,在此视线上量取 10.000 m 距离可得 M' 点(M 点 $X = 460.000$ m,A 点 $X = 450.000$ m)。再沿视线自 B 点量取 N 与 B 横坐标之差 26.00 m 得 N' 点(即 $X_{N'} - X_B = 526.000 - 500.000 = 26.000$ m)。再将经纬仪置于 M' 点,后视 B 点,用测回法反时针方向测设 90°角,在视线上量 M' 点与 M 点纵坐标之差 14.000 m 得 M 点(即 $X_M - X_{N'} = 664.000 - 650.000 = 14.000$ m)。再在此同一方向上量建

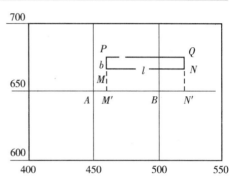

图 3-11　根据平面控制网定位

筑物宽度 $b = 11.000$ m 得 P 点。最后按类似方法定出 N 点和 Q 点。实量 MN、PQ 两边长度,看其是否等于建筑物长度 $l = 66.000$ m。注意要尽量选定长边为主,测设短边。

2. 建筑物的定位放线

放线是根据建筑物定位角桩,对照基础平面图,在其外墙的基槽外钉隔墙轴线桩,据此放基槽灰线,并定基槽中心线和边线。一般采用控制桩法和龙门板法。

(1)控制桩法。如图 3-12 所示,在建筑物周围,按图示纵轴线和横轴线,再用经纬仪引出基槽外 2～4 m,钉轴线中心桩。桩顶上钉中线小钉。此法先拉好中心线,再放基槽灰线。水平标高测设在轴桩上。

(2)龙门板法。参见图 3-13,在基槽外 1.5～2.5 m 处钉龙门桩,每个桩上测设 ±0.000 标高,沿标高线钉龙门板,校核无误后,在龙门板上钉轴中心钉,相应钉上基槽开挖边线和砌体边线小钉,并做出标记备用。

对较复杂的工程,可在基槽四周用木杆圈起来,打桩固定;轴线和基础边线全部都用钉子钉在木杆上,当基础砌体平 ±0.000 后,将各轴线测设在砌体上,然后拆除木杆。此法虽一次花费周转料较多,但放线不易出错。

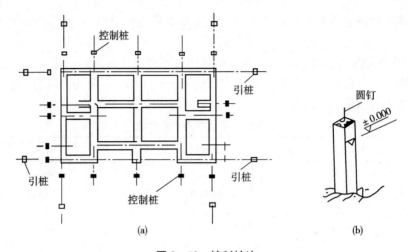

图 3-12　控制桩法

（a）基础平面图；（b）控制桩

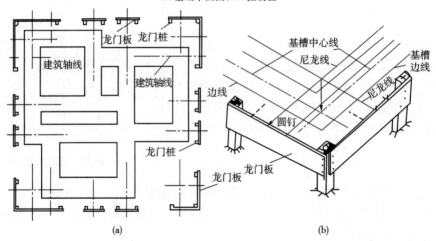

图 3-13　龙门板法

（a）基础平面图；（b）龙门板

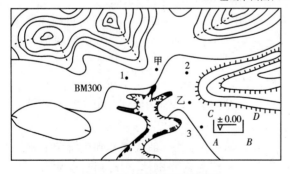

图 3-14　房屋标高测设图

3. 建筑物的抄平

参见图 3-14，房屋标高测设图，首先引进标高，再进行建筑物抄平。

（1）标高引进。图中新建房屋 AB-CD，±0.0000 绝对高程是 36.500 m，由 BM300 水准基点引进，中间转点，其施测步骤为：

首先，置水准仪于测站 1 号（居BM、A 点之中）整平，在 BM300 和 A

点上分别垂直立水准尺,望远镜对准 BM300 的水准尺,转动微倾螺旋,观察两个长气泡吻合后,读出 BM300 尺上读数为 0.920 m,记入表 3-3 中,望远镜对准 A 点水准尺,再转动微倾螺旋至两个气泡吻合后,读出水准尺读数为 0.72,记入表 3-3 中,算出 A 点高程为 36.200 m。

其次,把仪器搬到 2 号测站,用同法测出 A、B 两点读数分别为 1.200 m 和 0.850 m,算出 B 点高程为 36.550 m。

再次,搬仪器置于 3 号测桩,观测出 B 点和 D 点的读数分别为 0.925 m 和 0.910 m,测 D 点的高程为 36.565 m,与该房屋±0.000 高程相差 0.065 m,在 D 角处打桩标记±0.000。同时在距房屋 4～5m 处建立一个半永久性的水准点,注明该高程,用围栏包护,作为施工时使用。

表 3-3　水准测量记录手簿

点　　号	后视读数	视线高	前视读数		高　程	备　注
			转　点	中间点		
BM3000	0.920	36.920			36.000	
	1.200	37.400			36.200	A 点
	0.925	37.475	0.720		36.550	B 点
D 角			0.850		36.565	
	3.045		0.910			
$\sum h$	3.045－2.480＝0.565		2.480		$H_{BA}＝＋0.565$	

注:记录中的校核方法:

$$\sum a(后视总和)-\sum b(前视总和)=\sum h(高差总和)=H_B(终点高程)-H_A(始点高程)$$

高程可按下式计算

$$后视点高程＋后视读数＝视线高(仪器高)$$
$$视线高－前视读数＝前视点高程$$

(2)抄平。建筑物旁水准控制点设置后,即在建筑物底层室内外地面上钉木桩抄平。首先将±0.000 测设在轴线控制点(桩)上或龙门板上,标高不一的房间亦应布桩测定。

施测方法:可由水准控制点引测±0.000(假如±0.000 绝对高程已确定)高程处。例如,室内±0.000 绝对高程为 36.5 m,水准控制点高程为 36.565 m,两者差 0.065 m,当立在水准控制点上的水准尺读数为 1.45 m 时,则±0.000 高程视线高读数为 1.450＋0.065＝1.515 m。此时,将贴靠在各布点木桩面的水准尺上下垂直移动到视线高读数,其尺底零点处高程即等于设计高程。在尺底画上红线并涂红油漆做好标记。

4. 基础放线

当基础垫层浇筑后,在垫层上测定建筑物各轴线、边界线、墙宽线和柱位线等(即摆底),这是具体决定建筑物位置的关键环节。这要根据基坑边上的建筑物控制桩,仔细施测建筑物主要轴线,经闭合校核后,再详细放出细部轴线。所弹墨线应清晰、准确,精度应满足国家有关规范要求:如长度 $L \leqslant 30\,m$,允许偏差 $\pm5\,mm$;$30\,m < L \leqslant 60\,m$,允许偏差 $\pm10\,mm$;$90\,m < L$,允许偏差 $\pm20\,mm$ 等。

摺底线经测定后,报请甲方及有关技术部门验线,验线内容包括主轴线定位条件及建筑物本身的尺寸。只有验线后,方可交付施工使用。

(四)一般建筑物基础的放线、抄平细则

(1)基槽。对照基础大样图的宽度、埋深和基槽工程地质条件,参考表3-4中的数据定出边坡尺寸。先按控制桩或龙门板的轴线中心圆钉挂上各轴线的中线,定出基槽边线,挂线撒石灰线供开挖。当基槽挖土接近槽底标高时,应在基槽底标高,在基槽转角、高低搭接部位和直线段每隔2～3m的槽壁上钉对口水平竹片小桩,用水平仪抄平,以控制标高。

表3-4 深度在5m内基坑边坡

项次	土 的 类 别	边坡坡高(高:宽)		
		坡顶无荷载	坡顶有静载	坡顶有动载
1	中密砂土	1:1.00	1:1.25	1:1.50
2	中密的碎石类土(充填物为砂土)	1:0.75	1:1.00	1:1.25
3	硬塑的轻亚黏土	1:0.67	1:0.75	1:1.00
4	中密的碎石类土(充填物为黏土)	1:0.50	1:0.67	1:0.75
5	硬塑的亚黏土、黏土	1:0.33	1:0.50	1:0.67
6	老黄土	1:0.10	1:0.25	1:0.33
7	软土(经井点降水后)	1:1.00	—	—

注:静载指堆土或材料等,动载指机械挖土或汽车运输作业等。它们距挖方边缘的距离应保证边坡及直立壁的稳定。一般>0.8 m

对于土质较好,基础按设计是素混凝土、毛石混凝土、灰土、三合土等材料,施工一般在原槽浇筑,水平桩宜与上述刚性条形基础表面钉平。砖和钢筋混凝土条形基础,水平桩宜与垫层表面钉平。用水准仪或丁字尺抄平,参见图3-15和图3-16。

(2)垫层。当土方挖至垫层底部标高时,必须再在龙门板上拉边线,宽度符合设计要求后,再复测垫层表面水平桩。对于需现浇钢筋混凝土基础的垫层,两侧尚需留出操作面。

(3)基础。当基础按设计为砖石或钢筋混凝土条形基础时,垫层完工后,用经纬仪测定中心线或在龙门板和控制桩上拉中心线和边线,弹出基础砌体或立模边线,并在垫层面抄平,立砌体皮数杆或安装模板。垫层弹线及立皮数杆见图3-17。刚性条形基础完工,采用同样方法放线抄平。基础模板安装完毕后,在模板上口或内壁测定标高,做好标记。

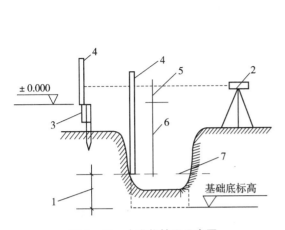

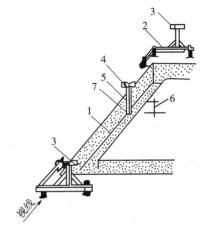

图 3－15　水准仪抄平示意图

1-基础;2-水准仪;3-龙门板;4-标尺(或长杆);5-仪器高;6-刚性条形基础面负标高;7-水平桩

图 3－16　丁字尺抄平示意图

1-基槽;2-龙门板(顶面±0.000 标高);3-两端丁字尺;4-中间丁字尺;5-±0.000 标高水平线;6-基础(或垫层)面负标高;7-水平桩

当基础施工到±0.000 时,又弹出(在基础面或圈梁面)纵横轴线和边线,测定标高。轴线标志分别标在大头角、内外墙交接和楼梯间的外墙立面上。-0.100 m 的水平标志,除标在大头角和楼梯间阴阳角立面外,每个房间的四角均应标记,便于回填土和地坪的施工,详见图 3-18。

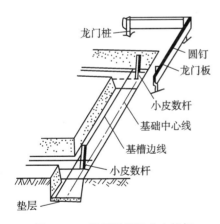

图 3－17　垫层弹线及立皮数杆

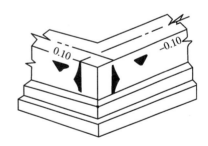

图 3－18　基础墙轴线及标高标志

(五)主体结构放线、抄平

1.轴线的测设

主体结构一般采用吊线法测轴线。对砖混结构而言,先砌头角,双面吊中,边砌边吊线,一直砌到楼板底面处。

楼面先吊准一端大角的中线,钢尺从一端发出,拉通尺,分中定点,分尺累加,末端中线须与下层中线核对交圈,防止上下中线错位(参见图 3-19)。楼面应弹出墙(柱)、门窗洞口和阳台雨篷边线(参见图 3-20)。

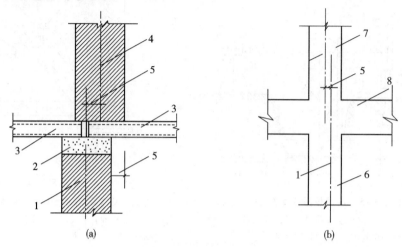

图 3-19 轴线错位示意图

(a)砖墙;(b)现捣钢筋混凝土柱、梁

1-下墙轴线;2-找平层;3-圆孔板;4-上墙轴线;5-偏中错位;6-下柱;7-上柱;8-梁

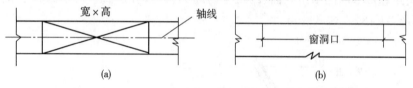

图 3-20 门窗洞口弹线示意图

(a)门洞口;(b)窗洞口

在平屋面板安装完毕后,弹出女儿墙线。硬山双坡屋面、层架支承檩条屋面则应在墙体砌平檐口时,拉尺校中复尺。对于搁支屋架的墙柱顶面,要弹出屋架的安装线。对于每层有通长雨篷或挑眉的结构,采用悬挑吊中或用经纬仪测中。线锤可适当加重,以防摆动。

2. 标高的测设

注意建筑标高和结构标高的不同。标高测设一般用皮数杆法和陡篙法。

皮数杆法要点:

(1) 皮数杆画法立法可参照图 3-21 所示。楼梯间的皮数杆,应标出休息平台标高,使楼梯安装不受标高不准的影响。底层皮数杆上的-0.100 m 须与基墙-0.100 m 线对准。楼层皮数杆的±0.000 应对准楼板面上的面层标高线(即建筑标高)。山墙按屋面坡度立皮数杆。皮数杆宜用不变形的木材;立准后,杆底垫平,固定要牢固,不使其滑动。

(2)外脚手架砌墙时,皮数杆立在内墙角立面;内脚手架砌墙,则可设外墙阳角立面。

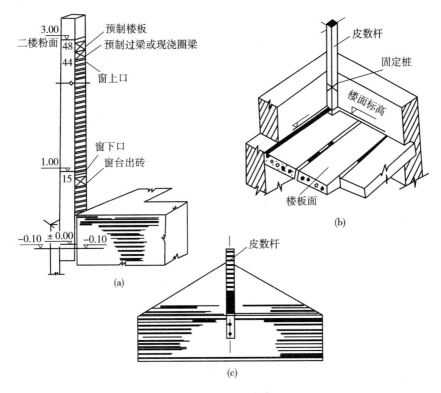

图 3 - 21 立皮数杆

(a)墙角立皮数杆;(b)楼面立皮数杆;(c)山墙立皮数杆

(3)每层砖墙(或圈梁)面,务必用水准仪抄平,按设计要求用水泥砂浆找平再安装楼板。

(4)当楼面弹线后,每个房间楼面四角塌水泥并测定建筑标高,供立皮数杆和内墙面弹准线用。

(5)平屋面应测定结构找坡或建筑找坡的坡度。双坡屋面,硬山两端和搁支屋架两端的纵墙面均应抄平。天沟、檐沟应测设流水坡向控制标高。

陡篙法要点:

(1)陡篙用 5 cm×4 cm 木杆制成。

(2)安装现浇混凝土梁、板模板时,按梁板设计标高,把陡篙锯成施工要求尺寸,并在陡篙零线之上画出 500 mm 高的线,使用时,使陡篙和墙面的 500 mm 准线相吻合,即可定出梁、板的高程。

第四章 土方工程施工技术

第一节 土方开挖

一、土方施工准备工作

1. 学习和审查图纸

检查图纸和资料是否齐全，核对平面尺寸和坑底标高，图纸相互间有无错误和矛盾；掌握设计内容及各项技术要求，了解工程规模、结构形式、特点、工程量和质量要求；熟悉土层地质、水文勘察资料；审查地基处理和基础设计；会审图纸，搞清地下构筑物、基础平面与周围地下设施管线的关系，图纸相互间有无错误和冲突；研究好开挖程序，明确各专业工序间的配合关系、施工工期要求；并向参加施工人员层层进行技术交底。

2. 查勘施工现场

摸清工程场地情况，收集施工需要的各项资料，包括施工场地地形、地貌、地质水文、河流、气象、运输道路、邻近建筑物、地下基础、管线、电缆坑基、防空洞、地面上施工范围内的障碍物和堆积物状况，供水、供电、通讯情况，防洪排水系统等，以便为施工规划和准备提供可靠的资料和数据。

3. 编制施工方案

研究制定现场场地整平、基坑开挖施工方案；绘制施工总平面布置图和基坑土方开挖调配图（见图 4-1），确定开挖路线、顺序、范围、底板标高、边坡坡度、排水沟、集水井位置，以及挖去的土方堆放地点；提出需用施工机具、劳力、推广新技术计划。

4. 平整施工场地

按设计或施工要求范围和标高平整场地，将土方弃到规定弃土区；凡在施工区域内，影响工程质量的软弱土层、淤泥、腐殖土、大卵石、孤石、垃圾、树根、草皮以及不宜做填土和回填土料的

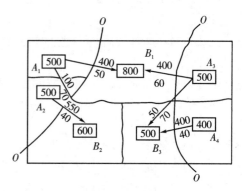

图 4-1 土方调配图

注：$\dfrac{\text{土方量}(\text{m}^3)}{\text{运距}(\text{m})}$

稻田湿土，应分情况采取全部挖除或设排水沟疏干，抛填块石、沙砾等方法进行妥善处理，以免影响地基承载力。

5. 清除现场障碍物

将施工区域内所有障碍物,如高压电线、电杆、塔架、地上和地下管道、电缆、坟墓、树木、沟渠以及旧的房屋、基础等进行拆除或进行搬迁、改建、改线;对附近原有建筑物、电杆、塔架等采取有效防护加固措施,可利用的建筑物应充分利用。

6. 进行地下墓探

在黄土地区或有古墓地区,应在工程基础部位,按设计要求位置,用洛阳铲进行铲探,如发现墓穴、土洞、地道(地窖)、废井等,应对地基进行局部处理,方法见后。

7. 做好排水降水设施

在施工区域内设置临时性或永久性排水沟,将地面水排走或排到低洼处,再设水泵排走;或疏通原有排水泄洪系统;排水沟纵向坡度一般不小于 $2‰$,使场地不积水;山坡地区,在离边坡上沿 $5\sim6$ m 处,设置截水沟、排洪沟,阻止坡顶雨水流入开挖基坑区域内,或在需要的地段修筑挡水堤坝阻水。地下水位高的基坑,在开挖前一周将水位降低到要求的深度。

8. 设置测量控制网

根据给定的国家永久性控制坐标和水准点,按建筑物总平面要求,引测到现场。在工程施工区域设置测量控制网,包括控制基线、轴线和水平基准点;做好轴线控制的测量和校核。控制网要避开建筑物、构筑物、土方机械操作及运输线路,并有保护标志;场地整平应设 10 m$\times10$ m 或 20 m$\times20$ m 方格网,在各方格点上做控制桩,并测出各标桩处的自然地形、标高,作为计算挖、填土方量和施工控制的依据。对建筑物应做定位轴线的控制测量和校核;进行土方工程的测量定位放线,设置龙门板,放出基坑(槽)挖土灰线、上部边线和底部边线和水准标志。龙门板桩一般应离开坑缘 $1.5\sim2.0$ m,以利保存,灰线、标高、轴线应进行复核无误后,方可进行场地整平和基坑开挖。

9. 修建临时设施及道路

根据土方和基础工程规模、工期长短、施工力量安排等修建简易的临时性生产和生活设施(如工具库、材料库、油库、机具库、修理棚、休息棚、茶炉棚等),同时敷设现场供水、供电、供压缩空气(爆破石方用)管线路,并进行试水、试电、试气。

修筑施工场地内机械运行的道路、主要临时运输道路宜结合永久性道路的布置修筑。行车路面按双车道,宽度不应小于 7 m,最大纵向坡度应不大于 6%,最小转弯半径不小于 1.5 m;路基底层可铺砌 $20\sim30$ cm 厚的块石或卵(砾)石层作简易泥结石路面,尽量使一线多用,重车下坡行驶。道路的坡度、转弯半径应符合安全要求,两侧做排水沟。道路通过沟渠应设涵洞,道路与铁路、电讯线路、电缆线路以及各种管线相交处,应按有关安全技术规定设置平交道和标志。

10. 准备机具、物资及人员

做好设备调配,对进场挖土、运输车辆及各种辅助设备进行维修检查,试运转,并运至使用地点就位;准备好施工用料及工程用料,按施工平面图要求堆放。

组织并配备土方工程施工所需各专业技术人员、管理人员和技术工人;组织安排好作业班次;制定较完善的技术岗位责任制和技术、质量、安全、管理网络;建立技术责任制和质量保证体系;对拟采用的土方工程新机具、新工艺、新技术,组织力量进行研制和试验。

二、开挖的一般要求

1. 场地开挖

挖方边坡应根据使用时间(临时或永久性)、土的种类、物理力学性质(内摩擦角、黏聚力、密度、湿度)、水文情况等确定。对于永久性场地,挖方边坡坡度应按设计要求放坡,如设计无规定,可按表4-1所列采用。对使用时间较长的临时性挖方边坡坡度,应根据工程地质和边坡高度,结合当地实践经验确定。在山坡整体稳定的情况下,如地质条件良好,土质较均匀,高度在10m内的边坡坡度可按表4-2确定。对岩石边坡,根据其岩石类别和风化程度,边坡坡度可按表4-3采用。

挖方上边缘至土堆坡脚的距离,当土质干燥密实时,不得小于3m;当土质松软时,不得小于5m。在挖方下侧弃土时,应将弃土堆表面平整至低于挖方场地标高并向外倾斜。

表4-1 永久性构筑物挖方的边坡坡度

项次	挖 土 性 质	边坡坡度
1	在天然湿度、层理均匀、不易膨胀的黏土、粉质黏土和砂土(不包括细砂、粉砂)内挖方深度不超过3m	1:1.00~1:1.25
2	土质同上,深度为3~12m	1:1.25~1:1.50
3	干燥地区内土质结构未经破坏的干燥黄土及类黄土,深度不超过12m	1:0.10~1:1.25
4	在碎石土和泥灰岩土的地方,深度不超过12m,根据土的性质、层理特性和挖方深度确定	1:0.50~1:1.50
5	在风化岩内的挖方,根据岩石性质、风化程度、层理特性和挖方深度确定	1:0.20~1:1.50
6	在微风化岩石内的挖方,岩石无裂缝且无倾向挖方坡脚的岩层	1:0.10
7	在未风化的完整岩石内的挖方	直立的

表 4-2 土质边坡坡度允许值

土的类别	密实度或状态	坡度允许值(高宽比)	
		坡高在 5 m 以内	坡高为 5～10 m
碎石土	密　实	1：0.35～1：0.50	1：0.50～1：0.75
	中　密	1：0.50～1：0.75	1：0.75～1：1.00
	稍　密	1：0.75～1：1.00	1：1.00～1：1.25
黏性土	坚　硬	1：0.75～1：1.00	1：1.00～1：1.25
	硬　塑	1：1.00～1：1.25	1：1.25～1：1.50

注：(1)表中碎石土的充填物为坚硬或硬塑状态的黏性土。

(2)对于砂土或充填物为砂土的碎石土,其边坡坡度允许值均按自然休止角确定

表 4-3 岩石边坡坡度允许值

岩石类土	风化程度	坡度允许值(高宽比)		
		坡高在 8 m 以内	坡高 8～15 m	坡高 15～30 m
硬质岩石	微 风 化	1：0.10～1：0.20	1：0.20～1：0.35	1：0.30～1：0.50
	中等风化	1：0.20～1：0.35	1：0.35～1：0.50	1：0.50～1：0.75
	强 风 化	1：0.35～1：0.50	1：0.50～1：0.75	1：0.75～1：1.00
软质岩石	微 风 化	1：0.35～1：0.50	1：0.50～1：0.75	1：0.75～1：1.00
	中等风化	1：0.50～1：0.75	1：0.75～1：1.00	1：1.00～1：1.50
	强 风 化	1：0.75～1：1.00	1：1.00～1：1.25	

2. 边坡开挖

(1)场地边坡开挖应采取等高线自上而下,分层、分段依次进行,在边坡上采取多台阶同时进行机械开挖时,上台阶应比下台阶开挖进深不少于 30 m,以防塌方。

(2)边坡台阶开挖,应做成一定坡势,以利泄水。边坡下部设有护脚及排水沟时,应尽快处理台阶的反向排水坡,进行护脚矮墙和排水沟的砌筑和疏通,以保证坡脚不被冲刷和在影响边坡稳定的范围内不积水,否则应采取临时性排水措施。

(3)边坡开挖。对软土土坡或易风化的软质岩石边坡在开挖后应对坡面、坡脚采取喷面、嵌补、护砌等保护措施,并做好坡顶、坡脚排水,避免影响边坡的稳定。

浅基开挖(深基坑开挖见基坑工程部分)：

(1)开挖前,应根据工程结构形式、基坑深度、地质条件、周围环境、施工方法、施工和地面荷载等资料,确定基坑开挖方案和地下水控制施工方案。

(2)基坑边缘堆置土方和建筑材料,或沿挖方边缘移动运输工具和机械,一般应距基坑边缘不少于 2 m,堆置高度不应超过 1.5 m。在垂直的坑壁边,此安全距离还应适当加

大,软土地区不宜在基坑边堆置弃土。

(3)基坑周围地面应进行防水、排水处理,严防雨水等地面水浸入基坑周边土体。

(4)基坑开挖完成后,应及时清底、验槽,减少暴露时间,防止暴晒和雨水浸刷破坏土的原状结构。

三、浅基坑(槽)和管沟开挖

(1)浅基坑(槽,下同)开挖,应先进行测量定位,抄平放线,定出开挖长度,按放块(段)分层挖土。根据土质和水文情况,采取在四侧或两侧直立开挖或放坡,以保证操作安全。

当土质为天然湿度、构造均匀、水文地质条件良好(即不会发生坍滑、移动、松散或下沉),且无地下水时,开挖基坑亦可不必放坡,采取直立开挖不加支护,但挖方应按表4-4的规定,基坑长度应稍大于基础长度。如超过表4-4规定的深度,应根据施工具体情况进行放坡,以保证不塌方。其临时性挖方的边坡值可按表4-5采放坡后基坑,上口宽度由基坑底面宽度及边坡坡度来决定,坑底宽度每边应比基础宽出30cm,以便于施工操作。

表4-4 基坑(槽)和管沟不加支撑时的容许深度

项次	土 的 种 类	容许深度(m)
1	密实、中密的砂子和碎石类土(充填物为砂土)	1.00
2	硬塑、可塑的粉质黏土及粉土	1.25
3	硬塑、可塑的黏土和碎石类土(充填物为黏性土)	1.50
4	坚硬的黏土	2.00

表4-5 临时性挖方边坡值

土 的 类 别		边坡值(高:宽)
砂土(不包括细砂、粉砂)		1:1.25~1:1.50
一般性黏土	硬	1:0.75~1:1.00
	硬塑	1:1~1:1.25
	软	1:1.5 或更缓
碎石类土	充填坚硬、硬塑黏性土	1:0.5~1:1.0
	充填砂土	1:1~1:1.5

注:(1)有成熟施工经验,可不受本表限制。设计有要求时,应符合设计标准。

(2)如采用降水或其他加固措施,可不受本表限制。

(3)开挖深度对软土不超过4m,对硬土不超过8m

(2)当开挖基坑(槽)的土体含水量大而不稳定,或基坑较深,或受到周围场地限制而需用较陡的边坡或直立开挖而土质较差时,应采用临时性支撑加固,基坑(槽)每边的宽度应比基础宽 15～20 cm,以便于设置支撑加固结构。挖土时,土壁要求平直,挖好一层,支一层支撑,挡土板要紧贴土面,并用小木桩或横撑木顶住挡板。开挖宽度较大的基坑,当在局部地段无法放坡,或下部土方受到基坑尺寸限制不能放较大坡度时,应在下部坡脚采取加固措施,如采用短桩与横隔板支撑或砌砖、毛石或用编织袋、草袋装土堆砌临时矮挡土墙保护坡脚。

(3)基坑开挖程序一般是:测量放线→切线分层开挖→排降水→修坡→整平→留足预留土层等。相邻基坑开挖时,应遵循先深后浅或同时进行的施工程序。挖土应自上而下水平分段分层进行,每层 0.3 m 左右,边挖边检查坑底宽度及坡度,不够时及时修整,每 3 m 左右修一次坡,至设计标高,再统一进行一次修坡清底,检查坑底宽和标高,要求坑底凹凸不超过 2.0 cm。

(4)基坑开挖应尽量防止对地基土的扰动。当用人工挖土,基坑挖好后不能立即进行下道工序时,应预留 15～30 cm 一层土不挖,待下道工序开始再挖至设计标高。采用机械开挖基坑时,为避免破坏基底土,应在基底标高以上预留一层由人工挖掘修整。使用铲运机、推土机时,保留土层厚度为 15～20 cm;使用正铲、反铲或拉铲挖土时,保留土层厚度为20～30 cm。

(5)在地下水位以下挖土,应在基坑(槽)四侧或两侧挖好临时排水沟和集水井,或采用井点降水,将水位降低至坑(槽)底以下 500 mm,以利挖方进行。降水工作应持续到基础(包括地下水位下回填土)施工完成。

(6)雨季施工时,基坑(槽)应分段开挖,挖好一段浇筑一段垫层,并在基坑(槽)两侧围以土堤或建排水沟,以防地面雨水流入基坑(槽),同时应经常检查边坡和支撑情况,以防止坑壁受水浸泡造成塌方。

(7)基坑开挖时,应对平面控制桩、水准点、基坑平面位置、水平标高、边坡坡度等经常复测检查。

(8)基坑挖完后应进行验槽,做好记录,如发现地基土质与地质勘探报告、设计要求不符时,应与有关人员研究及时处理。

四、浅基坑(槽)和管沟的支撑方法

基坑(槽)和管沟的支撑方法见表 4-6,一般浅基坑的支撑方法见表 4-7。

表 4-6　基坑(槽)和管沟的支撑方法

支撑方式	简　图	支撑方式及适用条件
间断式水平支撑		两侧挡土板水平放置,用工具式或木横撑借木楔顶紧,挖一层土,支顶一层 适于能保持立壁的干土或天然湿度的黏土类土,地下水很少、深度在 2 m 以内

支撑方式	简　　图	支撑方式及适用条件
断续式水平支撑		挡土板水平放置,中间留出间隔,并在两侧同时对称立竖方木,再用工具或木横撑上、下顶紧 适于能保持直立壁的干土或天然湿度的黏土类土,地下水很少、深度在3m以内
连续式水平支撑		挡土板水平连续放置,不留间隙,然后两侧同时对称立竖方木,上、下各顶一根撑木,端头加木楔顶紧 适于较松散的干土或天然湿度的黏土类土,地下水很少、深度为3~5m
连续或间断式垂直支撑		挡土板垂直放置,可连续或留适当间隙,然后每侧上、下各水平顶一根方木,再用横撑顶紧 适于土质较松散或湿度很高的土,地下水较少、深度不限
水平垂直混合式支撑		沟槽上部连续式水平支撑,下部设连续式垂直支撑 适于沟槽深度较大、下部有含水土层的情况

表4-7　一般浅基坑的支撑方法

支撑方式	简　　图	支撑方式及适用条件
斜柱支撑		水平挡土板钉在柱桩内侧,柱桩外侧用斜撑支顶,斜撑底端支在木桩上,在挡土板内侧回填土 适于开挖较大型、深度不大的基坑或使用机械挖土时

续表

支撑方式	简　图	支撑方式及适用条件
锚拉支撑		水平挡土板支在柱桩的内侧,柱桩一端打入土中,另一端用拉杆与锚桩拉紧,在挡土板内侧回填土 适于开挖较大型、深度不大的基坑或使用机械挖土不能安设横撑时使用
型钢桩横挡板支撑		沿挡土位置预先打入钢轨、工字钢或 H 型钢桩,间距 1.0～1.5 m,然后边挖方,边将 3～6 cm 厚的挡土板塞进钢桩之间挡土,并在横向挡板与型钢桩之间打上楔子,使横板与土体紧密接触 适于地下水位较低、深度不是很大的一般黏性或砂土层中使用
短桩横隔板支　撑		打入小短木桩,部分打入土中,部分露出地面,钉上水平挡土板,在背面填土、夯实 适于开挖宽度大的基坑,当部分地段下部放坡不够时使用
临时挡土墙支　撑		沿坡脚用砖、石叠砌或用装水泥的聚丙烯扁丝编织袋、草袋装土、砂堆砌,使坡脚保持稳定 适于开挖宽度大的基坑,当部分地段下部放坡不够时使用
挡 土 灌柱桩支护		在开挖基坑的周围,用钻机或洛阳铲成孔,桩径 $\phi400～500$ mm,现场灌筑钢筋混凝土桩,桩间距为 1.0～1.5 m,在桩间土方挖成外拱形使之起土拱作用 适用于开挖较大、较浅(<5 m)基坑,邻近有建筑物,而不允许背面地基有下沉、位移时采用

支撑方式	简　图	支撑方式及适用条件
叠袋式挡墙支护	用编织袋装碎石堆砌	采用编织袋或草袋装碎石(沙砾石或土)堆砌成重力式挡墙作为基坑的支护,在墙下部砌500 mm厚块石基础,墙底宽1 500~2 000 mm,顶宽500~1 200 mm,顶部适当放坡卸土±1.0~1.5 m,表面抹砂浆保护 适用于一般黏性土、面积大、开挖深度应在5 m以内的浅基坑支护

第二节　土　方　回　填

一、施工准备

1. 材料

(1)回填土:宜优先利用基槽中挖出的优质土。回填土内不得含有有机杂质,粒径不应大于50 mm,含水量应符合压实要求。

(2)石屑:不应含有有机杂质。

(3)填土材料如无设计要求,应符合下列规定:

① 碎石、砂土(使用细、粉砂时应取得设计单位同意)和爆破石碴,可作表层以下的填料。

② 含水量符合压实要求的黏性土,可作各层的填料。

③ 碎块草皮和有机含量大于8%的土,仅用于无压实要求的填方。

④ 淤泥和淤泥质土一般不能用作填料,但在软土或沼泽地区,经过处理且含水量符合压实要求的,可用于填方次要的部位。

2. 作业条件

(1)填土基底已按设计要求完成或处理好,并办理验槽签证。

(2)基础、地下构筑物及地下防水层、保护层等已进行检查和办好隐蔽验收手续,且结构已达到规定强度。

(3)大型土方回填前应根据工程特点、填料种类、设计压实系数、施工条件和压实工艺等合理确定填料含水量、每层填土厚度和压实遍数等施工参数。重要的填方工程和路基,其参数通过压实测试来确定。

(4)室内地台和管沟的回填,应在完成上下水道安装(经试水合格)或间墙砌筑,并将填区内的积水和有机杂物等清除干净后再进行。

(5)在建(构)筑物地面以下的填方,若填筑厚度小于0.50 m,应清除基底上的草皮和垃圾;若填筑厚度小于1m,应清除树墩及割去长草。

(6)填土前,应做好水平高程的测设。基坑(槽)或沟坡边上按需要的间距打入水平桩,室内和散水的墙边应有水平标记。

二、操作工艺

(1)在稳定的山坡上填方,若山坡坡度为1/10~1/5,应清除基底上的草皮;若坡度陡于1/5,应将基底挖成阶梯形,阶宽不小于1m。

(2)当填方基底为积土或耕植土时,如设计无要求,可采用推土机或工程机械压实5~6遍。

(3)在水田、沟渠或池塘上填方,应先排水疏干,挖除淤泥,换填沙砾或抛填块石等处理后再行填土。

(4)填筑黏性土,应在填土前检验填料的含水率。含水量偏高时,可采用翻松晾晒、均匀掺入干土等措施;含水量偏低,可预先洒水湿润,增加压实遍数或使用大功率压实机械等。

(5)使用碎石类土或爆破石碴作填料时,其最大粒径不得超过每层铺填厚度的2/3(当使用振动碾压时,不得超过每层铺填厚度的3/4)。铺填时,大块料不应集中,且不得填在分段接头处或填方与山坡连接处。

若填方场内有打桩或其他特殊工程时,块(漂)石填料的最大粒径不应超过设计要求。

(6)填料为砂土或碎石类土(充填物为砂土)时,回填前宜充分洒水湿润,可用较重的平板振动器分层振实,每层振实不少于三遍。

(7)回填时应水平分层找平夯实,分层厚度和压实遍数应根据土质、压实系数和机具的性能参照表4-8选定。

表4-8　填方分层的铺土厚度和压实遍数

压实机具	每层铺土厚度(mm)	每层压实遍数(遍)
平　碾	200~300	6~8
羊足碾	200~350	8~16
蛙式打夯机	200~250	3~4
人工打夯	不大于200	3~4

注:①碾压时,轮(夯)迹应相互搭接,防止漏压。

②当5t、8~10t、12t压路和碾压时,每层铺土厚度分别为0.25m、0.4m并压实10~12遍、8~10遍、4~6遍。

③当用功率(kW)60以下的履带式推土机碾压时,每层铺土0.2~0.3m,压实6~8遍

(8)路基和密实度要求较高的大型填方,宜用振动平碾压实。使用自重8~15t的振动平碾压实爆破石碴类土时,铺土厚度一般为0.6~1.5m,宜先静压,后振压。碾压遍数应由现场试验确定,一般为6~8遍。

碾压机械压实填实,应控制行驶速度,一般不应超过 2 km/h。

(9)墙柱基回填应在相对两侧或四侧对称同时进行。两侧回填高差要控制,以免把墙挤歪;深浅两基坑(槽)相连,应先填夯深基础,填至浅基坑标高时,再与浅基坑一起填夯。

(10)分段分层填土,交接处应填成阶梯形,每层互相搭接,其搭接长度应不少于每层填土厚度的两倍,上下层错缝距离不少于 1.0 m。

(11)挡土墙背的填土,应选用透水性较好的土,如石屑或掺入碎石等,并按设计要求做好滤水层和排水盲沟。

(12)混凝土、砖、石砌体挡土墙,必须在混凝土或砂浆达到设计强度后才能回填土方,否则要做护壁支撑方案,以防挡土墙变形倾覆。

(13)管沟内填土,应从管道两边同时进行回填和夯实。填土超过管顶 0.5 m 厚时,方准用动力打夯,但不宜用振动碾压实。

(14)对有压实要求的填方,在打夯或碾压时,如出现弹性变形的土(俗称"橡皮土"),应将该部分土方挖除,另用砂土或含砂石较大的土回填。

(15)采用机械压实的填土,在角隅用人工加以夯实。

人工填土,每层填土厚度为 150 mm,夯重应为 30~40 kg;每层厚度为 200 mm,夯重应为 60~70 kg。打夯要领为"夯高过膝,一夯压半夯,夯排三次力"。夯实基坑(槽)、地坪,行夯路线由四边开始,夯向中间。

(16)填方基土为杂填土,应按设计要求加固地基,并妥善处理基底下的软硬点、空洞、旧基、暗塘等。

填方基土为软土,应根据设计要求进行地基处理。如无设计要求时,应按现行规范的规定施工。

(17)填方的边坡应按设计要求,如设计无说明而使用时间较长的临时性填方边坡,填方高度在 10 m 以内,可采用 1∶1.5;高度超过 10 m,可做成折线形,上部采用 1∶1.5,下部采用 1∶1.75。

(18)每层填土压实后都应做干容重试验,用环刀法取样,基坑每 20~50 m 长度取样一组(每个基坑不少于一组);基槽或管沟回填,按长度 20~50 m 取样一组;室内填土按 100~500 m² 取样一组;场地平整按 400~900 m² 取样一组。

采用灌砂(或灌水)法取样时,取样数量可较环刀法适当减少,并注意正确取样的部位和随机性。

第三节　质　量　标　准

1. 保证项目

(1)基底处理,必须符合设计要求或施工规范的规定。

(2)回填土的土料,必须符合设计要求或施工规范的规定。

(3)回填土必须按规定分层夯压密实。取样确定压实后的干密度,应有 90% 以上符合设计要求,允许偏差不得大于 0.08 g/cm³,且应分散不得集中。

2. 允许偏差

回填土工程允许偏差,见表 4-9。

表 4-9 回填土工程允许偏差

项 目	允许偏差(mm)				检查方法
	柱基、基坑、基槽、管沟、排水沟	填方、场地平整		地(路)面基层	
		人工施工	机械施工		
标 高	0~−50	±50	±100	0~−50	用水平仪检查
表面平整	—	—	—	20	用2m尺和楔形塞尺检查

注:地(路)面基层的偏差只适用于直接在挖填方做地(路)面的基层

第四节 施工注意事项

1. 避免工程质量通病

(1)回填土应按规定每层取样测量夯实后的干容重,在符合设计或规范要求后才能回填上一层。

(2)严格控制每层回填厚度,禁止汽车直接卸土入槽。

(3)严格选用回填土料质量,控制含水量、夯实遍数等是防止回填土下沉的重要环节。

(4)管沟下部、机械夯填的边角位置及墙与地坪、散水的交接处,应仔细夯实,并应使用细粒土料回填。

(5)雨天不宜进行填方的施工。如必须施工时,应分段尽快完成,且宜采用碎石类土和砂土、石屑等填料。现场应有防雨和排水措施,防止地面水流入坑(槽)内。

(6)路基、室内地台等填土后应有一段自然沉实的时间,测定沉降变化,稳定后才能进行下一工序的施工。

2. 产品保护

(1)施工时,应注意保护有关轴线和标准高程桩点,防止碰撞下沉。

(2)基础或管沟的混凝土、砂浆应达到一定的强度,不致受损坏时方可进行回填作业。

(3)已完成的填土应将表面压实,路基宜做成一定的坡向排水。

(4)基坑回填应分层对称,防止造成一侧压力导致不平衡,破坏基础或构筑物。

第五章　基础工程施工技术

第一节　砖石基础的施工

一、砖石基础的施工工艺

砖、石材料组砌的基础,大部分为条形墙基,但也有作独立柱的基础。其施工的工艺程序为:

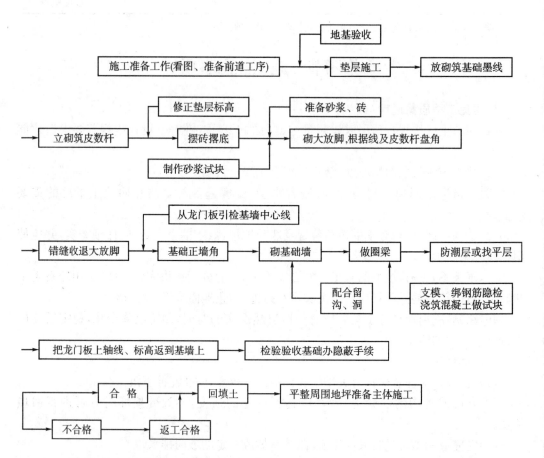

工艺中设计有圈梁的,要做圈梁施工,完成后做找平层。如无圈梁构造的,则抹防潮

层并达到找平基墙顶面的目的。

二、砖石基础使用的材料

这里介绍所用的材料主要是着重使用时的要求,其他性能由建筑材料课程介绍。

(1)砖:基础使用的砖必须是能经受地下水等浸蚀的。如烧结普通砖、混凝土实心砌块、煤矸石砖,而灰砂砖、炉渣砖、粉煤灰砖则不应使用。强度等级应在 MU7.5 以上。

(2)石材:毛石、块石、粗料石等。但风化石不能使用。

(3)水泥砂浆:基础砌筑必须用水泥砂浆,这是设计及用于地下的构造要求。不能用混合砂浆。水泥砂浆由水泥、砂子、水拌和而成。强度等级不低于 M5.0。水泥一般强度等级用 32.5。砂要求用中砂。细砂不宜用,一是强度差,二是多用水泥。水用洁净水,如自来水、井水,经化验可用的河水。砂浆配合比为重量比。

(4)防水粉或防水剂:用于防潮层的使用。一般掺量为水泥砂浆中水泥重的 3%～5%。防潮层的水泥砂浆是抹灰砂浆,不是砌筑砂浆,该水泥与砂之比是体积比,一般采用 1:3。

(5)食盐:冬期施工时,可作为抗冻剂掺入砌筑砂浆。

(6)细石(北方用豆石)混凝土:用来找补垫层标高,或第一皮砖下灰缝过厚时用。

(7)混凝土:有圈梁及构造柱时,就要用到它。后面章节中会详细介绍。

(8)钢筋:圈梁、构造柱、墙加筋等用。后面章节中会详细介绍。

砂浆配合比将在砌墙时再详细介绍。

三、砖基础砌筑的施工

作为施工员在砌筑砖基础前,应先把基础施工图详细阅读,并要做垫层的施工准备和实施施工。垫层一般用混凝土 C15 的强度,要准备好配合比、计量器具、垫层上标高等;再进行拌制、运输、浇灌和养护等;然后才是正式的砖基础的施工。

(1)施工前要检查放线(放线工作由放线工做):在核对检查时要求放线尺寸的允许偏差不超过表 5-1。

表 5-1　放线尺寸的允许偏差

长度 L、宽度 B 的尺寸(m)	允许偏差(mm)	长度 L、宽度 B 的尺寸(m)	允许偏差(mm)
$L(B) \leqslant 30$	±5	$60 < L(B) \leqslant 90$	±15
$30 < L(B) \leqslant 60$	±10	$L(B) > 90$	±20

注:L 及 B 指房屋纵向及横向长、宽,尤其是 B,不是基础断面的宽。所以要求是严格的

经对放的总尺寸线及局部或断面宽的尺寸线检查后,认为合格,才可再进行对抄平立皮数杆的检查。检查中还要核对垫层标高、厚度,凡不符合的要进行纠正。

(2)排砖、摆底:工作由操作者做,但必要时应进行技术指导。摆大放脚砖的关键是要处理好转角、檐墙和山墙、内隔墙等交接槎部位。为满足大放脚上下皮砖错缝的要求,

基础转角处一定要放七分头。其排砖方法可见图5-1。

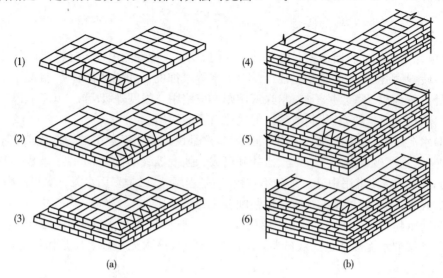

图5-1　大放脚排砖法

大放脚的收退应按图纸实施。一般有(1)等高式大放脚每两皮一收,每次收退60 mm (1/4砖长);(2)间隔式大放脚是两层一收及相间一层一收交错进行,其断面形式可见图5-2。大放脚摆砖必须从转角开始,摆通后,在转角处先盘砌几皮砖,作为皮数标准(对照皮数杆),再以山丁檐跑的"规矩"摆通全墙身,然后按盘角拉线(双面)进行大放脚砌筑。

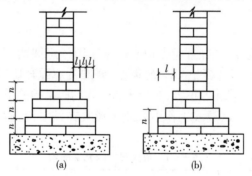

图5-2　砖基础剖面图
(a)等高式;(b)不等高式

(3)收退放脚:砖基础大放脚摆砖结束后开始砌筑,砌时关键要掌握收退方法。收退应遵循"退台压顶"的原则,用"一顶一丁"的砌法。退台的每台阶上面一皮砖用丁砖,这样传力效果好,砌筑完毕后填土时也不易将退台砖碰掉。退台应从转角处开始,每次退台要尺寸准确,中间段退台均应按照拉线进行。

(4)基础正墙砌筑:当大放脚收退结束时,基础正墙(厚 37 cm 或 24 cm)就应开始砌筑。这时要利用龙门板上的轴线位置,拉线挂线锤在大放脚最上皮砖面定出轴线(或中心线)的位置,为砌正墙提供基准。同时还应利用皮数杆检查一下大放脚部分的砖面标高、皮数是否符合,如不一致,在砌正墙前应及时修正合格。正墙的第一皮砖应丁砖排砖砌筑。

基础墙墙身,对砖混结构上部墙体来说是起到承上启下的作用,因此对墙身的垂直平整度及顶面的标高要控制得很好。在操作时要求操作者以一次盘角不要超过五皮砖为宜,并经常用线锤挂吊检查角的垂直度。

(5)在地震区,砌基础时就应注意要按图纸留出构造柱位置,到±0.000线以下要留出圈梁高度,以备支撑圈梁模板,墙上要留模板的横担洞。凡有圈梁的墙体一般圈梁顶面为方便砌上部砖墙,也要抹一层找平层。在非抗震设防地区,一般基础正墙砌到-0.07 m时,要抹一层防潮层,并兼做找平层,厚约20 mm。

(6)当各项工序结束后,应进行轴线、标高的检查。检查无误后,可以把龙门板上的轴线位置、标高水平线返到基墙上,并用红色做上鲜明标志。检查合格,办好隐蔽手续,尽快回填土。

(7)其他应注意的事宜:①基础若不在同一深度,应先砌深的,后砌浅的,砌至同一标高再收退查放脚。②凡基础图上有要留的洞口、管沟、地槽和预埋件,应在砌筑时留出。当洞口、管沟等宽度大于50 cm时,上面应设置预制的钢筋混凝土过梁。

四、毛石或粗料石基础的施工

其施工工艺过程同砌砖基础一样。但毛石墙不能有层次分明的皮数杆,故采用砌筑挂线架,根据石块大多数的厚度尺寸,做成台阶形(图5-3),以此作为砌石依据。

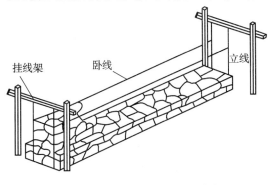

图5-3　砌毛石的立线与卧线

砌第一皮石块时,要清干净基槽(一般不做垫层,有的或做灰土垫层),选择较方正的石块放在转角处,称为角石,也叫定位石。其厚度最好与大放脚第一台的厚度相等。其他中间的石块应选一面较平整的石头,铺放在底面上。石块砌筑时要相互靠紧,大石缝中先填1/3~1/2的水泥砂浆,再用小石块、石片塞入其中轻轻敲实。禁止先塞小石块后灌浆的办法,以免造成干缝和灌不到的空隙。

砌中间层时,要做到石块上下错缝。砌时要先试摆合适,再铺灰坐浆砌好。石块如有不稳应垫塞一些石片,石片要平、薄,垫后必须平稳牢靠。砌时上下皮石间一定要有拉结石,亦称过墙石,把内外层石块拉合成整体。拉结石长度应大于墙厚的2/3,在立面上看时呈梅花形,上下左右错开。

毛石的转角处和交接处要同时砌筑,如不能同时砌筑,则应留成大踏步槎。

当大放脚收台结束、需砌正墙毛石时,该台阶面要用水泥砂浆和小石块大致找平,便于上面基础正墙的砌筑。

毛石墙中预留的洞应事先留出,禁止事后敲凿,以免松动破坏墙体。凡有变形缝处,缝中不能掉入小石块、砂浆造成堵缝。

砌完后应用小抿子取砂浆把石缝嵌填密实。最后全面检查无误,将龙门板上的轴线、标高返到基墙。其他如检查隐蔽办手续、进行回填土均同砖基础。

五、独立砖石基础施工

独立砖石基础和前面介绍的条形基础施工,其方法和步骤没有什么不同,应注意的是:

(1)各独立基础必须在纵向一条轴线上,用龙门板控制,防止造成一列柱歪进、突出的状况;横轴线间的尺寸,在砌基础时要经常检查,防止开间尺寸误差太大。

(2)大放脚的收退是四边向中间收退。必须按图纸尺寸收退准确,防止偏心歪扭。

(3)各独立柱基的台顶标高应在一个水平面上。完成后应进行检查,标高错的应返工修正。

(4)基础完成后,轴线应从两个方向返至基础台上。

六、应注意的质量要求

(1)基础为承载上部全部荷重的中介结构,因此砖的强度必须保证。如过火砖烧得很结实,但外观上颜色不好看,在基础中完全可以用。不是碎砖、断砖坏得很严重的,只要是棱角稍坏也可以用,关键是强度要有保证。同时砂浆强度一定要保证,其配合比(计量、称量)要准确。目前有些工程中出现的试块强度合格,而实际砌体上的砂浆粉疏,或外观上水泥砂浆色泽不够,抠动时会松落,实际是偷工减料,严重犯规,甚至可以说是犯罪。所以施工中对砂浆的拌制使用必须严加管理、监控。

(2)防止基础墙身位移过大。规范规定的轴线偏移:砖基础不大于 10 mm;毛石基础不大于 20 mm;因此收退完后,砌正墙一定要在龙门板上拉线测准后再砌。

(3)皮数杆应立在同一标高线上,否则会造成基础墙顶不交圈。因此施工前验收放线及抄平很重要。皮数杆生根一定要牢靠,钉杆的木桩一定要事先浇在垫层中,这样钉上去的皮数杆才不会移动。

(4)留槎应符合要求,即符合规范规定。基础中最好内外基础墙一起砌,不留槎。如要留槎一定要留斜槎(踏步槎),毛石基础留台阶槎。不允许留直槎,这种通病目前仍有发现,施工人员必须注意纠正。

(5)应防止上下皮砖或上下层石块的竖直灰缝通缝。通缝使砌体的整体性得不到保证。因此在排砖时要合理,每皮砖的头缝要均匀,这样可以防止上下缝通缝。凡有四皮砖通缝共三处就是不合格。这点施工员必须明确,心中有数。

(6)还有其他质量上应注意的事项,如拉结钢筋、预埋件不能遗漏,位置要准确;抹防潮层时基层砖面要清干净,浇水湿润,抹面的标高要量准;防水粉掺量不能超过,否则会裂碎;抹压时要用力均匀,适当压实不起壳、不裂缝。

(7)基础的质量标准分为保证项目、基本项目、允许偏差项目。这在国家质量评定标准上都有规定。施工员应很好学习掌握。

第二节　钢筋混凝土基础施工技术

一、钢筋混凝土独立基础施工

1. 独立基础构造

钢筋混凝土独立基础按其构造型式,可分为现浇柱锥形基础、阶梯形基础和预制柱杯口基础。杯口基础又可分为单肢柱和双肢柱杯口基础、低杯口和高杯口基础。

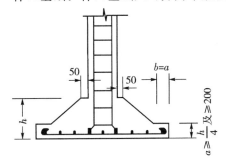

图 5-4　现浇柱锥形基础构造

(1)现浇柱锥形基础。锥形基础的构造型式,如图 5-4 所示。基础下面通常设有低强度等级(C7.5～C10)素混凝土垫层,垫层厚度为 100 mm,基础边缘的高度不宜小于200 mm。当基础高度在900 mm 以内时,插筋应伸至基础底部的钢筋网,并在端部做成直弯钩;当基石伸出高度较大时,位于柱子四角的插筋应伸至底部,其余的插筋只需伸入基础达到锚固长度即可。插筋长度范围内均应设置箍筋。基础混凝土强度等级不低于 C15。受力钢筋直径不宜小于 $\phi 8$ mm,间距不宜大于 200 mm。当有垫层时,钢筋保护层厚度不宜小于 35 mm,无垫层时不宜小于 70 mm。基础顶面每边从柱子边缘放出不小于 50 mm,以便柱子支模。

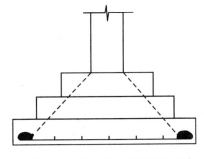

图 5-5　现浇柱阶梯形基础构造

(2)现浇阶梯形基础。阶梯形基础的构造,如图 5-5所示。基础的每个台阶一般为 300～500 mm。基础高度 $h \leqslant 350$ mm 时,用一阶;当 350 mm$<h \leqslant$ 900 mm时,用二阶;当$h>900$ mm 时,用三阶。阶梯尺寸宜用整数,一般在水平及垂直方向均用 50 mm 的倍数。其他构造要求与锥形基础相同。

(3)预制柱杯口基础。预制钢筋混凝土柱杯口基础的构造,如图 5-6 所示。

①柱的插入深度可按表 5-2 选用,并应满足锚固长度的要求和吊装时柱的稳定性,即不小于吊装时柱长的 0.05 倍。

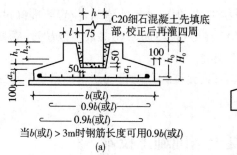 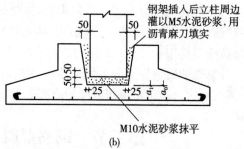

图 5-6　预制柱杯口基础构造

(a)刚接杯形基础;(b)铰接杯形基础

表 5-2　柱的插入深度 h_1 (mm)

矩 形 或 工 字 形 柱				单肢管柱	双肢柱
$h<500$	$500{\leqslant}h<800$	$800{\leqslant}h<1000$	$h>1000$		
$(1{\sim}1.2)h$	h	$0.9h{\geqslant}800$	$0.8h{\geqslant}1000$	$1.5d{\geqslant}500$	$(1/3{\sim}2/3)h_a$ $(1.5{\sim}1.8)h_b$

注:①h 为柱截面长边尺寸,d 为管柱的外直径,h_a 为双肢柱整个截面长边尺寸,h_b 为肢柱整个截面的短边尺寸。
　　②柱轴心受压或小偏心受压时,h_1 可适当减小,偏心距大于 $2h$(或 $2d$)时,h_1 应适当加大

②基础的杯底厚度和杯壁厚度可按表 5-3 选用。

表 5-3　基础的杯底厚度和杯壁厚度

柱截面长边尺寸 h(mm)	杯底厚度 a_1(mm)	杯壁厚度 t(mm)
$h<500$	$\geqslant150$	$150{\sim}200$
$500{\leqslant}h<800$	$\geqslant200$	$\geqslant200$
$800{\leqslant}h<1000$	$\geqslant200$	$\geqslant300$
$1000{\leqslant}h<1500$	$\geqslant250$	$\geqslant350$
$1500{\leqslant}h<2000$	$\geqslant300$	$\geqslant400$

注:①双肢柱的杯底厚度值,可适当加大;
　　②当有基础梁时,基础梁下的杯壁厚度,应满足其支承宽度的要求;
　　③柱子插入杯口部分的表面凿毛,柱子与杯口之间的空隙,应用比基础混凝土强度等级高一级的细石混凝土充填密实,当达到材料设计强度的 70% 以上时,方能进行上部吊装

③在柱为轴心或小偏心受压且 $\dfrac{t}{h_2}{\geqslant}0.65$ 时,或大偏心受压且 $\dfrac{t}{h_2}{\geqslant}0.75$ 时,杯壁可不配筋;当柱为轴心或小偏心受压且 $0.5{\leqslant}\dfrac{t}{h_2}<0.65$ 时,杯壁可按表 5-4 构造配筋;其他情况下,应按计算配筋,其配筋焊成网片或现场绑扎,如图 5-7。

表 5-4 杯壁构造配筋

柱截面长边尺寸(mm)	$h<1000$	$1000{\leqslant}h<1500$	$1500{\leqslant}h{\leqslant}2000$
钢筋直径(mm)	8~10	10~12	12~16

注:表中钢筋置于杯口顶部,每边两根

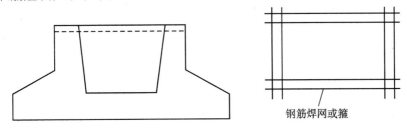

钢筋焊网或箍

图 5-7 杯壁上口配筋示意

④对于高杯口基础,柱的插入深度应符合杯口基础的要求,当满足下列要求时,其杯壁配筋可按图 5-8 所示构造要求进行。

a.吊车在 75t 以下,轨顶标高在 14m 以下,基本风压小于 0.5kPa 的工业厂房;

b.基础短柱的高度不大于 5m;

c.杯壁厚度应符合表 5-5 的规定。

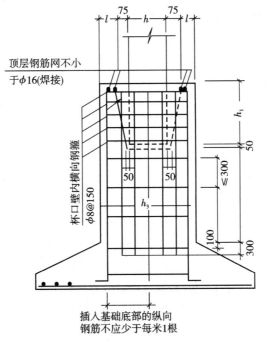

图 5-8 高杯口基础构造配筋示意

表 5-5 高杯口基础的杯壁厚度 t

h(mm)	t(mm)
600<h≤800	≥250
800<h≤1000	≥300
1000<h≤1400	≥350
1400<h≤1600	≥400

2. 独立基础施工

(1)现浇柱基础施工。

①在混凝土浇灌前应先进行验槽,轴线、基坑尺寸和土质应符合设计规定。坑内浮土、积水、淤泥、杂物应清除干净。局部软弱土层应挖去,用灰土或沙砾回填并夯实至与基底相平。

②在基坑验槽后应立即浇灌垫层混凝土,以保护地基,混凝土宜用表面振动器进行振捣,要求表面平整。当垫层达到一定强度后,在其上弹线、支模、铺放钢筋网片,底部用与混凝土保护层同厚度的水泥砂浆块垫塞,以保证钢筋位置正确。

③在基础混凝土浇灌前,应将模板和钢筋上的垃圾、泥土和油污等杂物清除干净;对模板的缝隙和孔洞应予堵严;木模板表面要浇水湿润,但不得积水。对于锥形基础,应注意锥体斜面坡度的正确,斜面部分的模板应随混凝土浇捣分段支设并顶压紧,以防模板上浮变形,边角处的混凝土必须注意捣实。严禁斜面部分不支模,用铁锹拍实。

④基础混凝土宜分层连续浇灌完成。对于阶梯形基础,每个台阶高度内应整分浇捣层,每浇完一台阶应停 0.5~1.0 h,以便使混凝土获得初步沉实,再浇灌上层。每一台阶浇完,表面应基本抹平。

⑤基础上有插筋时,要将插筋加以固定以保证其位置的正确,以防浇捣混凝土时产生位移。

⑥基础混凝土浇灌完,应用草帘等覆盖并浇水加以养护。

(2)预制柱杯口基础施工。预制柱杯口基础的施工,除按上述施工要求外,还应注意以下几点:

①杯口模板可采用木模板或钢定型模板,可做成整体的,也可做成两半形式,中间各加楔形板一块,拆模时,先取出楔形板,然后分别将两半杯口模取出。为拆模方便,杯口模外可包一层薄铁皮。支模时杯口模板要固定牢固并压浆。

②按台阶分层浇灌混凝土。对高杯口基础的高台阶部分,按整段分层浇灌混凝土。

③由于杯口模板仅在上端固定,浇捣混凝土时,应四周对称均匀进行,避免将杯口模板挤向一侧。

④杯口基础一般在杯底均留有 50 mm 厚的细石混凝土找平层,在浇灌基础混凝土时要仔细留出。基础浇捣完,在混凝土初凝后终凝前用倒链将杯口模板取出,并将杯口内侧表面混凝土凿毛。

⑤在浇灌高杯口基础混凝土时,由于其最上一台阶较高,施工不方便,可采用后安装杯口模板的方法施工。也就是说,当混凝土浇捣接近杯口底时,再安装杯口模板,然后浇灌杯口混凝土。

二、钢筋混凝土条形基础施工

1. 条形基础构造

(1)墙下条形基础的构造。墙下条形基础的构造,如图 5-9 所示。受力钢筋按计算确定,并沿宽度方向布置,间距应小于或等于 200 mm,但不宜小于 100 mm,条形基础一般不配弯筋。沿基础纵向设置分布筋,直径一般为 $\phi6\,mm \sim \phi8\,mm$,间距为 $250 \sim 300\,mm$,置于受力筋上面。另外,为增加基础抵抗不均匀沉降的能力,沿纵向可加设肋梁,并按构造配筋。

钢筋混凝土墙下条形基础所用混凝土强度等级应不低于 C15。

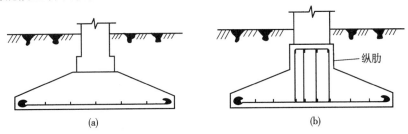

(a)   (b)

图 5-9 钢筋混凝土墙下条形基础

(a)板式条形基础;(b)带肋的板式条形基础

(2)柱下条形基础的构造。柱下条形基础构造如图 5-10 所示。其截面一般为倒 T形,底板伸出部分称为翼板,中间部分称为肋梁。翼板厚度 h 不宜小于 200 mm,当 h 为 $200 \sim 250\,mm$ 时,翼板可做成等厚度;当 h 大于 250 mm 时,可做成坡度小于或等于 1∶3

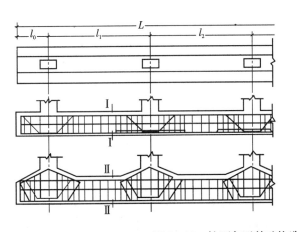

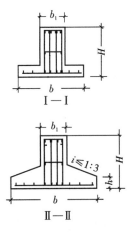

图 5-10 柱下条形基础构造

的变厚度板。肋梁的高度按计算确定,一般可取 1/8～1/4 柱距。翼板的宽度 b 按地基承载力计算确定,肋梁宽 b_1 应比该方向柱截面稍大些。为调整底面形心位置减少端部基底压力,可挑出悬臂,在基础平面布置允许的条件下,其长度宜小于第一跨距的 1/4～1/3。

基础肋梁的纵向受力钢筋按内力计算确定,一般按上下双层配置,直径不小于 10 mm,配筋率不宜小于 0.15％。梁底纵向受拉主筋通常配置 2～4 根,且其面积不应少于纵向钢筋总面积的 1/3,弯起筋及箍筋按弯矩及剪力图配置。翼板受力筋按计算配置,直径不小于10 mm,间距为 100～200 mm。箍筋直径为 $\phi6$ mm～$\phi8$ mm,在距支座轴线 0.25～0.30l(l 为柱距)范围内箍筋应加密布置,当肋宽 $b \leqslant 350$ mm 时用双肢箍;当 350 mm$< b \leqslant 800$ mm 时用 4 肢箍;当 $b > 800$ mm 时用 6 肢箍。

混凝土等级一般用 C20;素混凝土垫层一般用 C7.5,厚度不小于 75 mm。

2. 条形基础施工

(1)在混凝土浇灌前应先行验槽,基坑尺寸应符合设计要求,对局部软弱土层应挖去,用灰土或沙砾回填夯实与基底相平。

在地基或基土上浇筑混凝土时,应清除淤泥和杂物,并应有排水和防水措施。对干燥的黏性土,应用水湿润;对未风化的岩石,应用水清洗,但其表面不得留有积水。

(2)垫层混凝土在验槽后应立即浇灌,以保护地基。当垫层素混凝土达到一定强度后,在其上弹线、支模、铺放钢筋。

(3)钢筋上的泥土、油污,模板内的垃圾、杂物应清除干净。木模板应浇水湿润,缝隙应堵严,基坑积水应排除干净。

(4)混凝土自高处倾落时,其自由倾落高度不宜超过 2 m,如高度超过 2 m,应设料斗、漏斗、串筒、斜槽、溜管,以防止混凝土产生分层离析。

(5)混凝土宜分段分层灌筑,每层厚度应符合表 5-6 的规定。各段各层间应互相衔接,每段长 2～3 m,使逐段逐层呈阶梯形推进,并注意先使混凝土充满模板边角,然后浇灌中间部分。

表 5-6　混凝土灌筑层的厚度

捣实混凝土的方法	灌筑层的厚度(mm)
插入式振捣	振动器作用部分长度的 1.25 倍
表面振捣	200
人工捣固:	
①在基础、无筋混凝土或配筋稀疏的结构中	250
②在配筋密列的结构中	150
轻骨料混凝土:	
①插入式振捣	300
②表面振捣(振动时需加荷)	200

(6)混凝土应连续浇灌,以保证结构良好的整体性,如必须间歇,间歇时间不应超过

表5-7的规定。如时间超过规定,应设置施工缝,并应待混凝土的抗压强度达到 1.2N/mm²以上时,才允许继续灌筑,以免已浇筑的混凝土结构因振动而受到破坏。施工缝处在继续浇筑混凝土前,应将接槎处混凝土表面的水泥薄膜(约1mm)和松动石子或软弱混凝土清除,并用水冲洗干净,充分湿润,且不得积水,然后铺15～25mm厚的水泥砂浆或先灌一层减半石子混凝土,或在立面涂刷1mm厚的水泥浆,再正式继续浇筑混凝土,并仔细捣实,使其紧密结合。

表5-7　浇筑混凝土的允许间歇最长时间(min)

混凝土强度等级	气　温　(℃)	
	不高于25	高于25
不高于C30	210	180
高于C30	180	150

注:① 本表数值包括混凝土的运输和浇筑时间。
　　② 当混凝土中掺有促凝和缓凝型外加剂时,其允许时间应根据试验结果确定

三、片筏式钢筋混凝土基础施工

1. 片筏式基础概述

片筏式钢筋混凝土基础由底板、梁等整体组成。当上部结构荷载较大、地基承载力较低时,可以采用片筏基础。片筏基础在外形和构造上像倒置的钢筋混凝土楼盖,分为梁板式和平板式两种,如图5-11所示。前者用于荷载较大的情况,后者一般用于荷载不大、柱网较均匀且间距较小的情况。片筏基础不仅能减少地基土的单位面积压力,提高地基承载力,还能增强基础的整体刚度,调整不均匀沉降,在多层和高层建筑中被广泛采用。

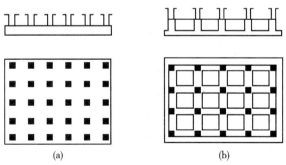

图5-11　片筏式基础
(a)平板式;(b)梁板式

2. 片筏式基础构造

(1)片筏基础平面应大致对称,尽量减少基础所受的偏心力矩,并采取措施减少不均匀基底反力(如减小柱荷载差或适当设置悬臂筏板等)。

（2）一般宜设 100 mm 厚 C10 混凝土垫层，每边超出基础底板不小于 100 mm。

（3）底板厚度不宜小于 200 mm，一般取 200～400 mm。梁截面按计算确定，高出底板的顶面，一般不小于 300 mm，梁宽不小于 250 mm。

（4）片筏基础配筋应由计算确定，按双向配筋，宜用Ⅰ、Ⅱ级钢筋。

①平板式片筏基础，按柱上板带和跨中板带分别计算配筋。

②梁板式片筏基础，在用四周嵌固双向板计算跨中和支座弯矩时，应适当予以折减。配筋除满足上述要求计算外，纵横方向支座配筋尚应有 0.15％配筋率连通。跨中钢筋按实际配筋全部连通。分布钢筋在板厚 $h \leqslant 250$ mm 时，取 $\phi 8@250$；$h > 250$ mm 时，取 $\phi 10@200$。

③切墙下片筏基础，适用于筑有人工垫层的软弱地基及具有硬壳层的比较均匀的软土地基上，建造 6 层及 6 层以下横墙较密集的民用建筑。墙下片筏基础一般为等厚度的钢筋混凝土平板。对地下水位以下的地下片筏基础，必须考虑混凝土的抗渗等级。

（5）浇筑片筏基础的混凝土强度等级不宜低于 C20，钢筋保护层厚度不宜小于 35 mm。

3. 片筏式基础施工

（1）基坑开挖时，若地下水位较高，应采取人工降低地下水位法使地下水位降至基坑底下少于 500 mm，保证基坑在无水情况下进行开挖和本体施工。

（2）片筏基础浇筑前，应清扫基坑、支设模板、铺设钢筋。木模板要浇水湿润，钢模板面要涂隔离剂。

（3）混凝土浇筑方向应平行于次梁长度方向，对于平板式片筏基础则应平行于基础长边方向。

（4）混凝土应一次浇灌完成，若不能整体浇灌完成，则应留设垂直施工缝，并用木板挡住。施工缝留设位置：当平行于次梁长度方向浇筑时，应留在次梁中部 1/3 跨度范围内；对平板式可留设在任何位置，但施工缝应平行于底板短边且不应在柱脚范围内，如图 5-12 所示。在施工缝处继续浇灌混凝土时，应将施工缝表面清扫干净，清除水泥薄层和松动石子等，并浇水湿润，铺上一层水泥浆或与混凝土成分相同的水泥砂浆，再继续浇筑混凝土。

对于梁板式片筏基础，梁高出底板部分应分层浇筑，每层浇灌厚度不宜超过 200 mm。当底板上或梁上有立柱时，混凝土应浇筑到柱脚顶面，留设水平施工缝，并预埋连接立柱的插筋。水平施工缝的处理与垂直施工缝相同。

（5）混凝土浇灌完毕，在基础表面应覆盖草帘和洒水养护。待混凝土强度达到设计强度的 25％以上时，即可拆除梁的侧模。

（6）当混凝土基础达到设计强度的 30％时，应进行基坑回填。基坑回填应在四周同时进行，并按基底排水方向由高到低分层进行。

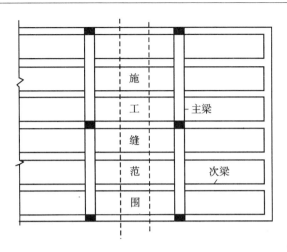

图 5-12 片筏基础施工缝位置

四、箱形基础施工

1. 箱形基础概述

箱形基础主要是由钢筋混凝土底板、顶板、侧墙及一定数量纵横墙构成的封闭箱体，如图 5-13 所示。它是多层和高层建筑中广泛采用的一种基础形式，以承受上部结构荷载，并把它传递给地基。箱形基础中部可在内隔墙开门洞作地下室。这种基础整体性和刚度都好，调整不均匀沉降的能力及抗震能力较强，可消除因地基变形使建筑物开裂的可能性。它适用于软土地基，在非软土地基出于人防、抗震考虑和设置地下室时，也常采用箱形基础。

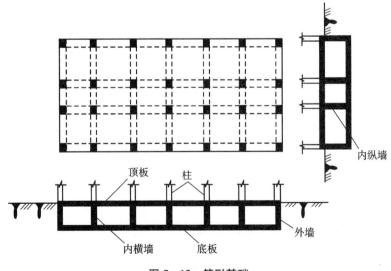

图 5-13 箱形基础

2. 箱形基础构造要求

(1)箱形基础的底面形心应尽可能与上部结构竖向静荷载重心相重合,也即平面布置上应尽可能地对称,以减少荷载的偏心距。偏心距 ρ 一般按下式计算:

$$\rho = \frac{W}{F} \times 10\% \qquad (5-1)$$

式中 W——基础底面积抵抗矩(m^3);

F——基础底面积(m^2)。

(2)箱形基础的高度是指底板底面到顶板顶面的外包尺寸,一般取建筑物高度的 $1/8 \sim 1/12$,也不宜小于箱形基础长度的 $1/8$,且应不小于 3 m。

(3)箱形基础的外墙沿建筑物四周布置,内墙一般沿上部结构柱网和剪力墙纵横均匀布置。墙体的厚度应根据实际受力情况确定,外墙不应小于 250 mm,一般为 $250 \sim 400$ mm;内墙不宜小于 200 mm,一般为 $200 \sim 300$ mm。

(4)箱形基础的底板、顶板的厚度应满足柱或墙冲切验算要求,根据实际受力情况计算确定。底板厚度一般不宜小于 300 mm,顶板厚度一般不宜小于 200 mm。

(5)为保证箱形基础的整体刚度,对其墙体的数量应有一定的限制,即平均每平方米基础面积上墙体长度不得小于 400 mm,或墙体水平截面积不得小于基础面积的 1/10,其中纵墙配置不得小于墙体总配置量的 3/5。

(6)底板、顶板及内、外墙的钢筋按计算确定。底板、顶板配筋不宜小于 $\phi 14@200$。墙体一般采用双面配筋,横、竖向钢筋一般不宜小于 $\phi 10@200$,除上部为剪力墙外,内、外墙的墙顶宜配置两根不小于 $\phi 20$ 的钢筋。

(7)箱形基础混凝土强度等级不应低于 C20,抗渗等级不宜低于 0.6 MPa。

3. 箱形基础施工

箱形基础深基坑开挖工程应在认真研究建筑场地工程地质和水文地质资料的基础上进行施工组织设计。施工操作必须遵照有关规范执行。

(1)箱基施工中,首先一环是基坑开挖。基坑开挖应验算边坡稳定性,并注意对基坑邻近建筑物的影响。验算时,应考虑坡顶堆载、地表积水和邻近建筑物影响等不利因素,必要时要采取支护。过去支护结构常用钢板桩或槽钢打入土中一定深度或设置围图,由立柱、挡板构成一个体系替代钢板桩和槽钢的支护。现在常采用地下连续墙作为支护结构,还有采用深层搅拌桩或钻孔桩组成排桩式的挡墙作为支护,常用在埋置相对浅一些的箱基基坑中。

(2)基坑开挖如有地下水,应采用明沟排水或井点降水等方法,保持作业现场的干燥。当地下水量很丰富、地下水位很高,且基坑土质为粉砂、细砂、亚黏土等时,采用明沟排水易造成流沙或涌土,甚至使边坡坍塌、基坑周围地面下沉等严重后果。此时宜采用井点降水措施。

井点类型的选择、井点系统的布置及深度、间距、滤层质量和机械配套等关键问题应符合规定,并宜设置水位降低观测孔。在箱形基础基坑开挖前地下水位应降至设计坑底标高以下至少 500 mm。停止降水时应验算箱形基础的抗浮稳定性。地下水对箱形基础的浮力,不考虑折减,抗浮安全系数宜取 1.2。停止降水阶段的抗浮力包括已建成的箱形基础自重、当时的上层结构净重以及箱基上的施工材料堆重。水浮力应考虑相应施工阶段期间的最高地下水位,当不能满足时,必须采取有效措施。

(3)箱基的基底是直接承受全部建筑物的荷载,必须是土质良好的持力层。因此要保护好地基土的原状结构,尽可能不要扰动它。在采用机械挖土时,应根据土的软硬程度,在基坑底面设计标高以上,保留 200～400 mm 厚的土层,采用人工挖除。基坑不得长期暴露,更不得积水。在基坑验槽后,应立即进行基础施工。

(4)箱形基础的底板、顶板及内外墙的支模和浇筑,可采用内外墙和顶板分次支模浇筑方法施工。外墙接缝应设榫接或设止水带。

(5)箱基的底板、顶板及内外墙宜连续浇灌完毕。对于大型箱基工程,当基础长度超过 40 m 时,宜设置一道不小于 700 mm 的后浇带,以防产生温度收缩裂缝。后浇带应设置在柱距三等分的中间范围内,宜四周兜底贯通顶板、底板及墙板。后浇带的施工须待顶板浇捣后至少两周以上,使用比原设计强度等级提高一级的混凝土。在混凝土继续浇筑前,应将施工缝及后浇带的混凝土表面凿毛,清除杂物,表面冲洗干净,注意接浆质量,然后浇筑混凝土,并加强养护。

(6)箱基底板的厚度,一般都超过 1.0 m,其整个箱基的混凝土体积常在数千立方。因此,箱形基础的混凝土浇筑属于大体积钢筋混凝土的浇灌问题。由于混凝土体积大,浇筑时积聚在内部的水泥水化热不易散发,混凝土内部的温度将显著上升,产生较大的温度变化和收缩作用,导致混凝土产生表面裂缝和贯穿性或深进裂缝,影响结构的整体性、耐久性和防水性,影响正常使用。对大体积混凝土,在施工前要经过一定的理论计算,采取有效的技术措施,以防止温差对结构的破坏。

一般采用的措施有:

①对混凝土结构进行温度应力计算,用以决定是否可以分块浇捣,以减少混凝土的收缩徐变内应力。

②采用水化热较低的矿渣硅酸盐水泥和掺磨细粉煤灰掺和料,以减少水泥水化热、增加和易性及减少泌水性。

③加强混凝土表面的保温养护,延缓降温速度,控制混凝土内外温差。

④降低混凝土的入仓温度。

⑤在应力集中部位设置变形缝。

五、打入式预置桩施工技术

1. 施工准备

(1)整平场地,清除桩基范围内的高空、地面、地下障碍物;架空高压线距打桩架不得小于10 m;修设桩机进出、行走道路,做好排水措施。

（2）按图纸布置进行测量放线，定出桩基轴线，先定出中心，再引出两侧，并将桩的准确位置测设到地面，每一个桩位打一个小木桩；并测出每个桩位的实际标高，场地外设2～3个水准点，以便随时检查之用。

（3）检查桩的质量，将需用的桩按平面布置图堆放在打桩机附近，不合格的桩不能运至打桩现场。

（4）检查打桩机设备及起重工具；铺设水电管网，进行设备架空组装和试打桩。在桩架上设置标尺或在桩的侧面画上标尺，以便能观测桩身入土深度。

（5）打桩场地建（构）筑物有防震要求时，应采取必要的防护措施。

（6）学习、熟悉桩基施工图纸，并进行会审；做好技术交底，特别是地质情况、设计要求、操作规程和安全措施的交底。

（7）准备好桩基工程沉桩记录和隐蔽工程验收记录表格，并安排好记录和监理人员等。

2. 打（沉）桩程序

（1）根据地基土质情况，桩基平面布置，桩的尺寸、密集程度、深度，桩的移动方便以及施工现场实际情况等因素确定，图5-14中(a)、(b)、(c)、(d)为几种打桩顺序对土体的挤密情况。当基坑不大时，打桩应逐排打设或从中间开始分头向周边或两边进行。

对于密集群桩，自中间向两个方向或向四周对称施打，当一侧毗邻建筑物时，由毗邻建筑物处向另一方向施打。当基坑较大时，应将基坑分为数段，而后在各段范围内分别进行[图5-14(e)、(f)、(g)]，但打桩应避免自外向内，或从周边向中间进行，以避免中间土体被挤密，桩难以打入，或虽勉强打入，但使邻桩侧移或上冒。

（2）对基础标高不一的桩，宜先深后浅，对不同规格的桩，宜先大后小，先长后短，可使土层挤密均匀，以防止位移或偏斜；在粉质黏土及黏土地区，应避免按一个方向进行，使土体一边挤压，造成入土深度不一，土体挤密程度不均，导致不均匀沉降。若桩距大于或等于4倍桩直径，则与打桩顺序无关。

3. 吊桩定位

打桩前，按设计要求进行桩定位放线，确定桩位，每根桩中心钉一小桩，并设置油漆标志；桩的吊立定位，一般利用桩架附设的起重钩借桩机上卷扬机吊桩就位，或配一台履带式起重机送桩就位，并用桩架上夹具或落下桩锤借桩帽固定位置。

4. 打（沉）桩方法

（1）打桩方法有锤击法、振动法及静力压桩法等，以锤击法应用最普遍。打桩时，应用导板夹具或桩箍将桩嵌固在桩架两导柱中，桩位置及垂直度经校正后，方可将锤连同桩帽压在桩顶，开始沉桩。桩锤、桩帽与桩身中心线要一致，如桩顶不平，应用厚纸垫平或用环氧树脂砂浆补抹平整。

（2）开始沉桩应起锤轻压并轻击数锤，观察桩身、桩架、桩锤等是否垂直一致，才可转入正常。桩插入时的垂直度偏差不得超过0.5%。

（3）打桩应用适合桩头尺寸之桩帽和弹性垫层，以缓和打桩的冲击。桩帽用钢板制

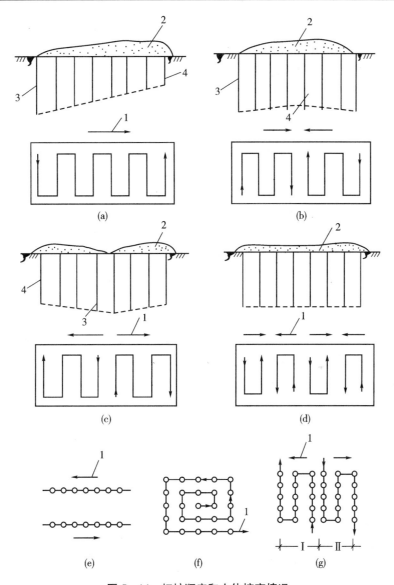

图 5-14　打桩顺序和土体挤密情况

(a)逐排单向打设；(b)两侧向中心打设；(c)中部向两侧打设；

(d)分段相对打设；(e)逐排打设；(f)自中部向边沿打设；(g)分段打设

1-打设方向；2-土的挤密情况；3-沉降量大；4-沉降量小

成，并用硬木或绳垫承托。落锤或打桩机垫木亦可用"尼龙 6"浇铸件（规格 ϕ260 mm×170 mm，重 10 kg），既经济又耐用，一个尼龙桩垫可打 600 根桩而不损坏。桩帽与桩周围的间隙应为 5～10 mm。桩帽与桩接触表面须平整，桩锤、桩帽与桩身应在同一直线上，以免沉桩产生偏移。桩锤本身带帽者，则只在桩顶护以绳垫、尼龙垫或木块。

（4）当桩顶标高较低，须送桩入土时，应用钢制送桩（图 5-15）放于桩头上，锤击送桩将桩送入土中。

振动沉桩与锤击沉桩法基本相同,是用振动箱代替桩锤,将桩头套入振动箱连固的桩帽上或用液压夹桩器夹紧,便可按照锤击法启动振动箱进行沉桩至设计要求的深度。

5.接桩形式和方法

混凝土预制长桩,受运输条件和打(沉)桩架高度限制,一般分成数节制作,分节打入,在现场接桩。常用接头方式有焊接、法兰接及硫黄胶泥锚接等几种(图5-16)。前两种可用于各类土层;硫黄胶泥锚接适用于软土层。焊接接桩,钢板宜用低碳钢,焊条宜用E43。焊接时应先将四角点焊固定,然后对称焊接,并确保焊缝质量和设计尺寸。法兰接桩,钢板和螺栓亦宜用低碳钢并紧固牢靠;硫黄胶泥锚接桩,使用的硫黄胶泥配合比应通过试验确定,其物理力学性能应符合表5-8的要求;其施工参考配合比见表5-9。硫黄胶泥锚接方法是将熔化的硫黄胶泥注满锚筋孔内并溢出桩面,然后迅速将上段桩对准落

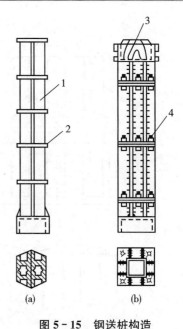

图5-15 钢送桩构造

(a)钢轨送桩;(b)钢板送桩

1-钢轨;2-15mm厚钢板箍;3-硬木垫;
4-连接螺栓

下,胶泥冷硬后,即可继续施打,比前几种接头形式接桩简便快速。锚接时应注意以下几点:①锚筋应刷清并调直;②锚筋孔内应有完好螺纹,无积水、杂物和油污;③接桩时接点的平面和锚筋孔内应灌满胶泥;灌筑时间不得超过2min;④灌筑后停歇时间应满足表5-10的要求;⑤胶泥试块每班不得少于一组。

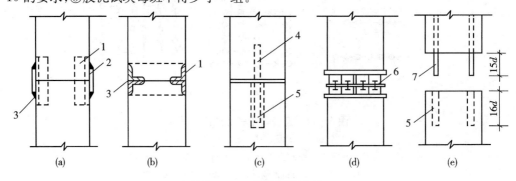

图5-16 桩的接头形式

(a)、(b)焊接接合;(c)管式接合;(d)管桩螺栓接合;(e)硫黄砂浆锚筋接合

1-角钢与主筋焊接;2-钢板;3-焊缝;4-预埋钢管;5-浆锚孔;

6-预埋法兰;7-预埋锚筋;d-锚栓直径

表5-8 硫黄胶泥的主要物理力学性能指标

项次	项 目	物 理 力 学 性 能 指 标
1	物理性能	(1)热变性:60℃以内强度无明显变化;120℃时变液态;140~145℃时密度最大且和易性最好;170℃时开始沸腾;超过180℃开始焦化,且遇明火即燃烧 (2)密度:2.28~3.32 t/m³ (3)吸水率:0.12%~0.24% (4)弹性模量:5×10⁵ kPa (5)耐酸性:常温下能耐盐酸、硫酸、磷酸、40%以下的硝酸、25%以下的铬酸、中等浓度乳酸和醋酸
2	力学性能	(1)抗拉强度:4 MPa (2)抗压强度:40 MPa (3)握裹强度:与螺纹钢筋为11 MPa;与螺纹孔混凝土为4 MPa (4)疲劳强度:对照混凝土的试验方法,当疲劳应力比值 P 为0.38时,疲劳修正系数>0.8

表5-9 硫黄胶泥的配合比及物理力学性能

配合比(重量比)							物 理 力 学 性 能						握裹强度(MPa)	
硫黄	水泥	石墨粉	粉砂	石英砂	聚硫胶	聚硫甲胶	密度(kg/m³)	吸水率(%)	弹性模量(MPa)	抗拉强度(MPa)	抗压强度(MPa)	抗折强度(MPa)	与螺纹钢筋	与螺纹孔混凝土
44	11	—	40	—	1	—	2280~2320	0.12~0.24	5×10⁴	4	40	10	11	4
60	—	5	34.3	—	—	0.7								

注:(1)热变性:在6℃以下不影响强度;热稳定性:92%;
(2)疲劳强度:取疲劳应力0.38,经200万次损失20%

表5-10 硫黄胶泥灌筑后的停歇时间

项次	桩截面(mm)	不同气温下的停歇时间(min)									
		0~10℃		11~20℃		21~30℃		31~40℃		41~50℃	
		打桩	压桩	打桩	压桩	打桩	压桩	打桩	压桩	打桩	压桩
1	400×400	6	4	8	5	10	7	13	9	17	12
2	450×450	10	6	12	7	14	9	17	11	21	14
3	500×500	13	/	15	/	18	/	21	/	24	/

6. 拔桩方法

当已打入的桩由于某种原因需拔出时,长桩可用拔桩机进行。一般桩可用人字桅杆借卷扬机拔起或钢丝绳捆紧桩头部,借横梁用液压千斤顶抬起;采用汽锤打桩可直接用蒸汽锤拔桩,将汽锤倒连在桩上,当锤的动程向上时,桩受到一个向上的力,即可将桩拔出。

7. 打(沉)桩的质量控制

(1)桩端(指桩的全截面)位于一般土层时,以控制桩端设计标高为主,贯入度可做参考。

(2)桩端达到坚硬、硬塑的黏性土,中密以上粉土、砂土、碎石类土、风化岩时,以贯入度控制为主,桩端标高可做参考。

(3)当贯入度已达到,而桩端标高未达到时,应继续锤击 3 阵,按每阵 10 击的贯入度不大于设计规定的数值加以确认。

(4)振动法沉桩是以振动箱代替桩锤,其质量控制是以最后 3 次振动(加压),每次 10 min 或 5 min,测出每分钟的平均贯入度,以不大于设计规定的数值为合格,而摩擦桩则以沉到设计要求的深度为合格。

8. 打(沉)桩控制贯入度的计算

打预制钢筋混凝土桩的设计质量控制,通常是以贯入度和设计标高两个指标来检验,打桩贯入度的检验,一般是以桩最后 10 击的平均贯入度应该小于或等于通过荷载试验(或设计规定)确定的控制数值,当无试验资料或设计无规定时,控制贯入度可以按以下动力公式计算:

$$S=\frac{nAQH}{mP(mP+nA)}\times\frac{Q+0.2q}{Q+q} \qquad (5-2)$$

式中　S——桩的控制贯入度(mm);

　　　Q——锤重力(N);

　　　H——锤击高度(mm);

　　　q——桩及桩帽重力(N);

　　　A——桩的横截面(mm^2);

　　　P——桩的安全(或设计)承载力(N);

　　　m——安全系数;对永久工程,$m=2$;对临时工程,$m=1.5$;

　　　n——与桩材料及桩垫有关的系数:钢筋混凝土桩用麻垫时,$n=1$;钢筋混凝土桩用橡木垫时,$n=1.5$;木桩加桩垫时,$n=0.8$;木桩不加垫时,$n=1.0$。

如已做静荷载试验,应该以桩的极限荷载 P_k(kN)代替公式中的 mP 值计算。

9. 打(沉)桩验收要求

(1)打(沉)入桩的桩位偏差按表 5-11 控制,桩顶标高的允许偏差为－50 mm＋10 mm;斜桩倾斜度的偏差不得大于倾斜角正切值的 15%(倾斜角系桩的纵向中心线与铅垂线间夹角)。

表 5-11　预制桩(PHC 桩、钢桩)桩位的允许偏差

项次	项　　目	允许偏差(mm)
1	盖有基础梁的桩： 1. 垂直基础梁的中心线 2. 沿基础梁的中心线	$100+0.01H$ $150+0.01H$
2	桩数为 1～3 根桩基中的桩	100
3	桩数为 4～6 根桩基中的桩	1/2 桩径或边长
4	桩数大于 16 根桩基中的桩： 1. 最外边的桩 2. 中间桩	1/3 桩径或边长 1/2 桩径或边长

注：H 为施工现场地面标高与桩顶设计标高的距离

(2)施工结束后应对承载力进行检查。桩的静荷载试验根数应不少于总桩数的 1%，且不少于 3 根；当总桩数少于 50 根时，应不少于 2 根；当施工区域地质条件单一、又有足够的实际经验时，可根据实际情况由设计人员酌情而定。

(3)桩身质量应进行检验，对多节打入桩不应少于桩总数的 15%，且每个柱子承台不得少于 1 根。

(4)由工厂生产的预制桩应逐根检查，工厂生产的钢筋笼应抽查总量的 10%，但不少于 5 根。

(5)现场预制成品桩时，应对原材料、钢筋骨架(表 5-12)、混凝土强度进行检查；采用工厂生产的成品桩时，进场后应做外观及尺寸检查，并应附相应的合格证、复验报告。

表 5-12　预制桩钢筋骨架质量检验标准

项　目	序	检　查　项　目	允许偏差或允许值		检查方法
			单位	数值	
主控项目	1	主筋距桩顶距离	mm	±5	用钢尺量
	2	多节桩锚固钢筋位置	mm	5	用钢尺量
	3	多节桩预埋铁件	mm	±3	用钢尺量
	4	主筋保护层厚度	mm	±5	用钢尺量
一般项目	1	主筋间距	mm	±5	用钢尺量
	2	桩尖中心线	mm	10	用钢尺量
	3	箍筋间距	mm	±20	用钢尺量
	4	桩顶钢筋网片	mm	±10	用钢尺量
	5	多节桩锚固筋长度	mm	±10	用钢尺量

(6)施工中应对桩体垂直度、沉桩情况、桩顶完整状况、桩顶质量等进行检查，对电焊接桩、重要工程应做 10% 的焊缝探伤检查。

(7)对长桩或总锤击数超过 500 击的锤击桩，必须满足桩体强度及 28 d 龄期的两项

条件才能锤击。

(8)施工结束后,应对承载力及桩体质量做检验。

(9)钢筋混凝土预制桩的质量检验标准见表 5-13。

表 5-13 钢筋混凝土预制桩的质量检验标准

项目	序	检 查 项 目	允许偏差或允许值		检 查 方 法
			单 位	数 值	
主控项目	1 2 3	桩体质量检验 桩位偏差 承载力	按基桩检测技术规范 见表 4-24 按基桩检测技术规范		按基桩检测技术规范 用钢尺量 按基桩检测技术规范
一般项目	1	砂、石、水泥、钢筋等原材料(现场预制时)	符合设计要求		查出厂质保文件或抽样送检
	2	混凝土配合比及强度(现场预制时)	符合设计要求		检查称量及查试块记录
	3	成品桩外形	表面平整,颜色均匀,掉角深度<10 mm,蜂窝面积小于总面积 0.5%		直观
	4	成品桩裂缝(收缩裂缝或起吊、装运、堆放引起的裂缝)	深度 < 20 mm,宽度<0.25 mm,横向裂缝不超过边长的一半		裂缝测定仪,在有地下水侵蚀地区及锤击数超过 500 击的长桩不适用
	5	成品桩尺寸:横截面边长 桩顶对角线差 桩尖中心线 桩身弯曲矢高 桩顶平整度	mm mm mm mm	±5 <10 <10 <1/1000l <2	用钢尺量 用钢尺量 用钢尺量 用钢尺量(l 为桩长) 水平尺量
	6	电焊接桩:焊缝质量 电焊结束后停歇时间 上下节平面偏差 节点弯曲矢高	min min	见相关表 >1.0 <10 <1/1000l	见相关表 秒表测定 用钢尺量 尺量(l 为两桩节长)
一般项目	7	硫黄水泥接桩: 胶泥浇筑时间 浇筑后停歇时间	min min	<2 >7	秒表测定 秒表测定
	8	桩顶标高	mm	±50	水准仪
	9	停锤标准	设计要求		现场实测或查沉桩记录

六、静力压桩施工

1. 机械静压桩施工

静压法沉桩是通过静力压桩机的压桩机构,以压桩机自重和桩机上的配重作反力而将预制钢筋混凝土桩分节压入地基土层中成桩。其特点是:桩机全部采用液压装置驱动,压力大,自动化程度高,纵横移动方便,运转灵活;桩定位精确,不易产生偏心,可提高桩基施工质量;施工无噪声、无振动、无污染;沉桩采用全液压夹持桩身向下施加压力,可避免锤击应力,打碎桩头,桩截面可以减小,混凝土强度等级可降低1~2级,配筋比锤击法可省40%;效率高,施工速度快,压桩速度每分钟可达2m,正常情况下每台班可完成15根,比锤击法可缩短工期1/3;压桩力能自动记录,可预估和验证单桩承载力,施工安全可靠,便于拆装维修、运输等。但存在压桩设备较笨重,要求边桩中心到已有建筑物间距较大,压桩力受一定限制,挤土效应仍然存在等问题。

适用于在软土、填土及一般黏性土层中应用,特别适合于居民稠密及危房附近环境保护要求严格的地区沉桩;但不宜用于地下有较多孤石、障碍物或有4m以上硬隔离层的情况。

(1)静压法沉桩机理。静压预制桩主要应用于软土、一般黏性土地基。在桩压入过程中,系以桩机本身的重量(包括配重)作为反作用力,以克服压桩过程中的桩侧摩阻力和桩端阻力。当预制桩在竖向静压力作用下沉入土中时,桩周土体发生急速而激烈的挤压,土中孔隙水压力急剧上升,土的抗剪强度大大降低,从而使桩身很快下沉。

(2)压桩机具设备。静/力压桩机分机械式和液压式两种。前者系用桩架、卷扬机、加压钢丝绳、滑轮组和活动压梁等部件组成,施压部分在桩顶端面,施加静压力为600~2 000 kN,这种桩机设备高大笨重,行走移动不便,压桩速度较慢,但装配费用较低,只有少数地区还在应用这种设备;后者由压拔装置、行走机构及起吊装置等组成(图5-17),采用液压操作,自动化程度高,结构紧凑,行走方便快速,施压部分不在桩顶面,而在桩身侧面,它是当前国内较广泛采用的一种新型压桩机械。

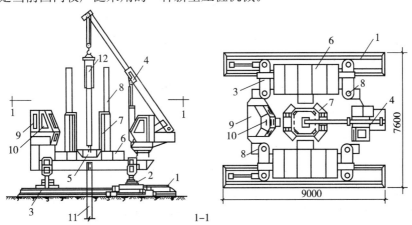

图5-17 全液压式静力压桩

1-长船行走机构;2-短船行走及回转机构;3-支腿式底盘结构;4-液压起重机;5-夹持与压拔装置;
6-配重铁块;7-导向架;8-液压系统;9-电控系统;10-操纵室;11-已压入下节桩;12-吊入上节桩

(3)施工工艺方法要点。

①静压预制桩的施工,一般都采取分段压入,逐段接长的方法。其施工程序为:测量定位→压桩机就位→吊桩、插桩→桩身对中调直→静压沉桩→接桩→再静压沉桩→送桩→终止压桩→切割桩头。静压预制桩施工前的准备工作、桩的制作、起吊、运输、堆放、施

工流水、测量放线、定位等均同锤击法打(沉)预制桩。

压桩的工艺程序如图 5-18。

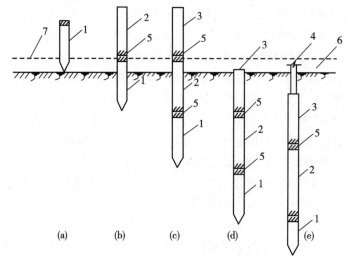

图 5-18 压桩工艺程序示意图

(a)准备压第一段桩;(b)接第二段桩;(c)接第三段桩;(d)整根桩压平至地面;(e)采用送接压桩完毕

1-第一段桩;2-第二段桩;3-第三段桩;4-送桩;5-桩接头处;6-地面线;7-压桩架操作平台线

②压桩时,桩机就位系利用行走装置完成,它是由横向行走(短向行走)和回转机构组成。把船体当作铺设的轨道,通过横向和纵向油缸的伸程和回程使桩机实现步履式的横向和纵向行走。当横向两油缸一只伸程,另一只回程,可使桩机实现小角度回转,这样可使桩机达到要求的位置。

③静压预制桩每节长度一般在 12 m 以内,插桩时先用起重机吊运或用汽车运至桩机附近,再利用桩机上自身设置的工作吊机将预制混凝土桩吊入夹持器中,夹持油缸将桩从侧面夹紧,即可开动压桩油缸,先将桩压入土中 1 m 左右后停止,调正桩在两个方向的垂直度后,压桩油缸继续伸程把桩压入土中,伸长完后,夹持油缸回程松夹,压桩油缸回程,重复上述动作可实现连续压桩操作,直至把桩压入预定深度土层中。在压桩过程中要认真记录桩入土深度和压力表读数的关系,以判断桩的质量及承载力。当压力表读数突然上升或下降时,要停机对照地质资料进行分析,判断是否遇到障碍物或产生断桩现象等。

④压桩应连续进行,如需接桩,可压至桩顶离地面 0.8～1.0 m 硫黄砂浆锚接,一般下部桩留 $\phi 50$ mm 锚孔,上部桩顶伸出锚筋,长 15～20 d,硫黄砂浆接桩材料和锚接方法同锤击法,但接桩时避免桩端停在砂土层上,以免再压桩时阻力增大压入困难。再用硫黄胶泥接桩间歇不宜过长(正常气温下为 10～18 min);接桩面应保持干净,浇筑时间不超过 2 min;上下桩中心线应对齐,节点矢高不得大于 1‰桩长。

⑤当压力表读数达到预先规定值时,便可停止压桩。如果桩顶接近地面,而压桩力

尚未达到规定值,可以送桩。静力压桩情况下,只需用一节长度超过要求送桩深度的桩,放在被送的桩顶上便可以送桩,不必采用专用的钢送桩。如果桩顶高出地面一段距离,而压桩力已达到规定值时则要截桩,以便压桩机移位。

⑥压桩应控制好终止条件,一般可按以下几个方面进行控制:

a. 对于摩擦桩,按照设计桩长进行控制,但在施工前应先按设计桩长试压几根桩,待停置 24 h 后,用与桩的设计极限承载力相等的终压力进行复压,如果桩在复压时几乎不动,即可以此进行控制。

b. 对于端承摩擦桩或摩擦端承桩,按终压力值进行控制:

(a)对于桩长大于 21 m 的端承摩擦桩,终压力值一般取桩的设计极限承载力。当桩周土为黏性土且灵敏度较高时,终压力可按设计极限承载力的 0.8~0.9 倍取值;

(b)当桩长小于 21 m,而大于 14 m 尺寸时,终压力按设计极限承载力的 1.1~1.4 倍取值;或桩的设计极限承载力取终压力值的 0.7~0.9 倍;

(c)当桩长小于 14 m 尺寸时,终压力按设计极限承载力的 1.4~1.6 倍取值;或设计极限承载力取终压力值 0.6~0.7 倍,其中对于小于 8 m 的超短桩,按 0.6 倍取值。

c. 超载压桩时,一般不宜采用满载连续复压法,但在必要时可以进行复压,复压的次数不宜超过 2 次,且每次稳压时间不宜超过 10 s。

(4)静力压桩常遇问题及防治、处理方法参见表 5-18。

表 5-18　静力压桩常遇问题及防治、处理方法

常遇问题	产 生 原 因	防治及处理方法
液压缸活塞动作迟缓（YZY 型压桩机）	1. 油压太低,液压缸内吸入空气 2. 液压油黏度过高 3. 滤油器或吸油管堵塞 4. 液压泵内泄漏,操纵阀内泄漏过大	提高溢流阀卸载压力;添加液压油使油箱油位达到规定高度;修复或更换吸油管;按说明书要求更换液压油;拆下清洗、疏通;检修或更换
压力表指示器不工作	1. 压力表开关未打开 2. 油路堵塞;压力表损坏	打开压力表开关;检查和清洗油路;更换压力表
桩压不下去	1. 桩端停在砂层中接桩,中途间断时间过长 2. 压桩机部分设备工作失灵,压桩停歇时间过长 3. 施工降水过低,土体中孔隙水排出,压桩时失去超静水压力的"润滑作用" 4. 桩尖碰到夹砂层,压桩阻力突然增大,甚至超过压桩机能力而使桩机上抬	避免桩端停在砂层中接桩;及时检查压桩设备;降水水位适当;以最大压桩力作用在桩顶,采取停车再开、忽停忽开的办法,使桩有可能缓慢下沉穿过砂层

常遇问题	产 生 原 因	防治及处理方法
桩达不到设计标高	1. 桩端持力层深度与勘察报告不符 2. 桩压至接近设计标高时过早停压,在补压时压不下去	变更设计桩长;改变过早停压的做法
桩架发生较大倾斜	压桩阻力超过压桩能力或者来不及调整平衡	立即停压并采取措施,调整,使保持平衡
桩身倾斜或位移	1. 桩不保持轴心受压 2. 上下节桩轴线不一致 3. 遇横向障碍物	及时调整;加强测量;障碍物不深时,可挖除回填后再压;歪斜较大时,可利用压桩油缸回程,将土中的桩拔出,回填后重新压桩

（5）质量控制。

①施工前应对成品桩做外观及强度检验,接桩用焊条或半成品硫黄胶泥应有产品合格证书,或送有关部门检验,压桩用压力表、锚杆规格及质量也应进行检查。硫黄胶泥半成品应每 100 kg 做一组试体（3 件）,进行强度试验。

②压桩过程中应检查压力、桩垂直度、接桩间歇时间、桩的连接质量及压入深度。主要工程应对电焊接桩的接头做 10% 的探伤检查。对承受反力的结构（对锚杆静压桩）加强观测。

③施工结束后,应做桩的承载力及桩体质量检验。

④静力压桩质量检验标准见表 5 - 19。

表 5 - 19　静力压桩质量检验标准

项目	序	检 查 项 目	允许偏差或允许值		检 查 方 法
			单位	数值	
主控项目	1 2 3	桩体质量检验 桩位偏差 承载力	按基桩检测技术规范		按基桩检测技术规范 用钢尺量 按基桩检测技术规范
一般项目	1	成品桩质量:外观 外形尺寸 强度	表面平整,颜色均匀,掉角深度 <10 mm,蜂窝面积小于总面积 0.5% 见相关表 满足设计要求		直观 见相关表 查出厂质保证明或钻芯试压
	2	硫黄胶泥质量(半成品)	设计要求		查出厂质保证明或抽样送检

续表

项	序	检 查 项 目	允许偏差或允许值		检 查 方 法
			单位	数值	
一般项目	3	接桩	电焊接桩:焊缝质量 电焊结束后停歇时间	见相关表		见相关表
				min	>1.0	秒表测定
		硫黄胶泥接桩:胶泥浇筑时间 浇筑后停歇时间	min	<2 >7	秒表测定 秒表测定
	4	电焊条质量	设计要求		查产品合格证书
	5	压桩压力(设计有要求时)	%	±5	查压力表读数
	6	接桩时上下节平面偏差 接桩时节点弯曲矢高	mm	<10 <1/1000	用钢尺量 l 尺量(l 为两节桩长)
	7	桩顶标高	mm	±50	水准仪

2. 锚杆静压桩施工

锚杆静力压桩法,是近年开发的一项地基加固新技术,在老厂或旧有建筑物改造、已有建筑物基础托换加固以及新建工程中得到较为广泛的应用,取得了良好的技术经济效益。

(1)基本原理与性能。锚杆静压法沉桩,系利用建(构)筑物的自重作为压载,先在基础上开凿出压桩孔和锚杆孔,然后埋设锚杆或在新建(构)筑物基础上预留压桩孔预埋钢锚杆,借锚杆反力,通过反力架,用液压压桩机将钢筋混凝土预制短桩逐段压入基础中开凿或预留的桩孔内,当压力 P_P 达到 1.5 Pa(P_P 为桩的设计承载力)和满足设计桩长时,便可认为满足设计要求,再将桩与基础连接在一起,卸去液压压桩机后,该桩便能立即承受上部荷载,从而可减少地基土的压力,及时阻止建(构)筑物继续产生不均匀沉降。

锚杆静压装置如图 5-19 所示;锚杆静力压桩时的力系平衡见图 5-20。

①抗拔锚杆的基本性能。锚杆的形式,新浇基础一般采用预埋爪式锚杆螺栓;在旧有基础上,采用先凿孔,后埋设带镦粗头的直杆螺栓;后埋式锚杆与混凝土基础的黏结一般采用环氧树脂或硫黄胶泥砂浆,经固化或冷却后,能承受压桩时很大的抗拔力;锚杆埋深 8~10d(d 为锚杆直径),端部镦粗或加焊钢筋箍,亦可采用螺栓锚杆。

②压桩阻力与单桩承载力。将桩压入土中时,要克服土体对桩的阻力 P_P,压桩阻力 P_P 由桩侧阻力和桩尖阻力两部分组成,可按下式计算:

$$P_P = U\sum h_i f_i + A g_i \tag{5-3}$$

式中 U——桩周长(m);

h_i——各土层的厚度(m);

f_i——各土层的桩侧阻力系数(kPa);

A——桩尖面积(m^2);

g_i——桩尖阻力系数(kPa)。

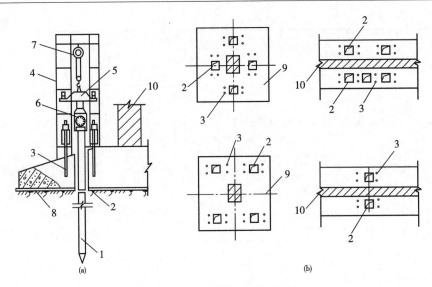

图 5-19　锚杆静压法沉桩装置

(a)静压桩装置;(b)压桩孔与锚杆孔位置

1-桩;2-压桩孔;3-锚杆;4-钢结构及反力架;5-活动横梁;6-千斤顶;7-电动葫芦;8-基础;9-柱基;10-砖墙

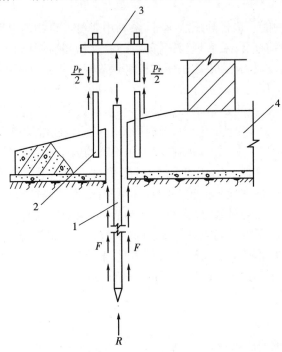

图 5-20　锚杆静压法沉桩时力系平衡简图

1-桩;2-锚杆;3-反力架;4-基础

R-桩尖阻力;F-桩侧阻力

在压桩过程中,由于挤土的作用,在桩周一定范围内出现重塑区,土的黏结力被破坏,土中超孔隙水压力增大,土的抗剪强度大大降低,故此桩侧阻力明显减小,利用此特性,能用较小的压桩力将桩压入比较深的土层中去,随着时间的推移,超孔积水压力逐渐消散,土体逐渐压密固结,抗剪强度也随之提高,土的结构强度得到恢复,桩的侧向阻力也明显增大。根据实践,当压桩力为 1.3～1.5 Pa 时,经三周后,黏土的单桩承载力得到明显恢复,其安全度 K 达到并可满足设计要求。

(2)特点及适用范围。锚杆静压桩的特点是:对于加固已沉裂、倾斜的建(构)筑物,可以使其迅速得到稳定,可在不停产、不搬迁的情况下进行基础托换加固;对于新建工程可与上部建筑同步施工,不占绝对工期;加固过程中无振动、无噪声、无环境污染,侧向挤压小;在压桩过程中可直接测得压桩力和桩的入土深度,可保证桩基质量;施工机具设备结构简单、轻便、移动灵活,操作技术易于掌握,可自行制造,可在狭小空间场地应用;锚杆静压法沉桩受力明确、简便,单桩承载力高(250～300 kN),加固效果显著;不用大型机具;施工快速(新建工程每台班可压桩 60～80 延长米),节省加固费用,做到现场文明施工。

适用于加固黏性土、淤泥质土、人工填土、黄土等地基,特别适用于建筑物加层,已沉裂、倾斜建(构)筑物的纠偏加固,老厂房技术改造柱基及设备基础的托换加固,新建工程先建房后压桩的工程。

第六章　砌筑工程施工技术

第一节　砖砌体的施工技术

一、施工工艺

砌砖施工通常包括抄平、放线、摆砖样、立皮数杆、挂准线、铺灰、砌砖等工序。如是清水墙,则还要进行勾缝。下面以房屋建筑砖墙砌筑为例,说明各工序的具体做法。

1. 抄平

砌砖墙前,先在基础面或楼面上按标准的水准点定出各层标高,并用水泥砂浆或细石混凝土找平。

2. 放线

建筑物底层墙身可按龙门板上轴线定位钉为准拉麻线,沿麻线挂下线锤,将墙身中心轴线放到基础面上,并据此墙身中心轴线为准弹出纵横墙身边线,并定出门窗洞口位置。为保证各楼层墙身轴线的重合,并与基础定位轴线一致,可利用预先引测在外墙面上的墙身中心轴线,借助于经纬仪把墙身中心轴线引测到楼层上去;或用线锤挂,对准外墙面上的墙身中心轴线,从而向上引测。轴线的引测是放线的关键,必须按图纸要求尺寸用钢皮尺进行校核。然后,按楼层墙身中心线,弹出各墙边线,划出门窗洞口位置。

砌筑基础前,应校核放线尺寸,允许偏差应符合表 6-1 的规定。

表 6-1　放线尺寸的允许偏差

长度 L、宽度 B(m)	允许偏差(mm)
L(或 B)≤30	±5
30<L(或 B)≤60	±10
60<L(或 B)≤90	±15
L(或 B)>90	±20

3. 摆砖样

按选定的组砌方法,在墙基顶面放线位置试摆砖样(生摆,即不铺灰),尽量使门窗垛符合砖的模数,偏差小时可通过竖缝调整,以减小斩砖数量,并保证砖及砖缝排列整齐、均匀,以提高砌砖效率。摆砖样在清水墙砌筑中尤为重要。

4. 立皮数杆

立皮数杆(图 6-1)可以控制每皮砖砌筑的竖向尺寸,并使铺灰、砌砖的厚度均匀,保证砖皮水平。皮数杆上划有每皮砖和灰缝的厚度,以及门窗洞、过梁、楼板等的标高。它立于墙的转角处,其基准标高用水准仪校正。如墙的长度很长,可每隔 10～20 m 再立一根。

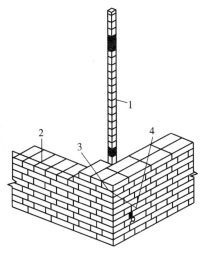

图 6-1　皮数杆

1-皮数杆;2-准线;3-竹片;4-圆铁钉

5.铺灰砌砖

铺灰砌砖的操作方法很多,与各地区的操作习惯、使用工具有关。常用的有满刀灰砌筑法(也称"提刀灰"),夹灰器、大铲铺灰及单手挤浆法,铺灰器、灰瓢铺灰及双手挤浆法。砌砖宜采用"三一砌筑法",即一铲灰、一块砖、一揉浆的砌筑方法。当采用铺浆法砌筑时,铺浆长度不得超过 750 mm;施工期间气温超过 30℃时,铺浆长度不得超过 500 mm。实心砖砌体大都采用一顺一顶、三顺一顶或梅花顶的组砌方法(图 6-2)。

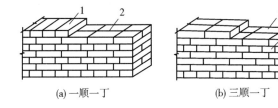 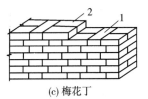

| (a)一顺一丁 | (b)三顺一丁 | (c)梅花丁 |

图 6-2　砖的组砌方法

1-丁砌砖块;2-顺砌砖块

砖砌体组砌方法应正确,上下错缝,内外搭砌,砖柱不得采用包心砌法。240 mm 厚承重墙的每层墙最上一皮砖或梁、梁垫下面,或砖砌体的台阶水平面上及挑出层,应整砖丁砌。多孔砖的孔洞应垂直于受压面砌筑。

砖砌通常先在墙角以皮数杆进行盘角,然后将准线挂在墙侧,作为墙身砌筑的依据,每砌一皮或两皮,准线向上移动一次。

设置钢筋混凝土构造柱的砌体,应按先砌墙后浇柱的施工程序进行。构造柱与墙体的连接处应砌成马牙槎,从每层柱脚开始、先退后进、每一马牙槎沿高度方向的尺寸不宜超过300 mm。沿墙高每500 mm 设2ϕ6 拉结钢筋,每边伸入墙内不宜小于1 m。预留伸出的拉结钢筋,不得在施工中任意反复弯折,如有歪斜、弯曲,在浇灌混凝土之前,应校正到准确位置并绑扎牢固(图6-3)。

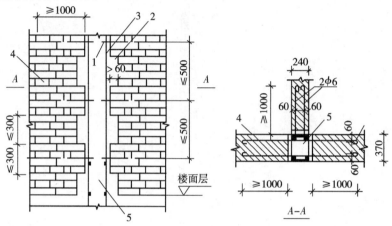

图6-3 构造柱与墙体的连接
1-拉结钢筋;2-马牙槎;3-构造柱钢筋;4-墙;5-构造柱

在浇灌砖砌体构造柱混凝土前,必须将砌体和模板浇水润湿,并将模板内的落地灰、砖碴和其他杂物清除干净。构造柱混凝土可分段浇灌,每段高度不宜大于2 m。在施工条件较好并能确保浇灌密实时,亦可每层浇灌一次。浇灌混凝土前,在结合面处先注入适量水泥砂浆(构造柱混凝土配比相同的去石子水泥砂浆),再浇灌混凝土。振捣时,振捣器应避免触碰砖墙,严禁通过砖墙传递振动。

填充墙、隔墙应分别采取措施与周边构件可靠连接。必须把预埋在柱中的拉结钢筋砌入墙内。拉结钢筋的规格、数量、间距、长度应符合设计要求。填充墙砌体留置的拉结钢筋或网片的位置应与块体皮数相符合。拉结钢筋或网片应置于灰缝中,竖向位置偏差不应超过一皮高度。

填充墙砌至接近梁、板底时,应留一定空隙,待填充墙砌筑完并应至少间隔7 d后,再采用侧砖、立砖或砌块斜砌挤紧,其倾斜度宜为60°左右。

二、砌筑质量要求

砌筑工程质量的基本要求是:横平竖直、砂浆饱满、灰缝均匀、上下错缝、内外搭砌、接槎牢固。

对砌砖工程,要求每一皮砖的灰缝横平竖直、厚薄均匀。由于砌体的重量主要通过砌体之间的水平灰缝传递到下面,水平灰缝不饱满往往会使砖块折断。为此规定实心砖砌体水平灰缝的砂浆饱满度不得低于80%。竖向灰缝的饱满程度将影响砌体抗透风和抗渗水的性能。竖向灰缝不得出现透明缝、瞎缝和假缝。水平缝厚度和竖缝宽度规定为

10mm±2mm,过厚的水平灰缝容易使砖块浮滑,墙身侧倾;过薄平灰缝会影响砌体之间的黏结能力。砖砌体的位置及垂直度允许偏差应符合表6-2的要求。

表6-2　砖砌体的位置及垂直度允许偏差

项　次	项　　目		允许偏差 (mm)	检验方法
1	轴线位置偏移		10	用经纬仪和尺检查或用其他测量仪器检查
2	垂直度	每　　层	5	用2m托线板检查
		全　高 ≤10m	10	用经纬仪、吊线和尺检查,或用其他测量仪器检查
		≥10m	20	

上下错缝是指砖砌体上下两皮砖的竖缝应当错开,以避免上下通缝。所谓通缝,是指砌体中,上下皮块材搭接长度小于规定数值的竖向灰缝。在垂直荷载作用下,砌体会由于"通缝"丧失整体性而影响砌体强度。同时,内外搭砌使同皮的里外砌体通过相邻上下皮的砖块搭砌而组砌得牢固。

"接槎"是相邻砌体不能同时砌筑而设置的临时间断,便于后砌砌体与先砌砌体间的接合。砖砌体的转角处和交接处应同时砌筑,严禁无可靠措施的内外墙分砌施工。对不能同时砌筑而又必须留置的临时间断处应砌成斜槎,斜槎水平投影长度不应小于高度的2/3。

非抗震设防及抗震设防烈度为6度、7度地区的临时间断处,当不能留斜槎时,除转角处外,可留直槎,但直槎必须做成凸槎。留直槎处应加设拉结钢筋,拉结钢筋的数量为每120mm墙厚放置1ϕ6拉结钢筋(120mm厚墙放置2ϕ6拉结钢筋),间距沿墙高不应超过500mm;埋入长度从留槎处算起每边均不应小于500mm,对抗震设防烈度为6度、7度的地区,不应小于1000mm;末端应有90°弯钩(图6-4)。

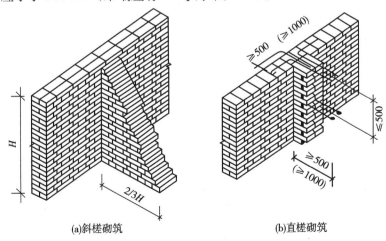

(a)斜槎砌筑　　　　　　　(b)直槎砌筑

图6-4　墙的接槎

为使接槎牢固,后面墙体施工前,必须将留设的接槎处表面清理干净,浇水湿润,并填实砂浆,保持灰缝平直。

砖墙或砖柱顶面尚未安装楼板或屋面板时,如有可能遇到大风,其允许自由高度不得超过表6-4的规定,否则应采取可靠的临时加固措施。

表6-4 墙和柱的允许自由高度

墙(柱)厚(mm)	墙和柱的允许自由高度(m)					
	砌体重度>1600 kg/m³			砌体重度>1300~1600 kg/m³		
	风载(kN/m²)			风载(kN/m²)		
	0.30(约7级风)	0.40(约8级风)	0.60(约9级风)	0.30(约7级风)	0.40(约8级风)	0.60(约9级风)
190	—	—	—	1.4	1.1	0.7
240	2.8	2.1	1.4	2.2	1.7	1.1
370	5.2	3.9	2.6	4.2	3.2	2.1
490	8.6	6.5	4.3	7.0	5.2	3.5
620	14.0	10.5	7.0	11.4	8.6	5.7

注:①本表适用于施工处标高(H)在10 m范围内的情况,如10 m<H≤15 m,15 m<H≤20 m时,表内的允许自由高度值应分别乘以0.9、0.8和0.75的系数;如H>20 m时,应通过抗倾覆验算确定其允许自由高度。

②当所砌筑的墙有横墙或其他结构与其连接,而且间距小于表列限值的2倍时,砌筑高度可不受本表规定的限制

第二节 砌块工程的施工技术

一、混凝土小型空心砌块的施工

1.材料

(1)混凝土小型空心砌块。混凝土小型空心砌块是以水泥、砂、砾石或碎石为原料,加水搅拌、振动、振动加压或冲击成型,再经养护制成的墙体材料,空心率为25%~50%。

砌体主规格尺寸为390 mm×190 mm×190 mm(长×宽×高)。

砌块按力学性能分MU15、MU10、MU7.5、MU5、MU3.5五个强度等级,各等级抗压强度值应符合表6-5的规定。

表6-5 混凝土小型空心砌块强度表

强度等级	抗压强度(MPa)		强度等级	抗压强度(MPa)	
	5块平均值不小于	单块最小值不小于		5块平均值不小于	单块最小值不小于
MU15	15	12	MU5	5	4
MU10	10	8			
MU7.5	7.5	6	MU3.5	3.5	2.8

注:非承重砌块在有试验数据的条件下,强度等级可降低到MU2.8

(2)砌筑砂浆。

①水泥进场使用前,应分批对其强度、安定性进行复检。不同品种的水泥,不得混合使用。

②砂浆用砂不得含有害杂物,含泥量应满足下列要求:

· 对水泥砂浆和强度等级不小于 M5 的水泥混合砂浆,不应超过 5%。

· 对强度等级小于 M5 的水泥混合砂浆,不应超过 10%。

· 人工沙、山沙及特细沙,应经试配能满足砌筑砂浆技术条件要求。

③配制水泥石灰砂浆时,不得采用脱水硬化的石灰膏。

④消石灰不得直接使用于砌筑砂浆中。

⑤拌制砂浆用水,应采用不含有害物质的纯净水。

⑥砌筑砂浆应通过试配确定配合比。当砌筑砂浆的组成材料有变化时,其配合比应重新确定。

⑦凡在砂浆中掺入有机塑化剂、早强剂、缓凝剂、防冻剂等,应经检验和试配符合要求后,方可使用。

⑧砂浆现场拌制时,各组分材料应采用重量计量。

⑨砌筑砂浆应采用机械搅拌,自投料完算起,搅拌时间应符合下列规定:

· 水泥砂浆和水泥混合砂浆不得小于 2 min;

· 水泥粉煤灰砂浆和掺用外加剂的砂浆不得少于 3 min;

· 掺用有机塑化剂的砂浆,应为 3~5 min。

⑩砂浆应随拌随用,水泥砂浆和水泥混合砂浆应分别在 3 h 和 4 h 内使用完毕;当施工期间最高气温超过 30℃时,应分别在拌成后 2 h 和 3 h 内使用完毕。

注:对掺用缓凝剂的砂浆,其使用时间可根据试验和具体情况适当延长。

(3)其他辅助材料:钢筋、混凝土等应符合设计要求。

2. 施工工艺

普通混凝土及轻骨料混凝土小型空心砌块砌筑:

(1)砌体施工前,应清理放线、立皮数杆、验线、浇筑素混凝土坎,现场排列组砌方法,并经验收合格后方可施工。砌块排列必须按以下原则、方法、要求进行:

①普通混凝土及轻骨料小型空心混凝土砌块搭砌长度不应小于 90 mm,如果搭接长度不能满足规定要求时,应采取压砌钢筋网片或设置拉结钢筋措施。具体构造按设计规定。若设计无规定时,一般可配 $\phi6$ 钢筋网片,长度不小于 600 mm,拉接筋为 $2\phi6$,长度不小于 600 mm。

②当墙体长度大于 4 m,或墙体末端无钢筋混凝土柱、墙时,应按设计图纸要求设置构造柱;墙体高度大于 4 m 时,墙体中部或门洞上口应设置圈梁,若设计无要求时,一般圈梁设在墙中部和顶部,间距不大于 4 m。当墙体预留门、窗洞口宽度大于 1 000 m 时,在洞口的两侧宜设置钢筋混凝土门套,以上构造措施应征得建设单位和设计单位同意后实施。

③墙体转角处及纵横交接处,应分皮咬槎,交错搭砌,如遇特殊情况,不能满足咬槎时应设拉结措施。

④砌体水平灰缝厚度和垂直灰缝宽度一般为 10 mm,但不应大于 12 mm,也不应小于 8 mm。

(2)厨房、卫生间及对于有防水要求的房间墙体根部应浇筑强度等级不低于 C15 的素混凝土坎,高度小于 200 mm。

(3)普通混凝土小型空心砌块一般不宜浇水,在天气干燥炎热的情况下可以提前洒水湿润,但不宜过多,应根据天气、温度情况灵活掌握。

(4)砌筑第一皮砌块下应铺满砂浆,灰缝大于 20 mm 时,应用豆石混凝土找平铺砌。砌块必须错缝砌筑,且宜对孔,底面朝上,保证灰缝饱满。

(5)砌块应采用满铺、满挤法逐块铺砌。灰缝应做到横平竖直,全部灰缝均应填满砂浆,一次铺灰长度不宜超过 800 mm,并随铺随砌,砌筑一定要"上跟线,下跟棱,左右相邻要对平"。可用木楔敲击摆正、摆平,灰缝密实。同时应随时进行检查,做到随砌随查随纠正。严禁施工完毕后校正,敲打墙体。

(6)勾缝:每当砌完一块砌块,应随后进行双面勾缝(原浆勾缝),勾缝深度一般为 3～5 mm。

(7)墙体应分次砌筑,每次砌筑高度不超过 1.5 m,待前次砌筑砂浆终凝后再砌筑,日砌筑高度应控制在 2.8 m 为宜。砌体在砌筑到梁或板下口第二皮砖时应用封底砌块倒砌或采用实心辅助小砌块砌筑,最上一皮斜楔应待墙体灰缝自然变形稳定后再砌筑斜楔砌块,墙高小于 3 m 时以相隔 3 d 为宜,墙高大于 3 m 时以相隔 5 d 为宜。砌筑斜砌砖时,应灰浆饱满,砖上角顶梁或板底,下角顶下层砖面,角度为 45°～60°,并应顶紧,顶角处应无灰浆。

(8)墙休砌筑时应尽量不留施工缝,分皮交圈砌筑,如果留置施工缝应砌成斜槎,斜槎水平投影面积不小于高度的 2/3。确因困难不能留斜槎时,可留直槎且必须沿高度每 600 mm 左右设置 2φ6 拉筋,钢筋伸墙内每边不小于 600 mm。

(9)砌筑墙端时,砌块必须与框架柱、剪力墙面靠紧,填满砂浆,并将柱或墙上预留的拉结钢筋展平,砌入水平灰缝中,伸入砌体墙内长度应不小于 600 mm。

(10)墙体与构造柱的两侧应砌成马牙槎,先退后进,进退长度不小于 100 mm,每隔三皮砖约 600 mm 应设 2φ6 拉结钢筋,伸入墙内每边不小于 600 mm,并应与构造柱筋绑扎牢固。

(11)体转角的交接处设计要求没有设置构造柱的砌体。芯柱的配筋一般为 2φ10 或 1φ10,根据墙体厚度确定。

(12)门窗过梁及窗台:门窗顶如有砌体,应加设预制钢筋混凝土过梁或现浇钢筋混凝土过梁,窗台处应现浇钢筋混凝土窗台板。过梁及窗台板支座搁置长度不应小于 200 mm,配筋应符合设计要求。

(13)砌体内设置暗管、暗线、暗盒等,宜用开槽砌块预埋,应避免打洞凿槽。

(14)施工中如需设置临时施工洞口,其洞口的侧面距交接处的墙面,不应小于

600 mm,沿高度每 600 mm 设置 2ϕ6 拉结钢筋,且顶部应设混凝土过梁,填砌施工洞口时,应将拉结筋展平,砌入墙内,所用砌筑砂浆强度等级应相应提高一级。

(15)雨季施工时,砌块应做好防雨措施,被雨水淋湿透的砌块不得使用。当雨量较大时,应停止砌筑,并对已砌筑的墙采取遮盖措施。继续施工时,应对墙体进行检查,复核垂直度、平整度是否有变形,在确认符合质量标准的情况下,方可继续施工。

(16)构造柱、带、门套、门窗过梁在立模前应认真清理砂浆、杂物,浇筑混凝土前应浇水湿润模板和墙面,使混凝土与墙有很好的黏结,构造柱在结构的梁底、板底时,宜立斜托模板时应立斜托模板,其凸出部分的混凝土待后凿除。门窗洞口下的底模拆除应待混凝土强度等在 75% 以上时,方可拆除。

(17)砂浆试块制作,在每楼层或 250 m³ 砌体中,每种强度等级的砂浆应至少制作一组试块(每组六块)。当强度与配合比有变化时,也应制作试块。

3. 芯柱

芯柱是设置在小型空心砌块墙转角处和交接处,在这些部位的孔洞中浇入素混凝土,称素混凝土芯柱;插入钢筋并浇入混凝土,称钢筋混凝土芯柱。

对于一般的混凝土小型空心砌块房屋,宜在外墙转角、梯间四角的纵横墙交接处的三个孔洞,设素混凝土柱芯;五层及五层以上的房屋应在上述部位设置钢筋混凝土。

芯柱口芯柱应符合下列构造要求:

(1)截面不宜小于 120 mm×1.20 mm,宜用不低于 C15 的细石混凝土浇筑。

(2)钢筋混凝土柱芯每孔内插竖筋不应小于 1ϕ10,底部应伸入室内地面下 500 mm 或与基础圈梁锚固,顶部与屋盖圈梁锚固。

(3)芯柱应沿房屋全高贯通,并与各层圈梁整体现浇。

(4)在钢筋混凝土芯柱处,沿墙高每隔 600 mm 应设 ϕ4 钢筋网片拉结,每边伸入墙体不小于 600 mm。

对于 6～8 度设防的房屋,应按表 6-6 的要求设置钢筋混凝土芯柱。对医院、教学楼等横墙较少的房屋,应根据房屋增加一层后的层数,按表 6-6 的要求设置芯柱。

表 6-6　芯柱要求

房屋层数			设　置　部　位	设　置　数　量
6 度	7 度	8 度		
四	三	二	外墙转角,楼梯间四角,大房间内外墙交接处	外墙转角灌实 3 个孔,内外墙交接处灌实 4 个孔
五	四	三		
六	五	四	外墙转角、楼梯间四角、大房间内外墙交接处,山墙与内纵墙交接处,隔开间横墙(轴线)与外纵墙交接处	
七	六	五	外墙转角,楼梯间四角,各内墙(轴线)与外墙交接处;8 度时,内纵墙与横墙(轴线)交接处和洞口两侧	外墙转角灌实 5 个孔,内外墙交接处灌实 4 个孔,内墙交接处灌实 4～5 个孔,洞口两侧各灌实 1 个孔

除按表6-6的要求设置芯柱外,根据计算要求设置其他芯柱时,芯柱宜均匀布置,8度设防的5层房屋,芯柱的最大间距不应大于2.4m。

芯柱混凝土强度等级不应低于C15,插筋不应小于1ϕ12,且应贯通墙身与圈梁连接。

芯柱混凝土应贯通楼板,当采用装配式钢筋混凝土楼板时,应优先采用适当设置现浇钢筋混凝土板带的方法,或采用图6-5的方式实施贯通措施。

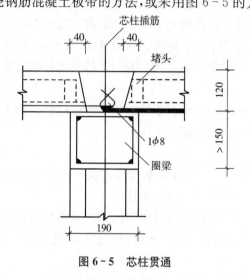

图6-5 芯柱贯通

芯柱应伸入室外地坪500mm或锚入少于500mm基础圈梁内。

房屋墙体交接处或芯柱、构造柱与墙体连接处,应设置拉结钢筋网片,网片可用ϕ4钢筋点焊而成,每边伸入墙内不宜小于1m,且沿墙高每隔600mm设置。

芯柱施工应遵守下列规定:

(1)芯柱部位宜采用不封底的通孔小砌块,当采用半封底的小砌块时,砌筑前必须打掉孔洞毛边。

(2)在楼地面砌筑第一皮小砌块时,在芯柱部位,应用开口砌块(或U型砌块)砌出操作孔。在操作孔侧面宜预留连通孔,必须清除芯孔洞内的杂物及孔内凸出的砂浆,用水冲洗干净,校正钢筋位置并绑扎或焊接固定后,方可浇灌混凝土。

(3)芯柱钢筋应与基础或基础梁中的预埋钢筋连接,上下楼层的钢筋可在楼板面上搭接,搭接长度不应小于40d。

(4)砌完一个楼层高度后,应连续浇注芯柱混凝土,每浇注400～500mm高度捣实一次,或边浇注边捣实。浇注混凝土前,先注入适量水泥砂浆,严禁浇满一个楼层后再捣实,宜采用机械捣实,混凝土坍落度不应小于50mm。

(5)芯柱与圈梁应整体现浇。

(6)楼板在芯柱部位应留缺口,保证芯柱贯通。

(7)砌筑砂浆必须达到一定强度后(1.0MPa)方可浇注芯柱混凝土。

(8)芯柱施工中,应设专人检查混凝土浇注量,认可之后,方可继续施工。

4. 工程实例

【例1】 天津碧华里混凝土小型空心砌块建筑群体住宅楼施工

(1)工程概况。该住宅小区工程占地17.06万m²,建筑面积为20.16万m²,共39个单体幢号工程。其中:新型住宅16幢为混凝土小型空心砌块结构,总建筑面积7.1974万m²;轻型住宅6幢为钢筋混凝土框架填充砌体结构,总建筑面积4.096万m²;高层住宅4幢为全现浇混凝土剪力墙结构,总建筑面积5.4556万m²;公寓式住宅13幢为砖混结构,总建筑面积 3.4084 万 m^2。

(2) 混凝土小型空心砌块建筑技术应用。天津市混凝土小型砌块建筑设计与施工的课题于 1994 年初立项,试验工程于 1995 年初竣工交付,该工程为建筑面积 3 335 m^2,六层大开间、大进深的住宅楼,水泥聚苯板外墙保温。在此基础上,建造的碧华里混凝土小型空心砌块住宅楼群体工程在天津还是第一次。

①施工准备:

a. 混凝土小型空心砌块与砖混建筑的主体结构施工类同,但混凝土小型空心砌块的砌筑操作有所简化,砌筑质量要求高。为了确保工程质量,施工前,重点宣传、学习《混凝土小型空心砌块建筑技术规程》(JGJ/T 14—1995)和《混凝土小型空心砌块》(GB 8239—1997)。

b. 按施工组织设计的要求,每幢工程附近设置有长 30 m、宽 7 m 的混凝土小型空心砌块标准垛放区。垛放区的地面基层夯实后用 2~3 皮黏土砖铺砌或按设计厚度铺施混凝土。砌块的堆放高度不大于 1.6 m。

c. 砌块建筑的砌块强度等级为 MU 10,部分 MU 7.5。施工中必须采用满 28 d 龄期、强度达标、质量合格的砌块。砌块进入现场后及时进行质量验收,不合格砌块及时退场,不同强度等级、品种的砌块分期分批量分垛堆放。

d. 水泥、钢筋、砂、石、石灰膏、外掺料等材料,现场按现行国家标准进行插检复验,合格后方可使用。

②施工要点:

a. 混凝土小型空心砌块的砌筑按《砖石工程施工及验收规范》(GBJ 203—1983)的有关规定执行,同时对每层首皮砖的抄平与砌筑、加设皮数杆、随砌随勾缝,混凝土芯柱清底,砂浆及混凝土的配合比设计、中间抽检等方面从严施工工艺流程。

b. 主体砌筑的砌块上墙前不浇水湿润,但天气非常炎热时可稍加湿润;砌块的砌筑一律"反砌";主砌块规格为 390 mm×190 mm×190 mm,配套砌块规格为 190 mm×190 mm×190 mm 和自配 290 mm×190 mm ×190 mm 两种;砌体的任何节点处都不得"混砌"黏土砖;砌体墙面不得留有砌块的"飞边"。

c. 砌筑混凝土小型空心砌块时应错孔对肋施砌,砌体严禁留直槎;临时间断处,必须留斜槎时,斜槎长度不应小于砌筑高度的 2/3,且按设计要求设置 φ4 拉结钢筋网片;砌体外墙应同时砌筑;个别情况出现不对孔时,砌筑时回设 φ4 拉结钢筋网片;砌筑的高度不宜大于 1.6 m 或一步脚手架。

d. 砌体不宜留脚手孔,脚手架采用内脚手架施工;必须留孔时,可用 190 mm×190 mm×190 mm 小砌块侧砌,完工后用不小于 C15 的细石混凝土填实补平;混凝土圈梁下一皮砌块采用正孔预补,部分细石混凝土仍然"反砌"施工。

e. 砌体的质量控制:ⓐ水平灰缝厚度(连续 5 皮砌块累计数)为 ±10 mm;ⓑ竖灰缝厚度(连续 5 皮砌块累计数,包括凹面深度)为 ±15 mm;ⓒ其他质量标准均按现行国家标准

《砖石工程施工及验收规范》(GBJ 203—1983)的有关要求执行。

③砌筑砂浆:

a. 水泥混合砌筑砂浆的实际技术参数均达到了国家行业标准《建筑砂浆配合比设计规程》(JGJ/T 98—1996)的技术要求。

b. 砌体灰缝:ⓐ水平灰缝厚度控制在 10~12 mm,砂浆饱满度不应小于 90%;ⓑ竖灰缝厚度控制在 8~12 mm,砂浆饱满度不应小于 80%,砌筑时严禁加水。

c. 砌筑砂浆的试块取样及评定;每一工作班每台搅拌机不少于一组;每一楼层、每一分项或 250 m³ 砌体中同强度等级和品种的砂浆的取样不少于一组;现场砂浆强度等级的评定均达到设计要求。

④混凝土芯柱及混凝土圈梁施工。

a. 砌筑砂浆强度在 1.0 MPa 以上时,方可浇筑混凝土芯柱施工。

b. 混凝土圈梁模板在墙体上部采用隔皮预留铅丝、夹肋支模施工做法,效果良好。

c. 混凝土浇筑施工严格按现行国家标准《混凝土结构工程施工及验收规范》(GB 50204—1992)和现行国家行业推荐标准《混凝土小型空心砌块建筑技术规程》(JGJ/T 14—1995)的要求执行。

d. 圈梁混凝土强度达到设计强度 75% 时,方可拆模、吊板施工。

【例 2】 四川德阳市北光住宅小区混凝土小砌块住宅楼施工

(1)工程概况。四川省德阳市北光 13.5 万 m² 混凝土小砌块住宅小区是建设部批准的第二批示范住宅小区。承担这个住宅小区规划和建筑单体设计的是中国建筑西南设计院,承担建筑施工的是中房公司德阳市分公司。

(2)施工前准备。

①原材料质量控制。

a. 混凝土小砌块质量。由于小区住宅开工面积大,需要小砌块数量多,小砌块质量对建筑质量的影响很大,德阳市生产小砌块厂家较多,但年产量均较小,采用一家砌块厂的产品不能满足现场的需要,为此,依靠省质检站协助对一些厂家产品进行多次检测,择优选用。同时在施工中还不定期抽检各家的产品质量,不合格者令其停止供应。

b. 水泥、钢材、砂、石、石灰等材料,按照国家标准进行检测,合格者才允许用于小区建设。

②操作技术培训。小砌块建筑施工操作技术基本上与砖混结构建筑施工相同,但有其独特的特点。为保证小砌块住宅系统工程的质量,对施工队伍进行施工技术培训十分重要,主要培训两个方面:一是砌块墙体的砌筑操作技术,先认识小砌块的四种规格尺寸,主规格砌块和辅助规格砌块,及砌块的等级如 MU 5、MU 7.5 等,然后了解砌块砌筑砂浆的铺设和各种部位的砌筑方法;二是加筋技术,如墙体拉接筋铺设位置及方法,门窗洞两旁竖向插筋、窗洞下水平筋铺设、芯柱插筋与上下楼层通过圈梁的连接、芯柱混凝土浇筑、振捣(微型振动器)、电气线路安装采用暗线、暗管、暗盒的预埋技术等。

③小砌块建筑施工工艺流程可按如下方法实施:

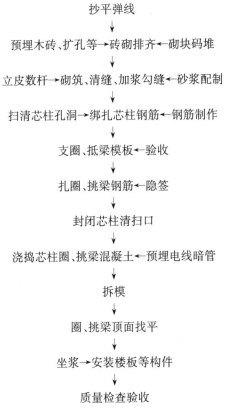

抄平弹线
↓
预埋木砖、扩孔等→砖砌排齐←砌块码堆
↓
立皮数杆→砌筑、清缝、加浆勾缝←砂浆配制
↓
扫清芯柱孔洞→绑扎芯柱钢筋←钢筋制作
↓
支圈、抵梁模板←验收
↓
扎圈、挑梁钢筋←隐签
↓
封闭芯柱清扫口
↓
浇捣芯柱圈、挑梁混凝土←预埋电线暗管
↓
拆模
↓
圈、挑梁顶面找平
↓
坐浆→安装楼板等构件
↓
质量检查验收

（3）小砌块建筑施工及其注意事项。

①砌块现场堆放。按设计图纸统计出各种规格的小砌块用量，按施工计划运送至施工现场，根据国标 GB 8239—1987 的质量要求及砌块出厂合格证进行验收。必要时可进行抽样检验。砌块进入现场后，应按砌块强度等级及不同规格分别堆放，并在堆放垛上设置标志，砌块堆放地必须平整和做好排水。砌块堆放高度一般不超过 1.6 m，堆垛之间应保持适当的距离，以便砌块运输上墙。

②砌块墙体砌筑。

a. 砌块上墙前一般不宜浇水湿润，但在炎热天气下，可在砌筑前稍加湿润；养护龄期不到 28 d 的砌块不能上墙；小砌块砌筑墙体时，一律采用"反砌"，即砌块底面在上，上面在下；应尽量使用主规格砌块（390 mm×190 mm×190 mm）砌筑墙体，主规格砌块占 90%左右，辅助砌块约占 10%。采用砖刀清除砌块表面的污秽物和砌块底部的"飞边"，并用榔头打掉芯柱部位砌块孔洞底部混凝土毛边到孔洞的壁、肋部位。

b. 砌筑时，从转角或定位处开始，内外墙边同时进行，内外墙体交错砌筑；采用对孔错缝搭砌，个别情况下无法对孔砌筑时，允许错孔砌筑，但其搭接长度不小于 90 mm，如不能保证时，可在水平缝中设置 2ϕ4 拉结钢筋或焊接钢筋网片，但钢筋或网片两端均不应小于 300 mm；砌块墙体的竖向通缝均不应超过两皮砌块高度。

c. 墙体的临时间断处应砌成斜槎,斜槎长度不应小于高度的 2/3,如留斜槎有困难时,除转角处外,也可砌成直槎,但应沿墙体高度每 400 mm 的水平灰缝内设置 2φ4 钢筋或钢筋网片,每端均应超过直槎缝 300 mm,以保证墙体的连接牢固。

d. 砌筑砂浆必须搅拌均匀,随拌随用。一般在 4 h 内用完。墙体的灰缝应做到横平竖直,全部灰缝均应填满灰浆,采用"水平缝提刀灰坐浆法",使水平灰缝饱满度不低于95%,竖向灰缝饱满度不低于 90%。水平和竖向灰缝有显著漏浆时,应以灰浆填补,不允许用水冲洗浇灌灰浆;墙体水平和竖向灰缝宽度应控制在 8~12 mm。埋设拉接钢筋或钢筋网片必须放在灰浆层中。

e. 纵横墙体交接处,砌块按图 6-6 排列;当有开口型 K₃ 砌块时,可按图 6-7 排列。

f. 砌筑时,砌块找平应用砂浆,不得塞垫石子、碎砖或木块;对施工图纸要求的洞口管道和预埋件等,应在砌筑时预留或预埋,不应在墙体上打凿。

g. 墙体砌筑应用"双排"脚手架,墙体内应尽量不设脚手眼,如必须设置时,可采用190 mm×190 mm×190 mm 砌块侧砖,利用其孔洞做脚手眼,墙体砌完后用 C15 混凝土将脚手眼填实。

h. 雨天施工应有防雨措施,不得使用湿砌块。雨后施工时,应复核墙体的垂直度,并将上层淋雨的砌块取下后砌筑干砌块。

③芯柱施工。芯柱是砌块建筑抗震设防和加强房屋整体性与结构延性的重要措施,必须保证其施工质量。

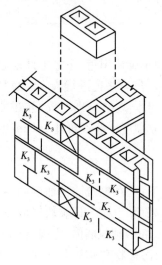

图 6-6　砌块排列形式(一)

a. 芯柱施工工艺流程(图 6-8)。

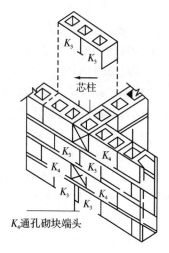

图 6-7　砌块排列形式(二)

清除芯柱孔洞内杂物←水冲洗

↓

钢筋下料→绑扎钢筋←封绑扎孔

↓

浇适量的水泥砂浆

↓

定量浇注混凝土←微型振动器振捣

图 6-8　芯柱施工工艺流程

b.芯柱施工及其注意事项。

在楼、地面砌筑第一皮砌块时,芯柱位置侧面应用预备孔(图 6-9)。浇注混凝土前,必须清除芯柱孔洞内的杂物,并用水冲洗干净。校正钢筋位置并绑扎固定,用砌块或模板封闭芯柱下面绑扎孔。

芯柱钢筋应与基础梁的预埋钢筋搭接(图 6-10),上下楼层的钢筋可在圈梁上部搭接,搭接长度均不应小于 $40d$。

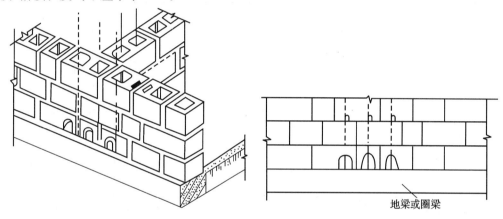

图 6-9　芯柱位置侧面应用预备孔示意　　**图 6-10　芯柱钢筋与预埋钢筋搭接示意**

芯柱混凝土应在砌完一个楼层高度后连续浇注。为保证芯柱混凝土的密实度,混凝土的坍落度不应小于 5 cm。并且每浇注 400~500 mm 的混凝土,采用微型插入式振动器捣实。浇捣后的芯柱混凝土上表面,应低于最上一皮砌块上口 50~70 mm,借以再浇注芯柱混凝土,保证上下层的密切接合;芯柱混凝土应与圈梁混凝土同时浇注,以保证芯柱与圈梁接合牢固;在芯柱位置处,可将楼板凿成缺口,借以保证芯柱连成整体。

圈梁支模:在每层墙体最上一皮砌块的竖缝中预留孔,穿入螺栓及夹具固定圈梁模板,拆模后应立即用砂浆嵌洞填补密实。

④电线暗管敷设。按设计图纸标出的尺寸截取增强塑料管线,内穿 12 号铅丝备用。水平照明线管设置在圈梁模板内侧或穿进多孔楼板内,或在砌块的坐浆肋上开凿线管的缺口(图 6-11)。

垂直管线随着砌块砌筑预埋在墙体孔洞内。开关匣、接线匣、插座匣等需用 C15 细石混凝土或1∶2水泥砂浆在砌块预留的孔洞内嵌填牢固,并填实缝隙。

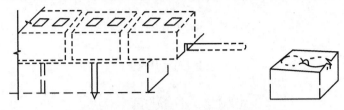

图6-11 在砌块的坐浆肋上开凿线管的缺口

⑤砌块建筑外墙的内外粉刷。为防止砌块建筑外墙因雨渗漏,采取了三道工序:在内外墙体清除污垢后采用稀水泥浆喷洒一遍,以便抹灰砂浆与砌块墙面牢固黏结;砂浆抹灰层压平密实,再次压实砂浆抹灰层。外墙抹灰层厚约30 mm,内墙抹灰层厚约20 mm。这种施工程序,既防止了外墙的渗漏,又提高了外墙的保温隔热效果。

(4)砌块建筑质量标准。主要介绍墙体和外观质量标准,应符合表6-7的规定。

表6-7 墙体和外观质量标准表

项　目			允许偏差(mm)	检验方法
轴线位移			±10	经纬仪、水准仪复查或检查施工记录
基础或楼面标高			±15	
垂直度	每　层		5	吊线法
	全高	10 m以下	10	经纬仪或吊线法
		10 m以上	20	
表面平整	清水墙、柱		5	2m靠尺
	混水墙、柱		8	
水平灰缝平直度	清水墙10 m以内		7	拉线或尺量
	混水墙10 m以内		10	
水平灰缝厚度(连续五皮砌块累计数)			±10	尺　量
垂直灰缝宽度(连续五皮砌块累计数,包括凹面深度)			±15	尺　量
门窗洞口宽度(后塞框)			±5	尺　量

二、蒸压加气混凝土砌块的施工

1.材料

(1)蒸压加气混凝土砌块。凡以钙质材料和硅质材料为基本原料,以铝粉为发气材料(发气剂)经过切割、蒸压养护等工艺制成的多孔、块状墙体材料称蒸压加气混凝土砌块(以下简称"砌块")。

砌块一般规格的公称尺寸有两个系列(mm)。

第一系列:

长度:600

高度:200,250,300

宽度:75,100,125,150,175,200,225,…,以 25 递增

第二系列:

长度:600

高度:240,300

宽度:60,120,180,240,…,以 60 递增

砌块的强度级别按其力学性能的抗压强度分为 M1、M 2.5、M 3.5、M 5、M 7.5 五个强度等级,各强度等级的抗压强度值应符合表 6-8 的要求。

表 6-8 蒸压加气混凝土砌块物理力学性能

强度级别		10	25	35	50	75
立方体抗压强度[①] （MPa）	平均值	≥1.0	≥2.5	≥3.5	≥5.0	≥7.5
	最小值	≥0.8	≥2.0	≥2.8	≥4.0	≥6.0
密度级别		03	04 05	05 06	06 07	07 08
干燥收缩值	温度 50℃±1℃,相对湿度 28%～32%条件下测定	mm/m	≤0.8			
	温度 20℃±2℃,相对湿度 41%～45%条件下测定[②]		≤0.5			
抗冻性	重量损失(%)	≤5				
	强度损失(%)	≤20				

注:① 立方体抗压强度是采用 100 mm×100 mm×100 mm 立方体试件,含水率为 25%～45%时测定的抗压强度。

② 特殊要求时采用

砌块的表观密度分为 03、04、05、06、07、08 六个等级。

砌块按尺寸偏差、表观密度分为优等品(A)、一等品(B)、合格品(C)三等,见表 6-9 及表 6-10。

表 6-9 蒸压加气混凝土砌块外观质量和尺寸偏差

项 目			指 标		
			优等品(A)	一等品(B)	合格品(C)
尺寸允许偏差	长 度	（mm）	±4	±5	±6
	高 度		±2	±3	±4
	宽 度		±2	±3	±4
缺棱的最大、最小尺寸不得同时大于(mm)			100,20		
掉角的最大、最小尺寸不得同时大于(mm)			70,30		
平面弯曲最大处尺寸不得大于(mm)			5		
完整面[①]不得少于			一个大面		

续表

项　目		指　标		
		优等品(A)	一等品(B)	合格品(C)
裂缝	1.贯穿一面二棱超过缺棱掉角规定的裂纹或断裂	不允许		
	2.任一面上的裂缝长度不得大于裂缝方向尺寸	1/2		
	3.贯穿一棱二面的裂缝长度不得大于裂纹所在面的裂缝方向尺寸总和的	1/3		
爆裂、粘模和损坏深度不得大于(mm)		30		
表面疏松、层裂		不允许		

注:①表面没有裂缝、爆裂和长高宽三个方向均大于 20 mm 的缺棱掉角的缺陷者

表 6-10　蒸压加气混凝土砌块不同级别、等级的干表观密度

表观密度级别		03	04	05	06	07	08
干表观密度 (kg/m³)	优等品(A)≤	300	400	500	600	700	800
	一等品(B)≤	330	430	530	630	730	830
	合格品(C)≤	350	450	550	650	750	850

(2)砂浆。砂浆强度等级取 M 10、M 7.5、M 5、M 2.5,其他要求同一般砌筑砂浆,宜用混合砂浆。

2. 砌块的施工

(1)砌筑前根据图纸及砌块尺寸、灰缝厚度制作皮数杆。

(2)放线后将皮数杆立好,并挂好线。

(3)砌筑前,应对砌块外观质量进行检查,应尽可能采用大规格、主规格标准砌块,少用或不用异形砌块,不能使用断裂砌块。

(4)砌块使用前应清除其表面的污物,砌筑前应洒水湿润,含水率一般不超过 15%。

(5)不同密度和等级的砌块不能混砌,也不能与其他材料砌块混砌。

(6)砌筑时,灰缝应横平竖直,砂浆饱满,水平灰缝厚度不得大于 15 mm;竖向灰缝厚度不得大于 20 mm,此种灰缝宜采用内外临时夹板夹住后灌实。铺灰长度一般控制在1.5 m 以内。

(7)砌体的上下皮砌块应错缝搭砌,当搭接长度小于砌块长度 1/3 时,应在水平灰缝中设置 2ϕ6 筋或 ϕ4 的钢筋网片,其长度不小于 700 mm。

(8)砌体转角处和丁接处的组砌方法如图 6-12 所示。

(9)非承重墙与承重墙或柱交接处,应沿墙高每 1m 左右设 2ϕ6 钢筋与承重墙或柱拉结,每边伸入墙内长度不小于 700 mm。

(10)墙体洞口下部应放置 2ϕ6 钢筋,伸过洞口两边长度每边不小于 500 mm。

(11)砌至墙顶部位接近上层板、梁底时,宜用普通砖斜砌挤紧,保证砂浆密实。

(12)砌块墙体上不得留脚手眼。

(13)砌块的切、锯、打眼、开槽等应采用专用工具、设备进行加工,不得用斧凿等随意

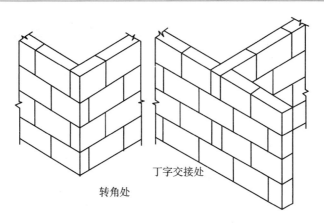

图 6 - 12　加气混凝土砌块墙转角及丁接处砌法

砍凿,上墙后更应注意。

(14)砌块墙每日砌筑高度不宜超过 1.8 m。

三、粉煤灰砌块的施工

1. 材料

(1)粉煤灰砌块。以粉煤灰、石灰、石膏和集料等为原料,加水搅拌、振动成型、蒸汽养护而制成的密实砌块称为粉煤灰砌块(以下称为"砌块")。

砌块主规格外形尺寸为 880 mm × 380 mm×240 mm 以及 880 mm×430 mm× 240 mm 两种,砌块端面加有灌浆槽,如图 6 - 13。

砌块按其力学性能的抗压强度分 MU10 和 MU13 两个强度等级,见表 6 - 11。

砌块按其外观质量、尺寸偏差和干缩性能分为一等品(B)和合格品(C),见表 6 - 12 和表 6 - 13。

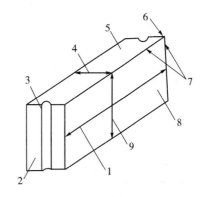

图 6 - 13　粉煤灰砌块各部位名称

1 -长度;2 -端面;3 -灌浆槽;4 -宽度;5 -坐浆面(或铺浆面);6 -角;7 -棱;8 -侧面;9 -高度

表 6 - 11　粉煤灰强度、抗冻性能和表观密度指标

项　　　目	指　　　标	
	MU10 级	MU13 级
抗压强度(MPa)	3 块试件平均值不小于 10.0,单块最小值 8.0	3 块试件平均值不小于 13.0,单块最小值 10.5
人工碳化后强度(MPa)	不小于 6.0	不小于 7.5
抗冻性	冻融循环结束后,外观无明显疏松、剥落或裂缝;强度损失不大于 20%	
表观密度(kg/m³)	不超过设计密度的 10%	

141

表 6－12　粉煤灰外观质量和尺寸允许偏差

项　目			指　标	
			一等品(B)(mm)	合格品(C)(mm)
外观质量	表面疏松		不允许	
	贯穿面棱的裂缝		不允许	
	任一面上的裂缝长度不得大于裂缝方向砌块尺寸的		1/3	
	石灰团、石膏团		直径大于 5 的,不允许	
	粉煤灰团、空洞和爆裂		直径大于 30 的不允许	直径大于 50 的不允许
	局部突起高度		≤10	≤15
	翘　曲		≤6	≤8
	缺棱掉角在长、宽、高三个方向上投影的最大值		≤30	≤50
	高 低 差	长度方向	6	8
		宽度方向	4	6
	尺寸允许偏差	长　度	+4,-6	+5,-10
		高　度	+4,-6	+5,-10
		宽　度	±3	±6

表 6－13　粉煤灰砌块的干缩值

一等品(B)(mm/m)	合格品(C)(mm/m)
≤0.75	≤0.90

（2）砂浆。砂浆应采用水泥混合砂浆,强度等级为 M 10、M 7.5、M 5、M2.5。其余要求与普通砌筑砂浆相同。

2. 砌块的施工

（1）砌块应在出养护池一个月以后,方可用于砌筑。

（2）严禁干的粉煤灰砌块上墙。砌块一般应提前 1～2 d 洒水湿润,使其含水率在 8％～12％,不得随润随砌。

（3）砌块排列时,应尽量采用主规格和大规格砌块。

（4）砌体的水平灰缝厚度不得大于 15 mm。竖向灰缝为 20 mm,灌浆槽中的砂浆高度不应小于砌块高度,个别竖向灰缝宽度大于 30 mm 时,应用不低于 C20 的细石混凝土灌实。所有灰缝均应横平竖直,砂浆饱满。

（5）墙体转角处和丁接处砌块应相互搭砌,其组砌方法如图 6－14 所示。

（6）砌体与普通砖承重墙或柱交接处,应沿墙高 1 m 左右设 2φ6 拉结钢筋,钢筋伸入砌块墙内长度不小于 700 mm。

(7)砌体与半砖厚普通砖墙交接处,应沿墙高800 mm 左右设置 $\phi4$ 钢筋网片。置于半砖墙水平灰缝中的钢筋为 2 根,置于砌块墙水平灰缝中的钢筋为 3 根,伸入长度均不小于360 mm。

(8)内外墙应同时砌筑,相邻施工段之间或临时间断处的高度差不超过一个楼层。并应留踏步槎。

(9)墙体洞口下部应放置 $2\phi6$ 钢筋,伸过洞口两边长度每边不小于 500 mm。

(10)砌体上不得留脚手眼,每天砌筑高度不应超过 1.5 m。

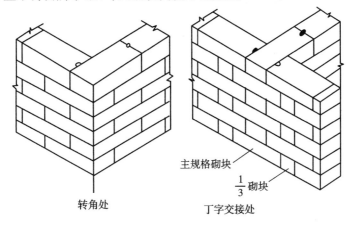

转角处

主规格砌块

$\frac{1}{3}$ 砌块

丁字交接处

图 6 - 14 粉煤灰砌块转角与丁接处

第七章　钢筋混凝土工程施工技术

第一节　模板工程施工技术

一、概述

模板是新浇钢筋混凝土成形用的模型。模板系统包括模板和支架(支撑及紧固件)。模板选材和构造的合理性、模板制作和安装的质量,直接影响到钢筋混凝土结构和构件的质量、成本(经济性)和施工进度。

1. 模板的技术要求

模板及其支架必须满足下列要求:

(1) 保证工程结构和构件各部分形状尺寸和相互位置的正确性。现浇钢筋混凝土结构模板制作安装的允许偏差应符合表7-1的规定。固定在模板上的预埋件和预留孔洞均不得遗漏,安装必须牢固,位置准确,其允许偏差应符合表7-2的规定。

表7-1　现浇结构模板安装的允许偏差(mm)

项　　目		允许偏差
轴 线 位 置		5
底模上表面标高		±5
截面内部尺寸	基　　础	±10
	柱、墙、梁	+4～5
层高垂直	全高≤5 m	6
	全高>5 m	8
相邻两板表面高低差		2
表面平整(2 m长度上)		5

表7-2　预埋件和预留孔洞的允许偏差(mm)

项　　目	允许偏差
预埋钢板中心线位置	3
预埋管、预留孔中心线位置	3

144

项　　目		允许偏差
预埋螺栓	中心线位置	2
	外露长度	+10 0
预留洞	中心线位置	10
	截面内部尺寸	+10 0

(2)具有足够的承载能力、刚度和稳定性,能可靠地承受新浇筑混凝土的自重和侧压力,以及施工过程中所产生的各种荷载。当验算模板及其支架的刚度时,其最大变形值不得超过下列允许值:

①对结构表面外露的模板,为模板构件计算跨度的1/400;

②对结构表面隐蔽的模板,为模板构件计算跨度的1/250;

③支架的压缩变形值或弹性挠度,为相应的结构计算跨度的1/1000。

(3)现浇钢筋混凝土梁、板,当跨度等于或大于4 m时,模板应起拱;当设计无具体要求时,起拱高度宜为全跨长度的1/1000～3/1000。起拱高度不包括设计起拱值,而只考虑到模板本身在荷载下的挠度。根据模板情况,钢模板可取偏小值1/1000～2/1000;木模板可取偏大值1.5/1000～3/1000。

(4)构造简单,装拆方便,并便于钢筋的绑扎、安装和混凝土的浇筑、养护等要求。

(5)模板的接缝不应漏浆。

(6)模板与混凝土的接触面应涂隔离剂,以保持浇筑的钢筋混凝土构件平整、光滑,并便于脱模,减少模板损耗,提高生产率。隔离剂应满足下列要求:①取材容易,配制简单,价格便宜;②有一定的稳定性,不变质,不易产生沉淀;③隔离效果好,不易脱落,不沾污钢筋、构件,不影响构件与抹灰的黏结,不与模板、钢筋发生化学反应;④有较宽的温度适应范围,干燥快,不易被水冲洗掉;⑤便于涂刷或喷洒,无异味,不刺激皮肤,对人体无害。常用模板隔离剂见表7-3。

表7-3　常用模板隔离剂

材料及重量配合比	配制和使用方法	优缺点	适用范围
肥皂液[或洗衣粉∶水=1∶(15～25)]	将肥皂切片泡水涂刷于模板表面1～2遍	使用方便,易脱模,价格便宜;冬季雨季不能使用	木模、混凝土模、土模

材料及重量配合比	配制和使用方法	优缺点	适用范围
皂角：水＝1：（5～7）或皂角：滑石粉：水＝1：1：4	用温水将皂角稀释，搅拌均匀使用，涂刷2遍，每遍隔0.5～1.0小时，或加滑石粉调至糊状使用	涂刷方便，易脱模，价格低廉。冬季雨季不能使用	木模、混凝土模胎、台座、土模
石灰膏（或麻刀灰）、石灰水	将石灰膏配成适当稠度抹薄层，或加水拌成糊状，均匀涂刷1～2遍	取材容易，成本低，涂刷方便，较易脱落。冬季雨季不能使用	土模、水泥面台座，重叠生产构件
石灰膏：黄泥＝1：1	将石灰膏与黄泥加适量水拌和至糊状，均匀涂刷1～2遍	取材容易，成本低廉，涂刷方便。冬季雨季不能使用	土模、混凝土模胎、台座
废机油	稠的刷1遍，较稀的刷2遍。胎模表面加撒滑石粉1遍。底模不能积油	隔离较稳定，可利用废料。但钢筋和构件易沾油污染	各种模板及固定胎模。表面质量要求高的构件不能使用
废机油：水泥（滑石粉）：水＝1：1.4：0.2或废机油：黏土膏：水＝1：1：0.7	先将废机油与水泥（滑石粉、黏土膏）拌和均匀，再加水拌匀成乳胶状，刷1～2遍	易脱模，便于涂刷，表面光滑。但易沾污构件和钢筋表面	各种固定胎模。表面清洁要求高的不宜使用
废机油：松香：肥皂：水＝1：0.1：0.1：3.75或废机油：松香：肥皂：水＝1：0.15：0.15：4.8	将三种材料混合煮沸变稠，约40分钟加水搅拌成灰白色乳液即可使用，或加少量滑石粉一起涂刷	生产工艺简单，价格比纯废机油便宜2倍，不沾污梁构件，隔离效果好	各种模板及固定胎模及表面质量要求不高的构件使用
市售乳化机油：水＝1：5	在容器中按配合比搅拌均匀后，即可涂刷	材料简单，使用方便，隔离效果较好	用于木模或混凝土胎模
废机油（或重柴油）：肥皂＝1：（1～2）	将废机油（或重柴油）与肥皂水混合搅拌均匀使用	涂刷方便，构件清洁，颜色灰白	各种固定胎模
石蜡：柴油：滑石粉＝1：4：2	将1份石蜡与2份柴油混合用水浴加热溶化，加入剩余柴油拌匀，最后加入粉料拌匀，涂刷1～2遍	易脱模，板面光滑。但成本较高，蒸汽养护构件时不能使用	混凝土胎模、台座、钢模板

续表

材料及重量配合比	配制和使用方法	优缺点	适用范围
石蜡：柴油＝1：2	将石蜡与煤油熔化均匀后,涂刷于板面	易于脱模,板面光滑。但成本较高,蒸汽养护构件时不能使用	混凝土胎模、台座,钢模板
松香：煤油＝1：3	将松香与煤油溶解,搅拌均匀即可使用	操作方便,易脱模,板面较光滑	混凝土胎模、台座,钢模板
松香：肥皂：柴油：水＝1：0.8：6.7：53	将松香、肥皂、柴油按比例加好后,冲入水搅拌均匀即可使用	便于操作,易脱模,板面光滑,涂刷干后遇雨仍可保持隔离效果	混凝土胎模、台座,钢模板
107 胶：滑石粉：水＝1：1：1	将 107 胶与水调匀,再加滑石粉调均匀,涂刷 1～2 遍	材料来源广,便于操作,易脱模但粉刷受限制	钢胎模,钢模板
海藻酸钠：滑石粉：洗衣粉：水＝1：13.3～40：1：53.3	将固体海藻酸钠用水浸泡 2～3 天后再与其他材料混合调匀使用	喷刷较简单,易干,易于脱模。但须脱模一次喷刷一次,同时易锈蚀钢模	钢胎模,钢模板
有机硅共水解物：汽油＝1：10	将有机硅共水解物加汽油混合调匀后使用	易脱模,为长效脱模剂,可使用多次	钢胎模,钢模板

(7)现浇钢筋混凝土结构的模板及其支架拆除时的混凝土强度,应符合设计要求。当设计无具体要求时,应符合下列规定:

①侧模:混凝土强度能保证其表面及棱角不因拆除模板而受损坏,方可拆除;

②底模:在混凝土强度符合表 7－4 规定时,方可拆除。

表 7－4　现浇结构拆模时所需混凝土强度

结构类型	结构跨度(m)	按设计的混凝土强度标准值的百分率计(％)
板	≤2	50
	＞2,≤8	75
	＞8	100
梁、拱、壳	≤8	75
	＞8	100
悬臂构件	≤2	75
	＞2	100

混凝土强度增长情况可参考图 7－1。

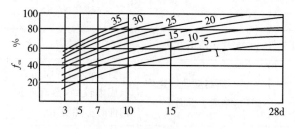

用325号普通水泥拌制的混凝土

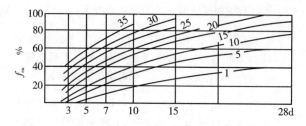

用325号矿渣水泥拌制的混凝土

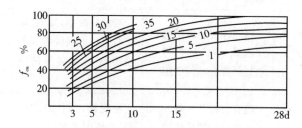

用425号普通水泥拌制的混凝土

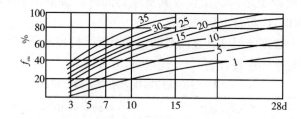

用425号矿渣水泥拌制的混凝土

图7-1 混凝土强度增长情况

(8)现浇多层房屋建筑(或构筑物),应采取分层分段支模的方法,安装上层模板及其支架应符合下列规定:

①下层楼板应具有承受上层荷载的承载能力,或加设支架支撑;

②上层支架的立柱应对准下层支架的立柱,并铺设垫板;

③当采用悬吊模板、桁架支模时,其支撑结构的承载能力和刚度必须符合要求。当采用多层支架支模时,支架的横垫板应平整,支柱应垂直,上下层支柱应在同一竖向中心线上。

2. 模板的分类与使用特点

（1）按模板的材质分类。

①木（竹）模板：木模板是传统的、用得最多的模板，它的适应性强。就是在使用钢模板、大模板、滑模等情况下，非标准、异形部分仍以现场制作木模板来浇筑混凝土。为节约木材资源，传统方式的木模板已有所发展，一个是板面以人造板材代替，有多层木胶合板、竹胶合板，有的单面或双面带有覆面材料；另一个是以木制工字梁或组合式竹、木工字梁（上下翼缘为木制，腹板竹胶合料）代替传统的木枋；配以独立支撑或门架之类的框架式脚手架，使用灵活方便。

②钢模：20世纪70年代以来迅速推广应用组合钢模（又称"小钢模"），其应用灵活，适应性强，周转次数多。整体大钢模：混凝土表面质量好，安装速度快，部分取代了组合小钢模，但这种整体大钢模对不同的结构难以重复周转使用导致费用过高，且拆下的大钢模占地面积也太大。模数化钢模板：其尺寸介于组合小钢模和整体大钢模，它的平面尺寸以某一模数为倍数的标准板及异形板组成，几块模板即可组装拼成一大块墙面模板，兼有整体大钢模拼缝少、模板刚度大、工效高、混凝土表面质量好的优点，拆开后又可拼成其他尺寸重复利用，克服了整体大钢模灵活性不够的缺点。组合小钢模适用于做楼板的底模板或是侧压力较小的墙模。模数化钢模板和整体大钢模，承载能力大，做墙模可带有挑架操作平台、斜撑等成套的配件，适用于要求墙模承受侧压力较高、周转次数较少而墙面质量要求较高的工程。

③玻璃钢模板：玻璃钢面板配以钢骨架组成。重量较轻，使用方便，适合做圆柱或曲面外形结构的模板，可得到光洁的外表面，但价格较高，某种形状或尺寸固定后即不能改变，不好重复使用。

④塑料模板：目前使用的只有塑料模壳（图7-2）一种，专为配合井式楼盖混凝土浇筑而设计的固定产品，设计时要以标准尺寸进行设计，使用中只要选择适合的模壳底部的构架支撑即可。国内塑料价格高，应用不多。

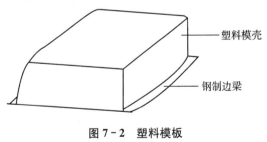

图7-2 塑料模板

⑤铝模：铝合金模板的重量轻，操作方便，可周转使用多次。但我国铝材价高，使用很少。

（2）按模板受力方式分类。

①梁板式模板：也称梁板组合式模板。最典型、最直观的形式，可举如图7-3所示的墙模为例：面板为18mm厚塑胶合板，工字木梁，背楞为2[10槽钢。常见的木模板、组合小钢模与用背楞组拼的组合大钢模都属梁板式受力系统。

②板块组合式模板：它是以工厂加工成型的模板块，利用卡具等配件在现场拼装成

大块模板而不用常见的长背楞。

(3)按施工工艺分类。

①散装散拆模板:散装散拆的各种模板,是常见的传统形式的模板。这种模板的装拆全为人工,机械化程度低。例如:组合小钢模(或钢框胶合板模板)、ϕ48 钢管与 10 cm×10 cm 的木方安装成的模板,每次是以小块钢模为单位进行装拆,费时费工,模板的损伤也较大。

②整装整拆的大模板:机械设备条件较好的工地采用模板整体吊装与拆除工艺,这样可提高工效,缩短工期,改进混凝土结构外表面质量。

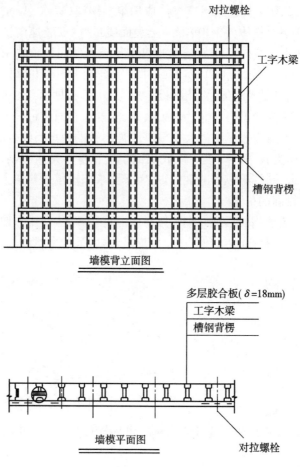

图 7-3 梁板式模板

③永久性模板:混凝土浇筑后不再拆除而留在建筑物中的模板称为永久性模板。例如混凝土地下室外墙施工中,先做防水用的保护砖墙,而后贴上防水层,这样的防护墙就充当混凝土墙浇筑时的永久性模板。再如楼板施工中,下部是预制的预应力钢筋混凝土薄板作为永久性模板,再在上面现浇楼板的上部,两者共同组成楼板结构。还有一种是

用薄钢板压制成波瓦形、槽形,以增加其纵向精密能力,将这种压型钢板直接固定于钢梁上,用来作钢梁上现浇钢筋混凝土楼板的永久性模板,也作为承重结构的一部分。

④滑模:指沿着混凝土结构表面做一定方向滑动的模板。模板本身可以是小钢模、模数化钢模或其他形状的钢模;为了使模板能随着混凝土浇筑方向做一定速度的滑动,需要一整套设备和配件。例如:水平方向的滑模常用于管沟或隧道壁混凝土浇注的施工,它需要一套牵引模板前进的装置(如绞车)及足够刚度的构架和轨道。竖向结构如高耸构筑物的筒壁、高层建筑的墙体和框架等也常用滑模施工,模板只需配100 cm左右高度的模板即可,但需要提升架、围檩等配套构件和设备。滑模只需组装一次,机械化程度高,施工速度较快。

⑤爬模:爬升模板是以建筑物的钢筋混凝土墙为承力主体,通过附着于已完成的钢筋混凝土墙体上的爬升支架或大模板和联结爬升支架与大模板的爬升设备,做交替爬升,以完成模板的爬升、下降、就位、校正等工作。

二、木模板施工技术

木模板通常预先制作成两种形式的基本构件,一种是先在木材加工厂或施工现场做成拼板。侧模拼板一般由25 mm厚、小于200 mm宽的木板,以25 mm×35 mm的拼条钉成,如图7-4所示。梁底的拼板则由于承受较大的荷载要加厚至40~50 mm。拼板的大小应与混凝土构件的尺寸相适应,但必须考虑拼接时相互搭接的要求,而增加一些长度或宽度。

另一种是将木板钉在边框上,制成一定尺寸的定型板,如图7-5所示。定型板的尺寸一般长700~1 200 mm,宽200~400 mm。这种形式的模板可用短料制成,刚度较好,不易损坏,利用率高。

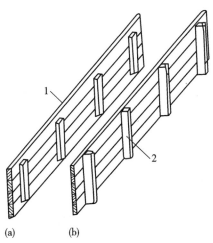

(a)　　　　(b)

图7-4　拼板的构造

(a)一般拼板;(b)梁侧板的拼板

1-板条;2-拼条

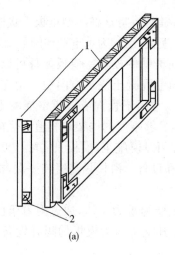
(a)

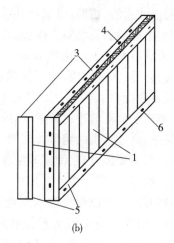
(b)

图 7-5　定型模板

（a）木制；（b）钢木混合

1-25 厚木板；2-40×50 方木；3-∟40×4；4-椭圆孔；5-25×3；6-沉头螺钉

1. 基础模板的构造与安装

（1）模板构造。阶梯形基础模板的构造如图 7-6 所示。每级阶梯均用四块拼板构成。两块内拼板与阶梯等长，另两块外拼板长于阶梯以便支模。拼板宽度与阶梯高度相同。

（2）模板安装。在模板安装前，应平整好基础底面（有的基础根据设计要求还要先做好垫层），并根据基础纵横轴中心，放出模板安装边线，据此边线安装模板。模板定位后用木条、撑木、斜撑等固定侧拼板。为了抵抗混凝土的侧压力，还要用铁丝将侧拼板互相拉牢。

杯形独立基础模板的构造与阶梯形基础相似，只是在杯口位置要装设杯芯模。杯芯模两侧钉上轿杠，以便于搁置在上台阶模板上。如果下台阶顶面带有坡度，应在上台阶模板的两侧钉上轿杠，轿杠端头下方加钉托木，以便于搁置在下台阶模板上。近旁有基坑壁时，可贴基坑壁设垫木，用斜撑支撑侧板木档，见图 7-7。

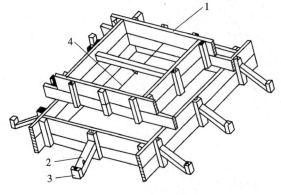

图 7-6　阶梯形基础模板

1-拼板；2-斜撑；3-木桩；4-铁丝

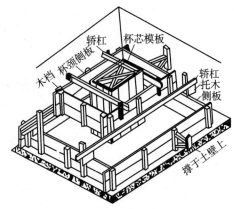

图 7-7　杯形独立基础模板

杯芯模有整体式和装配式两种。整体式杯芯模是用木板和木档根据杯口尺寸钉成一个整体,为了便于脱模,可在芯模的上口设吊环,或在底部的十字对角档穿设 8 号铅丝,以便于芯模脱模。装配式芯模由四个角模组成,每侧设抽芯板,拆模时先抽去抽芯板即可脱模,如图 7-8 所示。

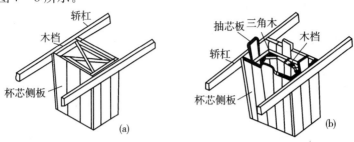

图 7-8　杯芯模

(a)整体式;(b)装配式

杯芯模的上口宽度要比柱脚宽度大 100～150 mm,下口宽度要比柱脚宽度大 40～60 mm,杯芯模的高度(轿杠底到下口)应比柱子插入基础杯口中的深度大 20～30 mm,以便安装柱子时校正柱列轴线及调整柱底标高。

杯芯模一般不装底板,这样浇筑杯口底处混凝土比较方便,也易于振捣密实。

条形基础模板一般由侧板、斜撑、平撑组成。侧板可用长条木板加钉竖向木档拼成,或用短条木板加横向木档拼成。斜撑和平撑钉在木桩(或垫木)与木档之间,见图 7-9。

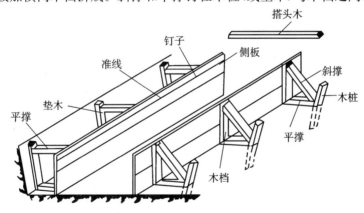

图 7-9　条形基础模板

条形基础模板安装时,先在基槽底弹出基础边线,再把侧板对准边线垂直竖立,校正调平无误后,用斜撑和平撑钉牢。如基础较长,可先立基础两端的两块侧板,校正后再在侧板上口拉通线,依照通线再立中间侧板,当侧板高度大于基础台阶高度时,可在侧板内侧按台阶高度弹出准线,并每隔 2 m 左右在准线上钉圆钉,作为浇捣混凝土的标志。每隔一定距离在侧板上口钉上搭头木,防止模板变形。

带有地梁的条形基础,轿杠布置在侧板上口,用斜撑、吊木将侧板吊在轿杠上(图 7-

10）。吊木间距为 800～1 200 mm。

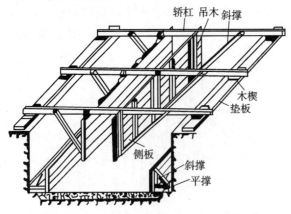

图 7-10　有地梁的条形基础模板

在浇筑混凝土时，混凝土对模板有较大的侧压力，故在拼板的外面应加柱箍。当混凝土侧压力较大时，还要在柱模板中加对拉螺栓。由于柱上部混凝土侧压力较柱底小，故柱箍应上疏下密，间距由计算确定。

为了便于清理在安装时遗留的木屑垃圾，柱模板底部应留有清理孔，待垃圾清理完毕后再钉牢。

当柱较高时，在柱模板中部尚应留有混凝土浇筑孔，其做法与垃圾清理孔相同。浇筑混凝土时首先应浇孔以下的部分，钉牢盖板后再浇筑孔以上部分。

（2）模板安装。柱模板安装前应弹出柱中线及边线。依据边线并考虑增加两片柱模板的厚度钉柱脚木框。木框应牢固地固定于基础顶面或楼面。然后紧靠木框内表面安装柱模板。若柱钢筋在安装模板前已绑扎完毕，则四块拼板可同时安装。若柱钢筋还未绑扎，则应留下 1～2 面柱模板待钢筋绑扎完毕后再安装。

安装柱模板除应保证平面尺寸正确外，还应保证垂直。用垂球检查柱模板的垂直度后，应立即用撑木撑牢。各柱模板安装完毕后相互间应用水平及斜拉杆联系成整体，以使在整个施工过程中不致发生倾斜。校正完柱子模板的垂直度即可上紧柱箍。

2. 柱模板的构造与安装

（1）模板构造。柱模板主要由四块拼板构成，见图 7-11。两块内拼板宽度与柱截面相同，两块外拼板宽度应比柱截面宽度大两个拼板的厚度。拼板长度等于基础面（或楼面）至上一层楼板底面，若与梁相接，尚应留出梁的缺口。

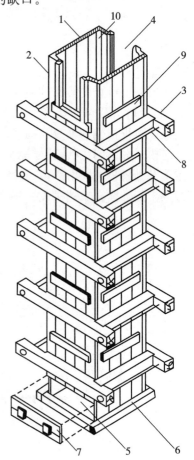

图 7-11　方形柱子的模板

1—内拼板；2—外拼板；3—柱箍；4—梁缺口；5—清理孔；6—木框；7—盖板；8—拉紧螺栓；9—拼条；10—三角木条

3. 梁模板的构造与安装

（1）模板构造。梁模板由三块拼板构成，一块作底板，两块作侧板，如图7－12所示。其长度均为梁长减去两块柱模板厚度。底模板的宽度同梁宽。侧模板的宽度则视所处位置的不同而异：如为边梁外侧板，则宽度为梁宽加梁底模板厚度；如为一般梁侧模板，则宽度为梁高加梁底模板厚度再减去混凝土板厚。

梁底板所用的支柱除图7－12所示木支柱外，常用的还有钢管支柱，见图7－13。钢管支柱要先用插销粗调高度，再用螺旋微调高度。

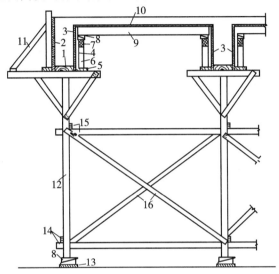

图 7－12　梁、楼板模板

1-梁底板；2-边梁外侧模板；3-梁侧模板；4-拼条；5-夹板；6-立木；7-横挡木；8-楔块；9-楞木；
10-楼板模板；11-斜撑；12-支柱；13-木垫板；14-下水平拉条；15-上水平拉条；16-斜拉条

支架顶有可调式顶托，可精确调节高度，底部有当荷载很大单根支柱承载力不足时，可用组合钢支柱或钢管井架，见图7－14。做脚手架用的金属支架（图7－15）也可以用于支承梁或板的模板。每个支架宽约1.2m，高约1.8m，可根据需要装配至所需高度及长度。

可调式底板，可调整地面的凸凹不平。支架之间以交叉斜拉杆相互联系保持稳定。

（2）梁模板安装。第一步应安装梁底模板。安装时要将梁底模板两端搁置在柱模板顶端梁的缺口处，下面以立柱撑起，再用楔块或螺旋底座调整高度，梁底模板安装要求平直。跨度≥4m的梁底模板应起拱，以抵消部分受荷后下垂的挠度。起拱高度宜为跨度的1/1000～3/1000。支柱的间距根据荷载大小及支柱的承载能力由计算确定，一般为1～1.5m。

第二步安装侧模板。安装时要将梁侧模板紧靠梁底模板放在支柱顶的横木上，为防止产生外移，应用夹板将侧模板钉夹牢在支柱顶的横木上。梁侧模板安装要求垂直。边梁外侧模板上边用立木及斜撑固定。一般梁侧模板的上边用楼板的底模板顶紧。梁侧模板之间应临时用撑木撑牢。撑木长度与梁宽相同，浇筑混凝土时再拆去。若梁的高度

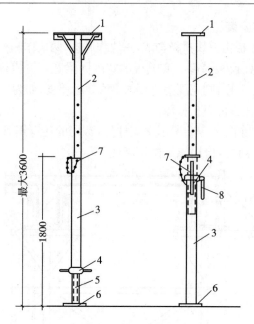

图 7 - 13　钢管支柱

1-顶板；2-插管；3-套管；4-转盘；5-螺旋；6-底板；7-插销；8-转动手柄

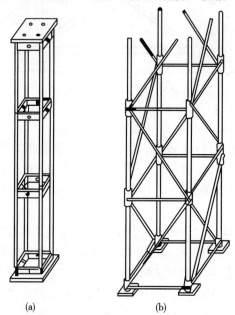

(a)　　　　　　　(b)

图 7 - 14　组合钢支柱及钢管井架

(a)组合钢支柱；(b)钢管井架

较大，为抵抗混凝土的侧压力，还要设对拉螺栓。

　　如为多层钢筋混凝土房屋则要分层支模，各层模板支架的立柱下应铺设通长的垫板,上下层的立柱应安装在同一条竖向中心线上。当层间高度大于5m时,宜选用桁架支模或多层支架支模的方法。采用多层支架支模时,支架的横垫板必须平正,支架的上下层立柱应保证在同一竖向中心线上。

4. 楼板模板的构造与安装

(1)模板构造。楼板模板(图7-12)可由若干拼板拼成。但一般宜用定型板拼成,其不足部分另加异形板补齐。

(2)模板安装。楼板模板铺放前,应先在梁侧模板外边钉立木及横挡,在横挡上安装楞木。楞木安装要水平,如不平时可在楞木两端加木楔调平。楞木调平后即可铺放楼板模板。若楞木跨度过大,可在楞中间另加支柱,以免受荷后挠度过大。也可用伸缩式桁架支模,见图7-16。

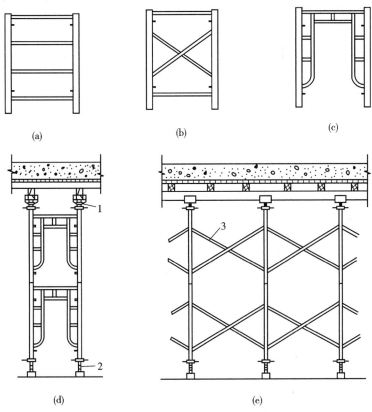

图 7-15　金属支架

(a)梯形支架;(b)X形支架;(c)门式支架;(d)两层门式支架(横向);(e)两层门式支架(纵向)

1-可调式U形顶托;2-可调式底座;3-交叉拉杆

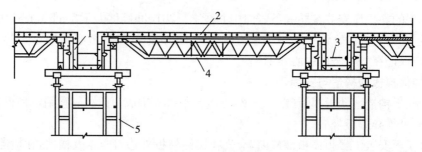

图 7 – 16　梁、楼板模板

5. 墙模板的构造与安装

（1）模板构造。墙模板由两片侧板组成，如图 7 – 17 所示。每片侧板由若干块拼接板或定型板拼接而成，拼板尺寸依墙体大小而定。侧板外用纵、横檩木及斜撑固定。为抵抗新浇混凝土的侧压力和保持墙的一定厚度，应装设对拉螺栓及临时撑木。对拉螺栓的间距由计算确定。

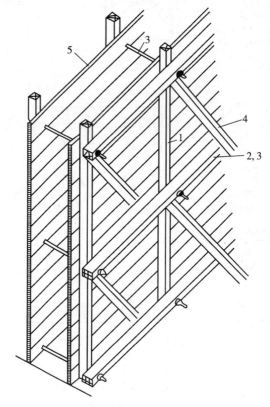

图 7 – 17　墙模板

1-纵檩；2-横檩；3-对拉螺栓；4-斜撑；5-墙模板

（2）模板的安装。在安装墙模板以前，底面要用水泥砂浆抹平，弹出墙体的中线及边线，依据边线安装墙模板。墙模板应保持垂直。模板上的纵、横檩木与斜撑必须撑牢，对拉螺栓也要收紧,以免在浇筑混凝土过程中模板产生过大变形或位移。

墙模板安装时,根据边线先立一侧模板,临时用支撑撑住,用线锤校正模板的垂直,再钉牵杠,然后用斜撑和平撑固定。大块侧模组拼时,上下竖向拼缝要相互错开,先立两端,后立中间部分。

待钢筋绑扎好后,按同样方法安装另一侧模板及斜撑等。

为了保证墙体的厚度正确,在两侧模板之间可用小方木撑头(小方木长度等于墙厚),防水混凝土墙要加有正水板的撑头。小方木要随着浇筑混凝土逐个取出,为了防止浇筑混凝土的墙身鼓胀,可用 8～10 号铅丝或直径 12～16 mm 螺栓拉结两侧模板,间距不大于 1 m。螺栓要纵横排列,并在混凝土凝结前经常转动,以便在凝结后取出,如墙体不高,厚度不大,亦可在两侧模板上口钉上搭头即可。

6. 楼梯模板的构造与安装

(1)模板的构造。板式楼梯的模板由楼梯底模板、侧板及梯级模板构成,其构造如图 7-18 及图 7-19 所示。

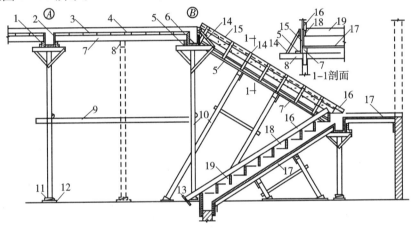

图 7-18　肋形楼盖及楼梯模板

1-横挡木;2-梁侧板;3-定型模板;4-异型板;5-夹板;6-梁底模板;7-楞木;8-横木;9-拉条;10-支柱;11-木楔;12-垫板;13-木桩;14-斜撑;15-边板;16-反扶梯基;17-板底模板;18-三角木;19-梯级模板

(2)模板的安装。楼梯模板在施工前,一般先按设计图纸进行放样,以确定各部件尺寸。模板的安装顺序是先装上、下休息平台及梁梯的模板,然后再在楼梯梁模板之间装设楼梯模板。安装楼梯底模板时,应将楼梯底模板两端与梯梁侧模板相接,坡度应符合设计要求,下面以楞木及支柱支撑。由于楼梯底模板是倾斜的,故支柱也应倾斜支模(大致与楼梯底模相垂直),支柱长度按实际需要确定,但必须支撑牢固,支柱之间以拉杆相联系。

安装楼梯侧模时,首先应根据放样图在侧模板上画出梯级图,并钉上梯级模板挡木。楼梯侧模板靠斜撑等固定在楼梯底模板边上,并保持垂直。

安装梯级模板时应根据楼梯侧模板上画出的梯级图进行操作。梯级模板应以挡木三角木(吊木、顶木)等固定。而三角木又钉牢在一根沿楼梯斜面通长的反扶梯基上,反扶梯基两端必须固定可靠。三角木的数量应根据楼梯宽度的不同用 2～3 根,要保证梯

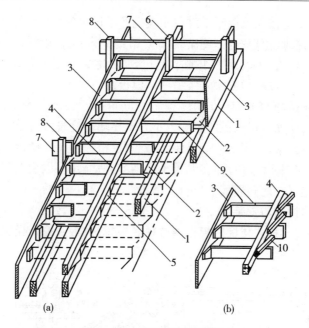

图 7 - 19　反扶梯基的构造

1-楞木;2-定型模板;3-边模板;4-反扶梯基;5-三角木;6-吊木;7-横楞;8-立木;9-梯级模板;10-顶木

级模板在混凝土浇筑过程中不会产生过大的变形和移动。

　　如果是先浇楼梯后砌墙体,则梯段两侧都应设外帮板,梯段中间加设反三角木,其余安装步骤与先砌墙体做法相同。

　　要注意梯步高度应均匀一致,最下一步及最上一步的高度,必须考虑到楼地面最后的装修厚度,防止由于装修厚度不同而形成梯步高度不协调。

　　对于螺旋式楼梯的模板,其支模步骤是:

　　①立支柱,钉横方,形成支撑骨架。然后在两相邻支柱间钉上十字撑或拉结木条,使骨架稳固。骨架的高度不同,每个骨架相差一个踏步高度。

　　②钉侧帮。按内外圆弧的不同尺寸选取已准备好的梯形侧模板,分别安装在同一踏步的两端。要把每个侧帮靠紧,两相邻侧帮用短木方钉牢,但必须钉在踏步外侧。

　　③安装梯段底板。在立好的骨架上钉牢事先配好的小块梯形底板。

　　④立踏步板。与常规做法相同,但应待钢筋绑扎完毕后方能进行。

　　⑤钉上口拉条。方法与普通楼梯一样。

　　⑥模板支到一定程度后,需检查楼梯的尺寸和标高,确认没有问题后,再对楼梯模板进行整体加固。

　　质量要求:

　　①各点标高及各部尺寸必须准确。

　　②侧帮要呈弧状,拼接棱角高度不得超过 1 cm。

　　③底板要平整,上下侧平,不应形成折线形;同时,每一踏步范围内必须水平。

④整个楼梯模板牢固、稳定。

⑤底板及侧帮的拼接缝要严密,防止漏浆。

三、组合模板施工技术

1. 施工前的准备工作

(1)安装前,要做好模板的定位基准工作,其工作步骤是:

①进行中心线和位置的放线:首先引测建筑的边柱或墙轴线,并以该轴线为起点,引出每条轴线。

模板放线时,根据施工图用墨线弹出模板的内边线和中心线,墙模板要弹出模板的边线和外侧控制线,以便于模板安装和校正。

②做好标高量测工作:根据实际标高的要求,用水准仪把建筑物水平标高直接引测到模板安装位置。

③进行找平工作:模板承垫底部应预先找平,以保证模板位置正确,防止模板底部漏浆,常用的找平方法是沿模板边线(构件边线外侧)用1∶3水泥砂浆抹找平层[图7-20(a)]。另外,在外墙、外柱部位,继续安装模板前,要设置模板承垫条带[图7-20(b)],并校正使其平直。

④设置模板定位基准:传统做法是,按照构件的断面尺寸先用同强度等级的细石混凝土浇筑50~100 mm的导墙,作为模板定位基准。

另一种做法是采用钢筋定位:墙体模板可根据构件断面尺寸切割一定长度的钢筋焊成定位梯子支撑筋(钢筋端头刷防锈漆),绑(焊)在墙体两根竖筋上[图7-21(a)],起到支撑作用,间距1200 mm左右;柱模板,可在基础和柱模上口用钢筋焊成井字形套箍撑位模板并固定竖向钢筋,也可在竖向钢筋靠模板一侧焊一短截钢筋,以保持钢筋与模板的位置[图7-21(b)]。

⑤合模前要检查构件竖向接岔处面层混凝土是否已经凿毛。

(2)按施工需用的模板及配件对其规格、数量逐项清点检查,未经修复的部件不得使用。

(3)采取预组装模板施工时,预组装工作应在组装平台或经平整处理的地面上进行,并按表7-5的要求逐块检验后进行试吊,试吊后再进行复查,并检查配件数量、位置和紧固情况。

表7-5 钢模板施工组装质量标准(mm)

项 目	允 许 偏 差
两块模板之间的拼接缝隙	≤2.0
相邻模板面的高低差	≤2.0
组装模板板面的平面度	≤2.0(用2 m长平尺检查)
组装模板板面的长宽尺寸	≤长度和宽度的1/1000,最大±4.0
组装模板两对角线长度差值	≤对角线长度的1/1000,最大≤7.0

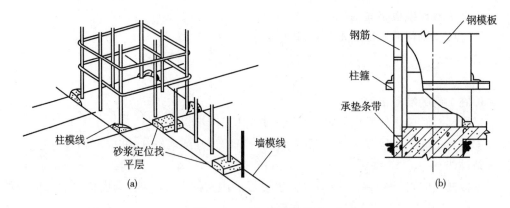

图 7-20 墙、柱模板找平

(a)砂浆找平层;(b)外柱外模板设承垫条带

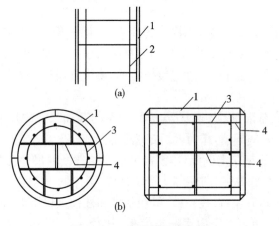

图 7-21 钢筋定位示意图

(a)墙体梯子支撑筋;(b)柱井字套箍支撑筋

1-模板;2-梯形筋;3-箍筋;4-井字支撑筋

(4)经检查合格的模板,应按照安装程序进行堆放或装车运输。重叠平放时,每层之间应加垫木,模板与垫木均应上下对齐,底层模板应垫离地面不小于 10 cm。

运输时,要避免碰撞,防止倾倒。应采取措施,保证稳固。

(5)模板安装前,应做好下列准备工作。

①向施工班组进行技术交底,并且做样板,经监理、有关人员认可后,再大面积展开。

②支承支柱的土壤地面,应事先夯实整平,并做好防水、排水设置,准备支柱底垫木。

③竖向模板安装的底面应平整坚实,并采取可靠的定位措施,按施工设计要求预埋支承锚固件。

④模板应涂刷脱模剂。结构表面需做处理的工程,严禁在模板上涂刷废机油或其他油类。

2. 模板的支设安装

(1)模板的支设安装,应遵守下列规定。

①按配板设计循序拼装,以保证模板系统的整体稳定。

②配件必须装插牢固。支柱和斜撑下的支承面应平整垫实,要有足够的受压面积。支承件应着力于外钢楞。

③预埋件与预留孔洞必须位置准确,安设牢固。

④基础模板必须支撑牢固,防止变形,侧模斜撑的底部应加设垫木。

⑤墙和柱子模板的底面应找平,下端应与事先做好的定位基准靠紧垫平,在墙、柱子上继续安装模板时,模板应有可靠的支承点,其平直度应进行校正。

⑥楼板模板支模时,应先完成一个格构的水平支撑及斜撑安装,再逐渐向外扩展,以保持支撑系统的稳定性。

⑦预组装墙模板吊装就位后,下端应垫平,紧靠定位基准;两侧模板均应利用斜撑调整和固定其垂直度。

⑧支柱所设的水平撑与剪刀撑,应按构造与整体稳定性布置。

⑨多层支设的支柱,上下应设置在同一竖向中心线上,下层楼板应具有承受上层荷载的承载能力或加设支架支撑。下层支架的立柱应铺设垫板。

(2)模板安装时,应符合下列要求:

①同一条拼缝上的 U 形卡,不宜向同一方向卡紧。

②墙模板的对拉螺栓孔应平直相对,穿插螺栓不得斜拉硬顶。钻孔应采用机具,严禁采用电、气焊灼孔。

③钢楞宜采用整根杆件,接头应错开设置,搭接长度不应少于 200 mm。

(3)对现浇混凝土梁、板,当跨度不小于 4 m 时,模板应按设计要求起拱;当设计无具体要求时,起拱高度宜为跨度的 1/1000～3/1000。

(4)曲面结构可用双曲可调模板,采用平面模板组装时,应使模板面与设计曲面的最大差值不得超过设计的允许值。

(5)模板安装及应注意的事项。

模板的支设方法基本上有两种,即单块就位组拼(散装)和预组拼,其中预组拼又可分为分片组拼和整体组拼两种。采用预组拼方法,可以加快施工速度,提高工效和模板的安装质量,但必须具备相适应的吊装设备和有较大的拼装场地。

①柱模板。

a.保证柱模的长度符合模数,不符合部分放到节点部位处理;或以梁底标高为准,由上往下配模,不符合模数部分放到柱根部位处理;高度在 4 m 和 4 m 以上时,一般应四面支撑。当柱高超过 6 m 时,不宜单根柱支撑,宜几根柱同时支撑连成构架。

b.柱模根部要用水泥砂浆堵严,防止跑浆;柱模的浇筑口和清扫口,在配模时应一并考虑留出。

c. 梁、柱模板分两次支设时,在柱子混凝土达到拆模强度时,最上一段柱模先保留不拆,以便于与梁模板连接。

d. 柱模的清渣口应留置在柱脚一侧,如果柱子断面较大,为了便于清理,亦可两面留设,清理完毕,立即封闭。

e. 柱模安装就位后,立即用四根支撑或有张紧器花篮螺栓的缆风绳与柱顶四角拉结,并校正其中心线和偏斜(图 7-22),全面检查合格后,再群体固定。

②梁模板。

a. 梁柱接头模板的连接特别重要,一般可按图 7-23 和图 7-24 处理;或用专门加工的梁柱接头模板。

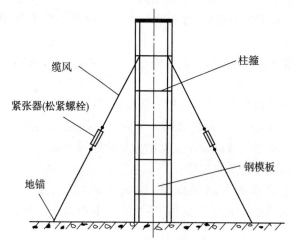

图 7-22　校正柱模板

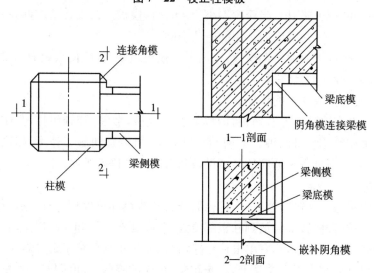

图 7-23　柱顶梁口采用嵌补模板

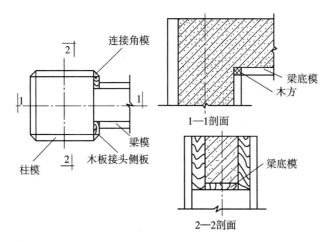

图 7-24 柱顶梁口用木方镶拼

b. 梁模支柱的设置,应经模板设计计算决定,一般情况下采用双支柱时,间距以 60～100 cm 为宜。

c. 模板支柱纵、横方向的水平拉样、剪刀撑等,均应按设计要求布置;一般工程当设计无规定时,支柱间距一般不宜大于 2 m,纵横方向的水平拉杆的上下间距不宜大于 1.5 m,纵横方向的垂直剪刀撑的间距不宜大于 6 m;跨度大或楼层高的工程,必须认真进行设计,尤其是对支撑系统的稳定性,必须进行结构计算,按设计精心施工。

d. 采用扣件钢管脚手或碗扣式脚手作支架时,扣件要拧紧,杯口要紧扣,要抽查扣件的扭力矩。横杆的步距要按设计要求设置。采用桁架支模时,要按事先设计的要求设置,要考虑桁架的横向刚度上下弦要设水平连接,拼接桁架的螺栓要拧紧。数量要满足要求。

e. 由于空调等各种设备管道安装的要求,需要在模板上预留孔洞时,应尽量使穿梁管道孔分散,穿梁管道孔的位置应设置在梁中(图 7-25),以防削弱梁的截面,影响梁的承载能力。

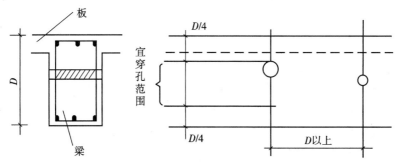

图 7-25 穿梁管道孔设置的高度范围

③墙模板。

a. 组装模板时,要使两侧穿孔的模板对称放置,确保孔洞对准,以使穿墙螺栓与墙模保持垂直。

b. 相邻模板边肋用 U 形卡连接的间距，不得大于 300 mm，预组拼模板接缝处宜满上。

c. 预留门窗洞口的模板应有锥度，安装要牢固，既不变形，又便于拆除。

d. 墙模板上预留的小型设备孔洞，当遇到钢筋时，应设法确保钢筋位置正确，不得将钢筋移向一侧（图 7 - 26）。

e. 优先采用预组装的大块模板，必须要有良好的刚度，以便于整体装、拆、运。

f. 墙模板上口必须在同一水平面上，严防墙顶标高不一。

④楼板模板。

a. 采用立柱作支架时，从边跨一侧开始逐排安装立柱，并同时安装外钢楞（大龙骨）。

立柱和钢楞（龙骨）的间距，根据模板设计计算决定，一般情况下立柱与外钢楞间距为 600 ～ 1 200 mm，内钢楞（小龙骨）间距为 400 ～ 600 mm。调平后即可铺设模板。

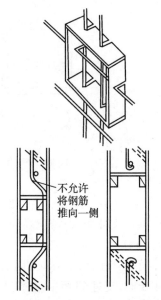

不允许将钢筋推向一侧

图 7 - 26 墙模板上设备孔洞模板做法

在模板铺设完标高校正后，立柱之间应加设水平拉杆，其道数根据立柱高度决定。一般情况下离地面 200～300 mm 处设一道，往上纵横方向每隔 1.6 m 左右设一道。

b. 采用桁架作支承结构时，一般应预先支好梁、墙模板，然后将桁架按模板设计要求支设在梁侧模通长的型钢或方木上，调平固定后再铺设模板（图 7 - 27）。

c. 楼板模板当采用单块就位组拼时，宜以每个节间从四周先用阴角模板与墙、梁模板连接，然后向中央铺设。相邻模板边肋应按设计要求用 U 形卡连接，也可用钩头螺栓与钢楞连接。亦可采用 U 形卡预拼大块再吊装铺设。

d. 采用钢管脚手架作支撑时，在支柱高度方向每隔 1.2～1.3 m 设一道双向水平拉杆。

e. 要优先采用支撑系统的快拆体系，加快模板周转速度。

⑤楼梯模板。楼梯模板一般比较复杂，常见的有板式和梁式楼梯，其支模工艺基本相同。

施工前应根据实际层高放样，先安装休息平台梁模板，再安装楼梯模板斜楞，然后铺设楼梯底模、安装外帮侧模和踏步模板。安装模板时要特别注意斜向支柱（斜撑）的固定，防止浇筑混凝土时模板移动。

楼梯段模板组装情况见图 7 - 28。

⑥预埋件和预留孔洞的设置。梁顶面和板顶面预埋件的留设方法见图 7 - 29。

预留孔洞的留置见图 7 - 30。

当楼板板面上留设较大孔洞时，留孔处留出模板空位，用斜撑将孔模支于孔边上

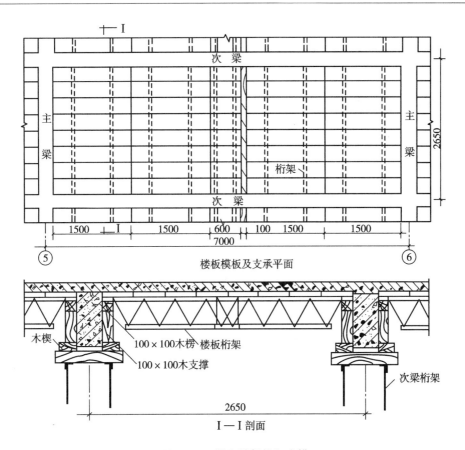

图 7 - 27 梁和楼板桁架支模

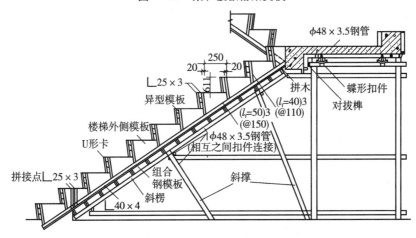

图 7 - 28 楼梯模板支设示意

（图 7 - 31）。

（6）钢模板工程安装质量检查及验收。

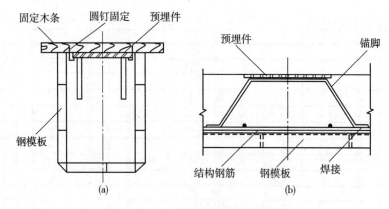

图 7－29　水平构件预埋件固定示意

(a)梁顶面;(b)板顶面

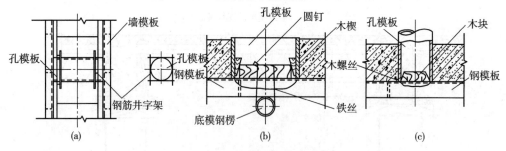

图 7－30　预留孔洞留设方法

(a)梁、墙侧面;(b)、(c)楼板板底

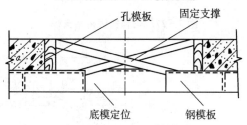

图 7－31　支撑固定方孔孔模

①钢模板工程安装过程中,应进行下列质量检查和验收:

a. 钢模板的布局和施工顺序;

b. 连接件、支承件的规格、质量和紧固情况;

c. 支承着力点和模板结构整体稳定性;

d. 模板轴线位置和标志;

e. 竖向模板的垂直度和横向模板的侧向弯曲度;

f. 模板的拼缝度和高低差;

g. 预埋件和预留孔洞的规格数量及固定情况;

h. 扣件规格与对拉螺栓、钢楞的配套和紧固情况;

i. 支柱、斜撑的数量和着力点;

j. 对拉螺栓、钢楞与支柱的间距;

k. 各种预埋件和预留孔洞的固定情况;

l. 模板结构的整体稳定;

m. 有关安全措施。

②模板工程验收时,应提供下列文件:

a. 模板工程的施工设计或有关模板排列图和支承系统布置图;

b. 模板工程质量检查记录及验收记录;

c. 模板工程支模的重大问题及处理记录。

现浇混凝土结构所用模板的安装尺寸偏差,以及预埋件和预留孔洞的允许偏差,参见"模板工程施工质量及验收要求"。

3. 施工安全要求

模板安装时,应切实做好安全工作,应符合以下安全要求:

(1)模板上架设的电线和使用的电动工具,应采用36 V的低压电源或采取其他有效的安全措施。

(2)登高作业时,各种配件应放在工具箱或工具袋中,严禁放在模板或脚手架上;各种工具应系挂在操作人员身上或放在工具袋内,不得掉落。

(3)高耸建筑施工时,应有防雷击措施。

(4)高空作业人员严禁攀登组合钢模板或脚手架等上下,也不得在高空的墙顶、独立梁及其模板等上面行走。

(5)模板的预留孔洞、电梯井口等处,应加盖或设置防护栏,必要时应在洞口处设置安全网。

(6)装拆模板时,上下应有人接应,随拆随运转,并应把活动部件固定牢靠,严禁堆放在脚手板上和抛掷。

(7)装拆模板时,必须采用稳固的登高工具,高度超过3.5 m时,必须搭设脚手架。装拆施工时,除操作人员外,下面不得站人。高处作业时,操作人员应挂上安全带。

(8)安装墙、柱模板时,应随时支撑固定,防止倾覆。

(9)预拼装模板的安装,应边就位、边校正、边安设连接件,并加设临时支撑稳固。

(10)预拼装模板垂直吊运时,应采取两个以上的吊点;水平吊运应采取四个吊点。吊点应进行受力计算,合理布置。

(11)预拼装模板应整体拆除。拆除时,先挂好吊系,然后拆除支撑及拼接两片模板的配件,待模板离开结构表面后再起吊。

(12)拆除承重模板时,必要时应先设立临时支撑,防止突然整块坍落。

4. 模板的拆除

(1)模板拆除的顺序和方法,应按照配板设计的规定进行,遵循先支后拆,先非承重部位后承重部位以及自上而下的原则。拆模时,严禁用大锤和撬棍硬砸硬撬。

(2)先拆除侧面模板(混凝土强度大于 $1\,N/mm^2$),再拆除承重模板。

(3)组合大模板宜大块整体拆除。

(4)支承件和连接件应逐件拆卸,模板应逐块拆卸传递,拆除时不得损伤模板和混凝土。

(5)拆下的模板和配件均应分类堆放整齐,附件应放在工具箱内。

5. 模板的运输、维修和保管

(1)运输。

①不同规格的钢模板不得混装混运。运输时,必须采取有效措施,防止模板滑动、倾倒。长途运输时,应采用简易集装箱,支承件应捆扎牢固,连接件应分类装箱。

②预组装模板运输时,应分隔垫实,支捆牢固,防止松动变形。

③装卸模板和配件应轻装轻卸,严禁抛掷,并应防止碰撞损坏。严禁用钢模板做其他非模板用途。

(2)维修和保管。

①钢模板和配件拆除后,应及时清除粘结的灰浆,对变形和损坏的模板和配件,宜采用机械整形和清理。钢模板及配件修复后的质量标准见表 7-6。

表 7-6 钢模板及配件修复后的质量标准

	项 目	允许偏差(mm)
钢模板	板面平整度	≤2.0
	凸棱直线度	≤1.0
	边肋不直度	不得超过凸棱高度
配 件	U 形卡卡口残余变形	≤1.2
	钢楞和支柱不直度	≤L/1000

注:L 为钢楞和支柱的长度

②维修质量不合格的模板及配件不得使用。

③对暂不使用的钢模板,板面应涂刷脱模剂或防锈油。背面油漆脱落处,应补刷防锈漆,焊缝开裂时应补焊,并按规格分类堆放。

④钢模板宜存放在室内或棚内,板底支垫离地面 100 mm 以上。露天堆放,地面应平整坚实,有排水措施,模板底支垫离地面 200 mm 以上,两点距模板两端长度不大于模板长度的 1/6。

⑤入库的配件、小件要装箱入袋,大件要按规格分类整数成垛堆放。

四、模板工程安全技术措施

1. 一般要求

(1)模板的材质要求。

①钢模板及其支撑的材质。

a. 钢材应符合《普通碳素钢钢号和一般技术条件》(GB 700—79)中的 Q235 钢标准。

b. 焊条应与被焊接的钢材相适应。

c. 定型钢模板必须有出厂检验合格证。

d. 对成批的新模板使用前应进行荷载试验,符合要求后方可使用。

②木模板及其支撑的材质要求:

a. 木材应符合《木结构工程施工及验收规范》(GBJ 206—83)中的承重结构选材标准,材质不宜低于Ⅲ等材。

b. 支撑木杆应使用松木或杉木,不得采用杨木、柳木、桦木、椴木等易变形开裂的木材。木杆不得使用有腐朽、折裂、枯节等弊病的木材。支撑木杆的连接结合,宜采用钉、销或螺栓,不宜使用铁丝或麻绳等绑扎。

c. 木材上有节疤、缺口等弊病的部位,应放在模板的背面或者截去。

d. 钉子长度应为模板厚度的2~3倍。

③竹支撑的材质要求:

a. 竹竿的小头直径不宜小于80 mm,青嫩、枯脆、裂缝、白麻及虫蛀等的竹竿严禁使用。

b. 支撑竹竿的接头连接可采用多股青篾绑扎。

(2)模板施工前的安全技术准备。模板施工前,现场负责人要认真审查施工组织设计中关于模板的设计资料,要审查下列项目:

①模板结构设计计算书的荷载取值是否符合工程实际,计算方法是否正确,审核手续是否齐全。

②模板设计图包括结构构件大样及支撑体系、连接件等的设计是否安全合理,图纸是否齐全。

③模板设计中安全措施是否周全。

当板模构件进场后,要认真检查构件和材料是否符合设计要求,例如钢模板构件是否有严重锈蚀或变形,构件的焊接或连接螺栓是否符合要求,木料的材质以及木构件拼接节头是否牢固等。自己加工的模板构件,特别是承重钢构件其检验验收手续是否齐全。同时要排除模板工程施工中现场的不安全因素,要保证运输道路畅通,做到现场防护设施齐全。土地面上的支模场地必须平整夯实。要做好夜间施工照明的准备工作,电动工具的电源线绝缘、漏电保护装置要齐全,并做好模板垂直运输的安全施工准备工作。

现场施工负责人在模板施工前要认真向有关人员做安全技术交底,特别是新的模板工艺必须通过试验,并培训操作人员。

(3)保证模板工程施工安全的基本要求。模板工程作业高度在2 m及2 m以上时,要根据高空作业安全技术规范的要求进行操作和防护,要有可靠安全的操作架子,4 m以上或二层及二层以上周围应围设安全网,防护栏杆。临街及交通要道地区施工应设警示牌,避免伤及行人,操作人员上下通行必须通过马道、乘人施工电梯或上人扶梯等,不许攀登模板或脚手架上下,不许在墙顶、独立梁及其他狭窄而无防护栏的模板面上行走。高处作业架子上、平台上一般不宜堆放模板料,必须短时间堆放时,一定要码平稳,不能堆得过高,必须控制在架子或平台的允许荷载范围内,高处支模工人所用工具不用时要放在工具袋内,不能随意将工具、模板零件放在脚手架上,以免坠落伤人。

冬期施工,操作地点和人行通道的冰雪应事先清除掉,避免人员滑倒摔伤。五级以上大风天气,不宜进行大块模板拼装和吊装作业。

注意防火,木料及易燃保温材料要远离火源堆放,采用电热养护的模板要有可靠的绝缘漏电和接地保护装置,按电气安全操作规范要求做。

雨期施工,高耸结构的模板施工作业,要安装避雷设施,其接地电阻不得大于 4Ω,沿海地区要考虑抗风和加固措施。

在架空输电线路下面进行模板施工,如果不能停电作业,应采取隔离防护措施,其安全操作距离应符合表 7-7 的要求。

表 7-7　架空输电线路下作业的安全操作距离

输电线路电压	1 kV 以下	1~20 kV	35~110 kV	150 kV	220 kV
最小安全距离(m)	4	6	8	10	15

吊运模板的起重机任何部位和被吊的物件边缘与 10 kV 以下架空线路边缘最小水平距离不得小于 2 m。如果达不到这个要求,或者施工操作达不到表 7-7 的要求,必须采取防护措施,增设屏障、遮栏、围护或保护网,并悬挂醒目的警告标志牌。在架设防护设施时,应有电气工程技术人员或者专职安全人员负责监护。如果防护设施无法实现时,必须与有关部门协商,采取停电、迁移外电线路,否则不得施工。

夜间施工,必须有足够的照明,照明电源电压不得超过 36 V,在潮湿地点或易触及带电体场所,照明电源电压不得超过 24 V。各种电源线应为绝缘线,并且不允许直接固定在钢模板上。

模板支撑不能固定在脚手架上或门窗上,避免发生倒塌或模板位移。

液压滑动模板及其他特殊模板应按相应的专门的安全技术规程进行施工准备和作业。

2. 模板安装的安全技术

(1)普通模板的安装安全技术。

①一般要求:

a. 模板安装必须按模板的施工设计进行,严禁任意变动。

b. 整体式的多层房屋和构筑物安装上层模板及其支架时,应符合以下规定:

(a)当下层楼板结构强度,达到能承受上层模板、支撑和新浇混凝土的重量时,方可进行。否则下层楼板结构的支撑体系不能拆除,同时上下支柱应在同一垂直线上。

(b)如采用悬吊模板、桁架支模方法,其支撑结构必须要有足够的强度和刚度。

c. 当层间高度大于 5 m 时,若采用多层支架支模,则在两层支架立柱间应铺设垫板,且应平整,上下层支柱要垂直,并应在同一垂直线上。

d. 模板及支撑体系在安装过程中,必须设置临时固定设施,严防倾覆。

e. 支柱安装完毕后,应及时沿横向和纵向加设水平撑和垂直剪刀撑,并与支柱固定牢靠。当支柱高度小于 4 m 时,水平撑应设上下两道,两道水平撑之间,在纵、横向加设剪刀撑。支柱每增高 2 m 再增加一道水平撑,水平撑之间还需增加剪刀撑一道。

f. 采用分节脱模时,底模的支点应按设计要求设置。

g. 承重焊接钢筋骨架和模板一起安装时应符合以下规定:

(a)模板必须固定在承重焊接钢筋骨架的节点上。

(b)安装钢筋模板组合体时,吊索应按模板设计的吊点位置绑扎。

h. 组合钢模板采取预拼装用整体吊装方法时,应注意以下几点:

(a)拼装完毕的大块模板或整体模板,吊装前应确定吊点位置,先进行试吊,确认无误后,方可正式吊运安装。

(b)使用吊装机械安装大块整体模板时,必须在模板就位并连接牢固后方可脱钩。

(c)安装整块柱模板时,不得将其支在柱子钢筋上代替临时支撑。

②安装安全技术分述。

a. 基础及地下工程模板。基础及地下工程模板安装,应先检查基坑土壁边坡的稳定情况,如发现有塌方的危险,必须采取安全加固措施后,才能开始作业。操作人员上下基坑要设扶梯。基槽(坑)上口边缘 1m 以内不允许堆放模板构件和材料。向坑内运送模板如果不采用吊车,应使用溜槽或绳索,运送时要有专人指挥,上下呼应。模板支撑支在土壁上,应在支点加垫板,以免支撑不牢或造成土壁坍塌。地基土上支立柱应垫通长垫板。采用起重机运模板等材料,要有专人指挥,被吊的模板构件和材料要捆牢,避免散落伤人,重物下方的操作人员要避开起重臂下方。分层分阶的柱基支模,要待下层模板校正并支撑牢固之后,再支上一层的模板。

b. 混凝土柱模板工程。柱模板支模时,四周必须设牢固支撑或用钢筋、钢丝绳拉结牢固,避免柱模整体歪斜甚至倾倒。柱箍的间距及拉结螺栓的设置应按模板设计要求做。当柱模在 6 m 以上时,不宜单独支模,应将几个柱子模板拉结成整体。

c. 单梁与整体混凝土楼盖支模。单梁或整体混凝土楼盖支模,应搭设牢固的操作平台,并设护身栏。要避免上下同时作业,楼层层高较高、立柱超过 4 m 时,不宜用工具式钢支柱,宜采用钢管脚手架立柱或门式脚手架。如果采用多层支架支模时,各层支架本身必须成为整体空间稳定结构,支架的层间垫板应平整,各层支架的立柱应垂直,上下层立柱应在同一条垂直线上。

现浇多层房屋和构筑物,应采取分层分段支模方法。在已拆模的楼盖上,支模要验算楼盖的承载能力能否承受上部支模的荷载,如果承载力不够,则必须附加临时支柱支顶加固,或者事先保留该楼盖模板支柱。上下层楼盖模板的支柱应在同一条垂直线上。首层土上支模,地面应夯实平整,立柱下面要垫通长垫板。冬期不能在冻土或潮湿地面上支立柱,否则土受冻膨胀可能将楼盖顶裂或化冻时立柱下沉引起结构变形。

d. 混凝土墙模板工程。一般有大型起重设备的工地,墙模板常采用预拼装成大模板,整片安装,整片拆除,可以节省劳力,加快施工速度。这种拼装成大块模板的墙模板,一般没有支腿,在停放时一定要有稳固的插放架。大块墙模一般由定型模板拼装而成,要拼装牢固,吊环要进行计算设计。整片大模板安装就位之后,除了用穿墙螺栓将两片模板拉牢之外,还必须设置支撑或与相邻墙连成整体。如果是小块模板就地散支散拆,必须由下而上,逐层用龙骨固定牢固,上层拼装要搭设牢固的操作平台或脚手架。

e.圈梁与阳台模板。支圈梁模板要有操作平台,不允许在墙上操作。阳台支模的立柱可采用两种方法,一种是由下而上逐层在同一条垂直线上支立柱,拆除时由上而下拆除;一种是阳台留洞,让立柱直通到顶层。总之,阳台是悬挑结构,附加的支模立柱传来的集中荷载是难以承受的,弄得不好可能会塌下来。首层阳台支模立柱支承在散水回填土上,一定要夯实并垫板,否则雨期下沉、冬期冻胀都可能造成事故。支设阳台模板的操作地点要设护身栏、安全网。

f.烟囱、水塔及其他高大特殊的构筑物模板工程,要进行专门设计,制定专项安全技术措施,并经过主管安全技术部门审批。

③安装注意要点。

a.单片柱模吊装时,应采用卸扣和柱模连接,严禁用钢筋钩代替,以避免柱模翻转时脱钩造成事故。待模板立稳后并拉好支撑,方可摘除吊钩,防止倾覆。

b.支模应按工序进行,模板没有固定前,不得进行下道工序。

c.支设4m以上立柱模板和梁模板时,应搭设工作台,不足4m的,可使用马凳操作,不准站在柱模板上操作和在梁底模上行走,更不允许利用拉杆、支撑攀登上下。

d.墙模板在未装对拉螺栓前,板面要向后倾斜一定角度并撑牢,以防倒塌。安装过程要随时拆换支撑或增加支撑,以保持墙模处于稳定状态。模板未支撑稳固前不得松动吊钩。

e.安装墙模板时,应从内、外墙角开始,向相互垂直的两个方向拼装。连接模板的U形卡要正反交替安装,同一道墙(梁)的两侧模板应同时组合,以确保模板安装时的稳定。当墙模板采用分层支模时,第一层模板拼装后,应立即将内(外)钢楞、穿墙螺栓、斜撑等全部安设紧固稳定。当下层模板不能独立安设支承件时,必须采取可靠的临时固定措施,否则严禁进行上一层模板的安装。

f.用钢管和扣件搭设双排立柱支架支承梁模时,扣件应拧紧,且应抽查扣件螺栓的扭力矩是否符合要求。不够时,可放两个扣件与原扣件挨紧。横杆步距按设计规定,严禁随意增大。

(2)滑动模板的安装。

①一般规定。滑模工程开工前必须编制滑模施工安全技术措施,并报上级安全和技术主管部门审批后实施。滑模施工中必须配备具有安全技术知识、熟悉《液压滑动模板施工技术规范》和《液压滑动模板施工安全技术规程》的专职安全检查员。参加滑模工程施工的人员,必须进行技术培训和安全教育,使其了解滑模工程的特点,熟悉有关规范和规程以及本岗位的安全技术操作规程,并通过考核合格后方能上岗工作。主要施工人员应相对固定。滑模施工中应经常与当地气象台、站取得联系,遇到雷雨、六级和六级以上

大风时,必须停止施工。停工前做好停滑措施,操作平台上人员撤离前,应对设备、工具、零散材料、可移动的铺板等进行整理,固定并做好防护,全部人员撤离后立即切断通向操作平台的供电电源。滑模操作平台上的施工人员应定期进行体检,不适应高处作业的,不得上操作平台工作。

滑模施工建筑物或构筑物周围必须划出施工危险警戒区。警戒线至施工建筑物(构筑物)距离不应小于施工对象高度的 1/10,且不小于 10 m,当不能满足要求时,应采取有效的安全防护措施。警戒线应设明显标志,出入口设专人警卫。施工现场的供电、办公及生活设施等临时建筑和大宗材料堆放,应布置在危险警戒区以外。危险警戒区内的建筑物出入口、地面通道及机械操作场所,应搭设高度不低于 2.5 m 的安全防护棚。

滑模工程进行立体交叉作业时,上下工作面间应搭设隔离防护棚。

各种牵拉钢丝绳、滑轮装置、管道、电缆及设备等均应采取防护措施。现场垂直运输机械卷扬机,应布置在危险警戒区之外,并尽量设在能与塔架上、下通视的地方。采用多台塔吊同时作业时,应防止相互碰撞。

地面施工人员在警戒区内防护棚外进行短时间工作时,应与操作平台上作业人员取得联系,并指定专人负责警戒。

滑模工程开始滑升前,应进行全面的技术安全检查,并符合下列要求:操作平台及模板系统应符合设计要求;液压系统应试验合格;垂直运输设备系统及其安全保护装置试车合格;动力及照明电线路的检查及设备保护接地装置检验合格;通信联络与信号装置试验合格;安全防护设施符合施工安全技术的要求,防火、防雷、防冻等设施的配备符合施工组织设计的要求;完成了职工上岗前的安全教育及有关人员的考核工作;各项管理制度健全。

滑模施工的滑升必须在施工指挥人员统一指挥下进行,液压操作台应由持证人员操作。

初滑阶段,必须对滑模装置和混凝土的凝结状态进行检查,发现问题,及时纠正。每个作业班必须有专人检查混凝土出模强度,不得低于 0.2 MPa。当出模混凝土发生流淌或局部坍落现象时,应立即停滑处理。滑升阶段,应严格控制滑升速度,严禁随意超速滑升。滑升过程中,操作平台应保持基本水平,各千斤顶的相对高差不得大于 40 mm。相邻两个提升架上千斤顶的相对高差不得大于 20 mm。滑升过程中的纠偏工作,应在施工指挥人员统一指挥下缓慢进行。当采用倾斜操作平台纠偏方法时,操作平台倾斜度应控制在 1% 以内。圆形筒壁在任意 3 m 高度上相对扭转值不应大于 30 mm。

施工中应对支承杆的接头进行检查。同一结构截面内,接头数量不应大于 25%,位置应均匀分布;工具式接头必须拧紧。空滑施工,应根据对支承杆的验算结果,采取加固措施。随时检查支承杆工作状态,当出现弯曲、倾斜等失稳情况时,应查明原因,采取加固措施。

a.滑模操作平台。滑模操作平台应具有完整的设计计算书、施工图和技术说明,并必须经过审核报主管部门批准。制作操作平台的材料应有合格证,并符合设计要求。材料的代用必须经主管设计部门设计人员同意。

操作平台及吊脚手架上的铺板必须严密平整、防滑、固定牢靠,并不得随意挪动,孔洞如上下层操作平台的通道孔、梁模滑空部位等应设盖板封严,操作平台(包括内外吊脚手)边缘应设钢制防护栏,其高度不小于 1 200 mm,横档间距不大于 350 mm,底部应设高度大于18 mm的挡脚板。防护栏外侧应满挂安全网封闭,并应与防护栏绑扎牢固。内外吊脚手架操作面一侧的栏杆与操作面的距离不大于 100 mm,操作平台的内外吊脚手架应兜底横挂安全网。

当滑模操作平台上设有随意升井架时,入料道口应设防护栏杆,其他侧面应设铁丝网封闭,封闭高度不应低于 1 200 mm。

b.垂直运输设备。垂直运输设备的设置、安装、检验及操作应遵守国家现行的有关专业安全技术规程和设备出厂说明书中安全技术的各项要求,没有上述文件时,应编制设备安装及操作的安全技术规定。

垂直运输设备安装完毕后,应按出厂说明书要求进行无负荷、静负荷、动负荷试验及安全保护装置的可靠性试验,并应建立定期检修设备和保养设备的责任制。

操作设备的司机,必须通过专业培训,考核合格后持证上岗,禁止无证人员操作垂直运输设备。司机与起重物之间视线不清、夜间照明不足,而又无可靠的信号和自动停车、限位等安全措施时,禁止操作设备。设备的传动机构、制动机构、安全保护装置有故障,问题不清,动作不灵,电气设备无接地或接地不良,电气线路有漏电或超负荷或超定员,以及无明确统一信号和操作规程时,均禁止操作设备。

滑模施工中,采用自制的井架或随升井架及非标准电梯或罐笼运送物料和人员时,宜采用双绳双筒同步卷扬机。当采用单绳卷扬机时,罐笼两侧必须有安全卡钳。自行设计的安全卡钳,安装后应按最不利情况进行负荷试验,并经安全和技术主管部门鉴定合格后方可投入使用。

电梯和罐笼的柔性导轨(稳绳),应采用金属芯钢丝绳,其直径宜为 19.5 mm。柔性导轨的张紧力一般按 100 m 长取 10~12 kN。每副导轨中两根导轨的张紧力差以 15%~20%为宜。采用双罐笼时,张紧力相同的导轨应按中心对称设置。柔性导轨应设有测力装置,并有专人检查。

使用非标准电梯或罐笼时,其接触地面处应设缓冲器,缓冲器种类的选用根据电梯或箱笼的速度决定。非标准电梯或罐笼应用拉伸门,其他侧面用钢板或带加强筋的钢丝网或钢板网密封。

当井架相邻两孔分别为一孔罐笼上料、一孔爬梯上人时,孔间应采取安全隔离措施。

竖井架的安装应符合以下规定:

(a)支承底座安装的水平度偏差不大于 1/1000;

(b)架身垂直度偏差不大于 1/1000,且不大于 100 mm,并无扭转现象;

(c)缆风绳的张紧或放松应对称同时进行。位于结构物内的井架与结构物的柔性连接,也应均匀对称拉撑,柔性连接点应经设计验算,其间距不宜大于 10 m;

(d)缆风绳超过高压电线时,必须搭设竹、木脚手架保护,并保持安全距离;

(e)井架的安装与拆除必须有安全技术措施。

与井架配套使用的卷扬机的设置地点与卷扬机前第一个导向轮之间的距离,不得小于卷筒长度的 20 倍。

c.动力及照明用电。滑模施工的动力及照明用电应设有备用电源,如没有备用电源时,应考虑停电时的安全和人员上下措施。

现场的场地和操作平台上应分别设置配电装置。附着在操作平台上的垂直运输设备应有上下两套紧急断电装置。总开关和集中控制的开关必须有明显的标志。

滑模施工现场供电线路的架设应符合下列规定:当线路与道路交叉时,其架设高度不低于 6 m,当线路与铁道交叉时,线路架设高度不低于 7 m,如电缆从铁道钢轨下通过时,应加保护套管;当线路与架空管道交叉时,若线路在上面,线路与管道的垂直距离不小于 3 m,若线路在下面,线路与管道的垂直距离不小于 1.5 m;当线路与通信线路交叉时,两者的垂直距离不小于 1.25 m;线路距地面的高度不应低于 3.0 m,并不得使用裸线。从地面向滑模操作平台供电的电缆,应以上端固定在操作平台上的拉索为依托,电缆和拉索的长度应大于操作平台最大滑升高度 10 m,电缆在拉索上相互固定点的间距不应大于 2.0 m,其下端应理顺并加防护措施。

现场的夜间照明,应保证工作面照明充分。滑模操作平台上的便携式照明灯其电压不应高于 36 V。操作平台上采用 380 V 电压供电的设备,应装有触电保护器。经常移动的用电设备和机具的电源线,应使用橡胶软线。

操作平台上的总配电装置应安装在便于操作、调整和维修的地方。开关及插座应安装在配电箱内,并做好防雨措施。必须用铁壳或胶木壳开关,铁壳开关外壳应有良好接地,不得使用单级和裸露开关。平台上的用电设备接地线或接零线应与操作平台的接地干线有良好的电气通路。

d.防雷、防火。滑模施工的防雷装置应符合《建筑防雷设计规范》(GBJ 57—1983)的要求。操作平台的最高点如果不在邻近防雷接闪器的保护范围内,必须安装临时接闪器,并使整个滑模操作平台在其保护范围内。现场的井架、脚手架、升降机械、钢索、塔式起重机钢轨、管道等大型金属物体,应与防雷装置的引下线相连。接闪器的接地电阻应与所施工的建筑物(构筑物)防雷设计类别相同。防雷装置应设专用引下线,也可利用所施工工程正式引下线。当采用结构钢筋作为引下线时,必须与钢筋焊接成电气通路,钢筋底部应与接地体连接。雷电时,所有露天高空处作业人员应下至地面,人体不得接触装置。因故停工、复工前以及雷雨季节到来之前,应对防雷装置进行全面检查,合格方准施工。施工期间要经常检查防雷装置,发现问题及时维修。

操作平台上应设置足够的灭火器及其他消防设施,且不应存放易燃物品。在操作平台上进行明火作业或电气焊时,必须采取防火措施。冬期施工时,滑模操作台上不得采用明火取暖。施工期间应有专人负责消防工作。

e. 通信与信号。滑模施工组织设计中应对操作平台与工地办公室、垂直及水平运输的控制室、供电、供水、供料等部位的通信联络做出相应的技术设计,所采用的通信联络方式应简单、直接,装置要灵敏可靠。

当采用罐笼或升降台等作垂直运输机械时,其停留处、地面落罐处及卷扬机室等必须设置通信联络装置及声、光指示信号。各处信号应统一规定,并挂牌说明。施工过程中,通信联络设备及信号应设专人管理和使用。

当滑模操作平台最高部位的高度超过50 m时,应根据航空部门的要求设置航空指示信号。在机场附近施工时,航空信号及设置高度,应征得当地航空部门的同意。

②滑动模板的安装要求。

a. 组装前应对各部件的材质、规格和数量进行详细检查,以便剔除不合格部件。

b. 模板安装完后,应对其进行全面检查,确实证明安全可靠后,方可进行下一工序的工作。

c. 液压控制台在安装前,必须做加压试车工作,应经严格检查合格后,方准运到工地上去安装。

d. 滑模平台必须保持水平,千斤顶的升差应随时检查调整。

③滑模施工的注意事项。

a. 滑升机具和操作平台应严格按照施工的设计要求安装。平台四周要有防护栏杆和安全网,平台铺设不得留有空隙。施工区域下面应设安全围栏,经常出入的通道要搭设防护棚。

b. 人货两用施工电梯,应安装柔性安全卡、限位开关等安全装置,上下应有通信联络设备,且应设有安全刹车装置。

c. 滑模提升前,若为柔性索道运输时,必须先放下吊笼,再放松导索,检查支承杆有无脱空现象,结构钢筋与操作平台有无挂连,确实证明无误后,方可提升。

d. 操作平台上,不得多人聚集一处,夜间施工应准备手电筒,以预防晚间停电。

e. 滑升过程中,要随时调整平台水平、中心垂直度,以便防止平台扭转和水平位移。

f. 平台内、外吊脚手架使用前,应全部设置好安全网,并把安全网紧靠筒壁。

g. 为防止高空坠物伤人,烟囱底部的2.5 m高度处应搭设防护棚,防护棚应坚固可靠,上面应铺一层6~8 mm的钢板。

h. 应定期对一切起重设备的限位器、刹车装置等进行测定,以防失灵发生意外。

(3)大模板工程。

①一般要求。墙体大模板施工发生的伤亡事故不少,主要是大模板安装不稳,或者固定不牢固,操作人员又缺乏自我防护意识造成的。因此大模板放置的地点必须平整夯实,且不能积水。每块大模板面应该面对面按稳定角度成对堆放。当稳定角不能满足要求时,或者堆放时间较长时,应另加拉结固定牢固,严防倒塌伤人。楼层上临时放置的大模板要在模板面方向附加临时支撑拉结,避免吊车吊钩在空中旋转时挂住大模板将其带倒,为此吊钩通过大模板堆放上空时也要升高到超过大模板顶标高。大模板吊装不能用

吊钩钩住大模板吊装,而必须用卡环将大模板吊环与吊绳绳扣直接卡牢。吊装时要稳起稳落,并在模板就位稳定后方可松吊绳卡环。大模板上的吊环断面及焊缝截面要经过设计计算确定,制作完要认真检查验收。大模板设计要考虑其重量不能超过吊车的起重能力,加工完后要实测其重量。外悬挂的大模板,组装要认真检查悬挂是否牢固。运输大模板要绑牢固定在车上。参加大模板施工的操作人员,要进行培训交底,特别注意可能发生的倾倒事故,加强自我防护意识,懂得自我保护方法。

②大模板的安装。

a.大模板起吊前,应把吊车的位置调整适当,并检查吊装用绳索、卡具及每块模板上的吊环是否牢固可靠,然后将吊钩挂好,拆除一切临时支撑,稳起稳吊,禁止用人力搬动模板。吊安过程中,严防模板大幅度摆动或碰倒其他模板。

b.组装平模时,应及时用卡具或花篮螺栓将相邻模板连接好,防止倾倒。安装外墙外模板时,必须待悬挑扁担固定,位置调好后,方可摘钩。外墙外模安装好后,要立即穿好销杆,紧固螺栓。

c.大模板安装时,要先内后外。单面模板就位后,用钢筋三角支架插入板面螺栓眼上支撑牢固。双面板就位后,用拉杆和螺栓固定,未就位和未固定前不能摘钩。

d.有平台的大模板起吊时,平台上禁止存放任何物料。禁止隔着墙同时吊运一面一块模板。

e.里外角模和临时摘挂的面板与大模板必须连接牢固,防止脱开和断裂坠落。

③安装使用注意事项。

a.大模板放置时,下面不得压有电线和气焊管线。

b.平模叠放运输时,垫木必须上下对齐,绑扎牢固,车上严禁坐人。

c.大模板组装或拆除时,指挥、拆除和挂钩人员必须站在安全可靠的地方方可操作,严禁任何人随大模板起吊,安装外模板的操作人员应系安全带。

d.大模板必须设有操作平台、上下梯道、防护栏杆等附属设施,如有损坏,应及时修好。大模板安装就位后,为便于浇捣混凝土,两道墙模板平台间应搭设临时走道,严禁在外墙板上行走。

e.模板安装就位后,要采取防止触电的保护措施,应设专人将大模板串联起来,并同避雷网接通,防止漏电伤人。

f.当风力为五级时,仅允许吊装1~2层模板和构件。风力超过五级,应停止吊装。

(4)飞模工程。

①一般要求。飞模是一种新型模板,它是用来浇筑整间或大面积混凝土楼盖的大型工具式模板。其面积较大,并且还常常附带一个悬挑的外边梁模板及操作平台,对这类模板的设计要充分考虑施工的各个阶段模板抗倾覆的稳定性、结构的强度和刚度。例如考虑抗倾覆稳定时,要将组装、吊装、就位、找平、调整、固定、绑扎钢筋、浇注混凝土等全过程中最不利情况和可能发生的最不利荷载全考虑进去,包括板面可能脱落减轻平衡重

等不利因素都要估计到,从而采取有针对性的措施。飞模在上人操作前,必须把防倾覆的安全链挂牢。在施工过程中,飞模的板面应与楞条骨架固定牢固。悬挑平台上的混凝土要及时清理,堆放的梁模板及其他模板材料荷重不能超过设计规定的荷载。

飞模停放及组装场地应平整夯实,防止地基下沉造成台模倾覆与变形。飞模应尽量在现场组装,不宜组装好后再运到现场。如果现场没有组装场地而必须组装好运输时,一定要绑牢,组装好的飞模在每次周转使用时,应设专人检查整修,发现有螺丝松动或固定不牢时应及时修理。

飞模周转使用起吊过程中,模板面上不能有浮搁的材料零配件及工具,严禁乘人。有的飞模向外推出,采用悬挑工具式平台,这种平台必须经过专门计算,并先在下面做荷载试验再正式投入使用。更安全、简便的方法是采用电动可调吊索进行飞模吊装。飞模脱模向外推出时,后面要挂安全保险绳,防止飞模突然向外滑出或倾覆。

②飞模(台模)的安装要求。

a. 支模前,先在楼、地面按布置图弹出各模板边线以控制其位置,然后将组装好的柱筒子模套上,这时再将模板吊装就位。

b. 模板校正。标高用千斤顶配合调整,并在每根立柱下用砖墩和木楔垫起或用可调钢套管。

c. 当有柱帽时,应制作整体斗模,斗模下口支承于柱筒子模上,上口用 U 形卡与台模相连接。

③台模(飞模)安装注意事项。

a. 堆放场地应平整坚实,严防地基下沉引起台模架扭曲变形。

b. 高而窄的台模架宜加设连杆互相牵牢,防止失稳倾倒。

c. 起飞台模用的临时平台,结构必须可靠,支搭坚固,平台上应设车轮的制动装置,平台外沿应设护栏,必要时还应设安全网。

3. 拆模的安全技术

(1)一般要求。

①拆模时对混凝土强度的要求应根据《混凝土结构工程施工及验收规范》(GB 50204—2002)的规定,现浇混凝土结构模板及其支架拆除时的混凝土强度,应符合设计要求,当设计无要求时,应符合下列要求:

a. 不承重的侧模板,包括梁、柱、墙的侧模板,只要混凝土强度能保证其表面及棱角不因拆除模板而受损坏,即可拆除。一般墙体大模板在常温条件下,混凝土强度达到 1 N/ mm^2 即可拆模。

b. 承重模板,包括梁、板等水平结构构件的底模,应根据与结构同条件养护的试块强度达到表 7 - 8 的规定,方可拆除。

表7-8 现浇结构拆模时所需混凝土强度

项 次	结构类型	结构跨度(m)	按设计的混凝土强度标准值的百分率计(%)
1	板	≤2	50
		>2,≤8	75
		>8	100
2	梁、拱、壳	≤8	75
		>8	100
3	悬臂构件	≤2	75
		>2	100

注:①本表指底模拆除应达到的强度;侧模在混凝土强度能保证其表面及棱角不因拆除模板而损坏,即可拆除。
　②表中"设计的混凝土强度标准值"系指与设计混凝土强度等级相应的混凝土立方体抗压强度标准值

c. 后张预应力混凝土结构或构件模板的拆除,侧模应在预应力张拉前拆除,其混凝土强度达到侧模拆除条件即可。进行预应力张拉必须待混凝土强度达到设计规定值方可张拉,底模必须在预应力张拉完毕后方能拆除。

d. 在拆模过程中,如发现实际结构混凝土强度未达到要求,有影响结构安全的质量问题时,应暂停拆模。经妥当处理,实际强度达到要求后,方可继续拆除。

e. 已拆除模板及其支架的混凝土结构,应在混凝土强度达到设计的混凝土强度标准值后,才允许承受全部设计的使用荷载。当承受施工荷载的效应比使用荷载更为不利时,必须经过核算,加设临时支撑。

f. 拆除芯模或预留孔的内模,应在混凝土强度能保证不发生塌陷和裂缝时,方可拆模。

②拆模之前必须有拆模申请,并根据同条件养护试块强度记录达到规定时,技术负责人方可批准拆模。

③冬期施工模板的拆除应遵守冬期施工的有关规定,其中主要是考虑混凝土模板拆除后的保温养护,如果不能进行保温养护,必须暴露在大气中时,要考虑混凝土受冻的临界强度。

④对于大体积混凝土,除应满足混凝土强度要求外,还应考虑保温措施,拆模之后要保证混凝土内外温差不超过20℃,以免发生温差裂缝。

⑤各类模板拆除的顺序和方法,应根据模板设计的规定进行。如果模板设计无规定时,可按先支的后拆、后支的先拆的顺序进行。按先拆非承重的模板、后拆承重的模板及支架的顺序进行。

⑥拆除模板必须随拆随清理,以免钉子扎脚、阻碍通行发生事故。

⑦拆模时下方不能有人,拆模区应设警戒线,以防有人误入被砸伤。

⑧拆除模板向下运送传递,一定要上下呼应,不能采取猛撬,以致大片塌落的方法拆除。用起重机吊运拆除模板时,模板应堆码整齐并捆牢才可吊装,以免散落。

⑨遇六级以上大风时,应暂停室外的高处作业。有雨、雷、霜时应先清理施工现场,不滑时再工作。

⑩已拆除的模板、拉杆、支撑等应及时运走或妥善堆放,严防操作人员因踏空而坠落。

⑪在混凝土墙体、平板上有预留洞时,应在模板拆除后,随时在墙洞上做好护栏,或

将板的洞盖严。

⑫拆模间隙时,应将已活动的模板、拉杆、支撑等固定牢固,严防突然掉落、倒塌伤人。

(2)各类模板拆除的安全技术。

①基础拆模。拆除基础及地下工程模板时,应首先检查基坑土壁状况,发现有松软、龟裂等不利因素时,必须在采取防范措施后,方可下人作业,拆下的模板和支承杆件不得在离坑上口1m以内堆放,并随拆随运。

②现浇楼盖及框架结构拆模。一般现浇楼盖及框架结构的拆模顺序如下:拆柱模斜撑与柱箍→拆柱侧模→拆楼板底模→拆梁侧模→拆梁底模。

楼板小钢模的拆除,应设置供拆模人员站立的平台或架子,还必须将洞口和临边进行封闭后,才能开始工作。先拆除钩头螺栓和内外钢楞,然后拆下U形卡、L形插销,再用钢钎轻轻撬动钢模板,用木槌或带胶皮垫的铁锤轻击钢模板,把第一块钢模板拆下,然后将钢模逐块拆除。拆下的钢模板不能随意抛掷,要向下传递至地面。

已经活动的模板,必须一次连续拆除完方可停歇,以免落下伤人。此外还应注意:拆除4m以上模板时,应搭设脚手架或操作平台,并设防护栏,严禁在同一垂直面上操作;拆除时应逐块拆卸,不得成片松动或撬落或拉倒;拆除平台、楼层板的底模时,应设临时支撑,防止大片坠落,尤其是拆支柱时操作人员应站在门窗洞口外拉拆,更应严防模板突然全部掉落伤人;严禁站在悬臂结构上面敲拆底模。拆除高而窄的预制模板,如薄腹梁、吊车梁等,应随时加设支撑将构件支稳,严防构件倾倒伤人。

③滑升模板拆除。

a.必须遵守《建筑施工高处作业安全技术规程》(JGJ 80—2016)和《液压滑动模板施工安全技术规程》(JGJ 65—1989)的规定。

b.滑模装置拆除必须编制详细的施工方案,明确拆除的内容、方法、程序、使用的机械设备、安全措施及指挥人员的职责等,并报上级主管部门审批后方可实施。

c.滑模装置拆除必须组织拆除专业队,指定熟悉该项专业技术的专人负责统一指挥。

d.拆除中使用的垂直运输设备和机具,必须合格后方能使用。

e.拆除作业必须在白天进行,宜采用分段整体拆除,在地面解体、拆除的部件及操作平台上的一切物品,均不得从高空抛下。

f.当遇到雷雨、雾、雪或风力达到五级或五级以上的天气时,不得进行滑模拆除作业。

g.烟囱类构筑物宜在顶端设置安全行走平台。

④大模板拆除。

a.大模板拆除顺序与模板组装顺序相反,大模板拆除后无论是短期停放还是较长期停放,一定要支撑牢固。

b.大模板拆除后,起吊前必须认真检查固定件是否全部拆除。

c.大模板起吊前,要用起重机事先吊好,然后才能拆除悬挂扁担及固定件。

d.起吊时应先稍微移动一下,证明确实无误后,方允许正式起吊。

⑤飞模的拆除。

a.拆飞模必须有专人统一指挥,升降飞模要同步进行。

b.飞模尾部要绑安全绳,安全绳另一端绕套在施工结构坚固的物体上,徐徐放松。

c.当不采用专用悬挑起飞平台时,结构边沿的地滚轮一定要比里边高出 $1\sim 2\,cm$,以免飞模自动滑出,并将飞模的重心位置用红油漆标在飞模侧面明显位置。飞模挂钩前,严格控制其重心不能到达外边沿第一个滚轮,以免飞模外倾。

d.信号与挂钩人员必须经过专门培训,上下两个信号责任要分清,一人在下层负责指挥飞模的推出、打掩、挂安全绳,挂钩起吊工作;另一人在上层负责电动倒链的吊绳调整,以保证飞模在推出过程中一直处于平衡状态,而且吊绳逐步调整到使飞模保持与水平面基本平行,并负责指挥飞模的就位摘钩。信号工及挂钩人员要挂好安全带,不得穿塑料底或其他硬底鞋,以防滑倒出事故,挂钩人员挂好钩后立即离开飞模,信号工必须待操作人员全部撤离后方可指挥起吊。

e.五级及五级以上大风,禁止吊装飞模。

f.飞模吊装挂钩,必须采用卡环将飞模的吊环与吊绳绳扣卡牢,以保证不脱钩。

g.飞模飞出后,楼层外边缘立即绑好护身栏。飞模每使用一次,必须逐个检查螺栓,发现有松动现象,立即拧紧。

第二节　钢筋工程施工技术

一、钢筋检验

(一)一般规定

(1)钢筋从钢厂发出时,应该具有出厂质量证明书或试验报告单,每捆(盘)钢筋均有标牌。

(2)钢筋进场时应分批验收,验收内容包括查对标牌,外观检查之后,才可以按有关技术标准的规定抽取试样做机械性能试验,认为检验合格后方可使用。

(3)钢筋在加工过程中发生脆断、弯曲处裂缝、焊接性能不良,或有机械性能显著不正常等现象时,应进行化学成分检验或其他专项检验。

(4)钢筋在运输和储存时,必须保留标牌。检验前和检验后,都要避免锈蚀和污染。

(二)热轧钢筋检验

1.取样

热轧钢筋取样以不大于 $60\,t$ 为一批,从每批中随机抽取两根钢筋,在每根上任意截取两个试件,其中一个做拉力试验,另一个做冷弯试验。在拉力试验中如有一根达不到屈服点、抗拉强度和伸长率中的一项规定值,应再抽取双倍钢筋,制作双倍试件重做试验。如仍有一个试验达不到标准的规定值,则不论这个指标在第一次试验中是否合格,整个拉力试验都作为不合格。

2. 外观检查

热轧钢筋的表面不得有裂缝、结疤和折叠。钢筋表面允许有凸块,但不得超过横肋的最大高度,外形尺寸应符合规定。

3. 拉力试验

(1)产生项目。屈服点、屈服强度、抗拉强度、伸长率。

(2)试样。钢筋一般不经切削加工进行拉力试验可取标距长度 l_0(mm)加上200 mm,但长度与试验机上下夹具间的最小距离和夹头的长度有关,可灵活掌握;同时,也应考虑到标距长度之外的钢筋段,使夹头与标距长度端点有一定距离。

如果受拉力试验机性能限制,拉不了太粗的钢筋,则直径为22~40 mm的钢筋可进行切削加工,制成直径为10 mm的标准试件,如图7-32所示。图中 l_0、l、L 值按表7-9取值。

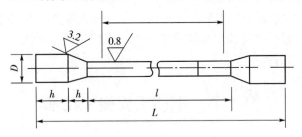

图7-32 车削试件

表7-9 车削加工试件尺寸 (单位:mm)

一般尺寸				长试样 $l_0 = 10d_0$			短试样 $l_0 = 5d_0$		
d_0	D	h	h_1	l_0	l	L	l_0	l	L
25	35		25	250	275		125	150	
20	30	不做规定	20	200	220	$l+2h+2h_1$	100	120	$l+2h+2h_1$
15	22		15	1150	165		75	90	
10	15		10	100	110		50	60	

(3)屈服点。开动拉力试验机,调整测力盘为零,夹好试件,开始拉伸。当测力盘的指针停止转动时的恒定荷载或第一次回转的最小荷载即为所求的屈服点荷载。

$$\sigma_s = \frac{F_s}{A_s} \qquad (7-1)$$

式中　σ_s——屈服点(MPa);

　　　F_s——屈服点负荷(N);

　　　A_s——试件的原横截面积(mm^2)。

(4)屈服强度。屈服强度可用图解法测得。在负荷-拉伸图上,自原点 O 起于横坐标轴上截取等于原标距长度的20%的距离 OG,再从 G 点作平行于弹性阶段线的线交负荷-

拉伸曲线于 H 点,对应于这点的负荷就是屈服强度负荷 $F_{0.2}$,如图 7-33 所示。对负荷-拉伸图上无明显屈服现象的构件,必须测其屈服强度。

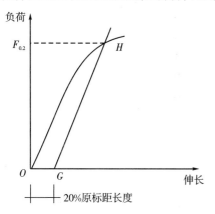

图 7-33　用图解法测定屈服强度

屈服强度按下式计算:

$$\sigma_{0.2} = \frac{F_{0.2}}{A_s} \qquad (7-2)$$

式中　$F_{0.2}$——屈服强度负荷(N);

　　　　$\sigma_{0.2}$——屈服强度(MPa);

　　　　A_s——试件的原横截面面积(mm^2)。

(e)抗拉强度。对试件连续加荷直至拉断,试件拉断前的最大负荷所对应之应力即为抗拉强度,并按下式计算:

$$\sigma_b = \frac{F_b}{A_s} \qquad (7-3)$$

式中　σ_b——抗拉强度(MPa);

　　　　F_b——钢筋拉断时最大负荷(N);

　　　　A_s——试件的原横截面面积(mm^2)。

未经切削加工的试件按重量法求横截面面积 A_s:

$$A_s = \frac{Q}{7.85L} \qquad (7-4)$$

式中　Q——试件重量(g);

　　　　L——试件长度(cm);

　　　　A_s——试件横截面面积(mm^2),精确至三位有效数字;

　　　　7.85——钢的密度。

(5)伸长度。将试件拉断后的两段在断处紧密对接(图 7-34)。如断处到邻近标距点的距离大于 $\frac{1}{3}l_0$ 时,可直接测量两标距点拉断后的距离。如拉断处到邻近的标距点小于或等于 $\frac{1}{3}l_0$ 时,则按下法确定 l_1,如图 7-34 所示。在长段上从拉断处 O 取基本等于短段格数,得 B 点,接着取等于长段所余格数[偶数,图 7-34(a)]之半,得 C 点;或者取所余格数[奇数,图 7-34(b)]减 1 与加 1 之半,得 C 与 C_1 点。位移后得 l_1 分别为 $AO+OB+2BC$ 或者 $AO+OB+BC+BC_1$。如用直接测法求得的伸长率能达到技术条件之规定值,则可不采用移位法。

4. 弯曲试验

冷弯所取试件不经车削加工,长度为 $5d_0+150\,mm$,d_0 为试件的计算直径(mm)。将钢筋试件放在试验机的试验台上(图 7-35),依据选择弯心直径和冷弯角度,调整两试验机间的距离为 $d+2.1d_0$[图 7-35(a)],安放试件,进行弯曲试验。

弯曲后,检查试样弯曲处的外面和两侧,如无裂缝、起层现象,即认为冷弯试验合格。

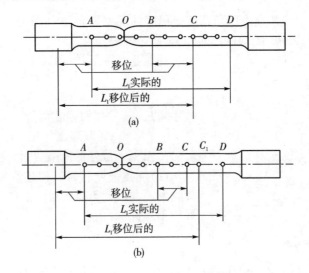

图 7－34　用位移法计算标距

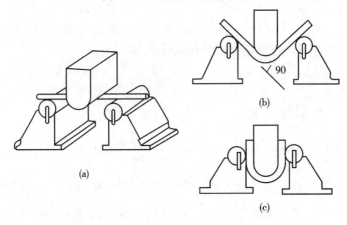

图 7－35　弯曲试验

(a)开始加压力;(b)弯曲成 90°;(c)弯曲成 180°

(三)冷拔低碳钢丝检验

1. 取样

冷拔低碳钢丝按抗拉强度分甲、乙两级。甲级每盘钢丝取拉力试件和反复弯曲试件各一个,逐盘验收。乙级以 5 t 为一批,随机抽取 3 盘,每盘各抽试件一套,分别做抗拉强度、伸长率和反复弯曲试验,如有一根不合格,则取双倍试件重做该项试验;如仍有一根不合格,则该批钢丝需逐盘检验,合格者则用。

2. 外观检查

冷拔低碳钢丝的表面不得有裂纹和机械损伤。

3. 试件

标距 l_0 为 100 mm，总长 L 为 150 mm 加两夹头长度。反复弯曲试件长为 150～250 mm。拉力试件一般不矫直，反复弯曲试件则矫直。

4. 拉力检验

做拉力试验测定抗拉强度和伸长率的方法和热轧钢筋试验方法基本相同，但横截面

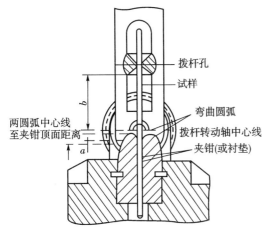

图 7-36 曲折试验机

面积一般按公称直径计算，标距点的刻印不应深，测量试验前后的标距 l_0 及 l_1 的精确度为 0.1 mm。如果试件断裂处与任一标点的距离小于试件直径的 5 倍，当计算的伸长率又不能满足规定时，试验无效，需重做试验。

5. 反复弯曲试验

钢丝反复弯曲试验在曲折试验机上进行，如图 7-36 所示。

将试件的一端夹紧在曲折试验机的钳口中，拉紧试件的另一端，依次向右、向左做 90°反复曲折。向右为第一次，返回再向左为第 2 次，返回再向右为第三次，最后折断的一次不计，如图 7-37 所示。

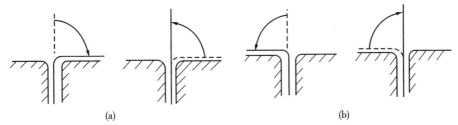

(a)   (b)

图 7-37 反复弯曲试验

(a)正向弯曲；(b)反向弯曲

反复弯曲试验所选用的"弯曲半径"按表 7-10 选用。

表 7-10 弯曲半径选用(mm)

钢丝直径	3	3,4	4,5
弯曲直径	7.5	10	15

(四)冷拉钢筋检验

1. 取样

冷拉钢筋按其直径和类别分批验收，直径不大于 12 mm 的钢筋，每批数量不大于

10 t;直径在 14 mm 或 14 mm 以上的钢筋,每批不大于 20 t。

2. 外观检查

冷拉钢筋的表面不得有裂纹和局部缩颈。作预应力筋时应逐根检查。

3. 检验方法

(1)试件。从每批冷拉钢筋中随机抽取两根钢筋,每根取两个试件分别进行拉力试验(包括屈服点、抗拉强度和伸长率)和冷弯试验。如有一项试验结果不符合要求,则应另取双倍试验的试件重做各项试验。如仍有一个试件不合格,则该批冷拉钢筋为不合格品。

(2)拉力试验。拉力检验方法与热轧钢筋方法相同。

计算冷拉钢筋的屈服点和抗拉强度,应采用冷拉前的截面面积。

(五)碳素钢丝和刻痕钢丝检验

1. 取样

以 3 t 为一批,同批钢丝应当同一钢号、同一直径、同一交货状态。从一批中随机抽取 10% 的盘数(但不少于 6 盘),由每盘钢丝两端 50 cm 处取试件一套,进行抗拉强度、伸长率和反复弯曲试验。

2. 外观检查

钢丝的外观应逐盘检查。钢丝表面不得有裂缝、小刺、劈裂、机械损伤、氧化铁皮和油迹,但表面上允许有浮锈和回火色。钢丝直径检查按 10% 盘数选取,但不得少于 6 盘。

3. 试件

尺寸要求与冷拔低碳钢丝相同。

4. 拉力试验

做抗拉强度、伸长率和反复弯曲试验,方法均与冷拔低碳钢丝相同。如有一项指标不符合,除该盘作为不合格品外,应从该批的其他盘中再取双倍试件重做试验,如仍有一个试件不合规定,则该批钢丝评为不合格或逐盘检验取用合格品。

钢丝屈服强度检验,按 2% 盘数选取,但不得少于 3 盘。

(六)钢绞线检验

钢绞线应逐盘检查外观、直径尺寸,检查要求同钢丝。

钢绞线力学性能应抽样检查。从每批中选取 5% 盘数(不少于 3 盘)的钢绞线,各截取一个试件进行拉力试验。如有某一项结果不符合标准要求,则该盘钢绞线为不合格品;其复验办法与钢丝相同。

测定钢绞线的实际破断拉力时,应采用整根钢绞线做拉力试验。测定钢绞线伸长率的标距取 600 mm。

（七）热处理钢筋检验

热处理钢筋应成批验收。每批由同一外形截面尺寸、同一热处理制度和同一炉罐号的钢筋组成。每批重量不大于 60 t。公称容量不大于 30 t。

1. 外观检查

从每批钢筋中选取 10% 盘数（不少于 25 盘）进行表面质量与尺寸偏差检查。钢筋表面不得有裂纹、结疤和折叠，钢筋表面允许有局部凸块，但不得超过螺纹筋肋的高度。钢筋尺寸要用卡尺测量并应符合标准。如检查不合格，则应将该批钢筋进行逐盘检查。

2. 力学性能试验

从每批钢筋中选取 10% 盘数（不少于 25 盘）进行拉力试验。如有一项指标不合格，则该盘报废。再从未试验过的钢筋中取双倍数量的试件进行复验，如仍有一项不合格，则该批为不合格品。

二、钢筋加工

（一）钢筋除锈

钢筋的表面应洁净。油渍、漆污和用锤敲击时能剥落的浮皮、铁锈等应在使用前清除干净。在焊接前，焊点处的水锈应清除干净。

钢筋的除锈，一般可通过以下两个途径：一是在钢筋冷拉或钢丝调直过程中除锈，对大量钢筋的除锈较为经济省力；二是用机械方法除锈，如采用电动除锈机除锈，对钢筋的局部除锈较为方便。此外，还可采用手工除锈（用钢丝刷、砂盘）、喷砂和酸洗除锈等。

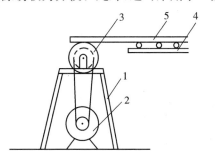

图 7-38　电动除锈机

1-支架；2-电动机；3-圆盘钢丝刷；4-滚轴台；5-钢筋

电动除锈机，如图 7-38 所示。该机的圆盘钢丝刷有成品供应，也可用废钢丝绳头拆开编成，其直径为 20～30 cm、厚度为 5～15 cm、转速为 1 000 r/min 左右，电动机功率为 1.0～1.5 kW。为了减少除锈时灰尘飞扬，应装设排尘罩和排尘管道。

在除锈过程中发现钢筋表面的氧化铁皮鳞落现象严重并已损伤钢筋截面，或在除锈后钢筋表面有严重的麻坑、斑点伤蚀截面时，应降级使用或剔除不用。

（二）机具调直

1. 机具设备

(1)钢筋调直机。钢筋调直机的技术性能见表 7-11。图 7-39 为 GT3/8 型钢筋调直机外形。

表 7 - 11　钢筋调直机技术性能

机械型号	钢筋直径 （mm）	调直速度 （m/min）	断料长度 （mm）	电机功率 （kW）	外形尺寸（mm） 长×宽×高	机重 （kg）
GT3/8	3～8	40,65	300～6500	9.25	1854×741×1400	1280
GT6/12	6～12	36,54,72	300～6500	12.6	1770×535×1457	1230

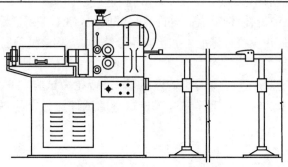

图 7 - 39　GT3/8 型钢筋调直机

（2）数控钢筋调直切断机。数控钢筋调直切断机是在原有调直机的基础上应用电子控制仪准确控制钢丝断料长度，并自动计数。该机的工作原理如图 7 - 40 所示。在该机摩擦轮(周长 100 mm)的同轴上装有一个穿孔光电盘(分为 100 等份)，光电盘的一侧装有一只小灯泡，另一侧装有一只光电管。当钢筋通过摩擦轮带动光电盘时，灯泡光线通过每个小孔照射光电管，就被光电管接收而产生脉冲信号(每次信号为钢筋长 1 mm)，控制仪长度部位数字上立即示出相应读数。当信号积累到给定数字(即钢丝调直到所指定长度)时，控制仪立即发出指令，使切断装置切断钢丝。与此同时长度部位数字回到零，根数部位数字示出根数，这样连续作业，当根数信号积累至给定数字时，即自动切断电源，停止运转。

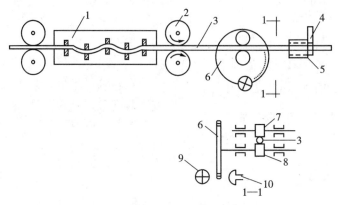

图 7 - 40　数控钢筋调直切断机工作原理

1-调直装置；2-牵引轮；3-钢筋；4-上刀口；5-下刀口；6-光电盘；7-压轮；8-摩擦轮；9-灯泡；10-光电管

钢筋数控调直切断机已在有些构件厂采用,断料精度高(偏差仅1~2 mm),并实现了钢丝调直切断自动化。采用此机时,要求钢丝表面光洁,截面均匀,以免钢丝移动时速度不匀,影响切断长度的精确性。

(3)卷扬机拉直设备。卷扬机拉直设备如图7-41所示。两端采用地锚承力。冷拉滑轮组回程采用荷重架,标尺量伸长。该法设备简单,宜用于施工现场或小型构件厂。

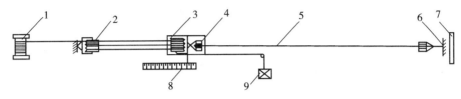

图7-41　卷扬机拉直设备布置

1-卷扬机;2-滑轮组;3-冷拉小车;4-钢筋夹具;5-钢筋;6-地锚;7-防护壁;8-标尺;9-荷重架

钢筋夹具常用的有月牙式夹具和偏心式夹具。

月牙式夹具的构造与尺寸如图7-42所示。其夹片宜用45号钢制作,经热处理后的硬度 HRC=40~45。钢筋夹持点宜在夹片的中下部位。这种夹具主要靠杠杆力和偏心力夹紧,使用方便,适用于 HPB235 级及 HRB335 级粗细钢筋。

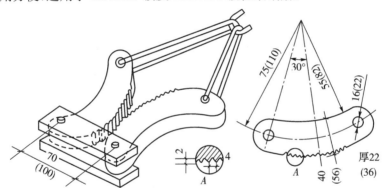

图7-42　月牙式夹具

偏心式夹具的构造与尺寸如图7-43所示。偏心块及其齿条宜采用45号钢制作,经热处理后的硬度 HRC=35~40。这种夹具轻巧灵活,适用于 HPB235 级盘圆钢筋拉直,特别是当每盘最后不足定尺长度时。可将其钩在挂链上,使用方便。

2. 调直工艺

(1)采用钢筋调直机调直冷拔钢丝和细钢筋的直径选用调直模和传送压辊,并要正确掌握调直模的偏移量和压辊的压紧程度。

调直模的偏移量(图7-44),根据其磨耗程度及钢筋品种通过试验确定;调直筒两端的调直模一定要在调直前后导孔的轴心线上,这是钢筋能否调直的一个关键。如果发现钢筋调得不直就要从以上两方面检查原因,并及时调整调直模的偏移量。

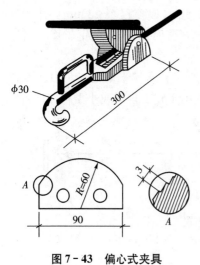

图 7-43 偏心式夹具

压辊的槽宽,一般在钢筋穿入压辊之后,在上下压辊间宜有 3mm 之内的间隙。压辊的压紧程度要做到既保证钢筋能顺利地被牵引前进,看不出钢筋有明显的转动,而在被切断的瞬时钢筋和压辊间又能允许发生打滑。

应当注意:冷拔钢丝和冷轧带肋钢筋经调直机调直后,其抗拉强度一般要降低 10%～15%。使用前应加强检验,按调直后的抗拉强度选用。如果钢丝抗拉强度降低过大,则可适当降低调直筒的转速和调直块的压紧程度。

(2)采用冷拉方法调直钢筋时,HPB235 级钢筋的冷拉率不宜大于 4%,HRB 335 级、HRB400 级及 RRB400 级冷拉率不宜大于 1%。

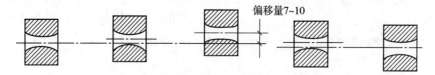

图 7-44 调直模的安装

(三)钢筋切断

1. 机具设备

(1)钢筋切断机。钢筋切断机的技术性能见表 7-12。图 7-45 与图 7-46 为钢筋切断机外形。

表 7-12 钢筋切断机技术性能

机械型号	钢筋直径 (mm)	每分钟切断次数	切断力 (kN)	工作压力 (N/mm²)	电机功率 (kW)	外形尺寸(mm) 长×宽×高	重 量 (kg)
CQ40	6～40	40	—	—	3.0	1150×430×750	600
CQ40B	6～50	40	—	—	3.0	1200×490×570	450
CQ50	6～50	30	—	—	5.5	1600×690×915	950
DYQ32B	6～32	—	320	45.5	3.0	900×340×380	145

(2)手动液压切断器。手动液压切断器如图 7-47 所示。型号为 GJ5Y-16,切断力 80kN,活塞行程为 30mm,压柄作用力 220N,总重量 6.5kg,可切断直径 16mm 以下的钢筋。这种机具体积小、重量轻,操作简单,便于携带。

2. 切断工艺

(1)将同规格钢筋根据不同长度长短搭配,统筹排料。一般应先断长料,后断短料,

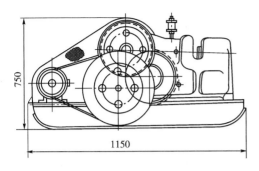

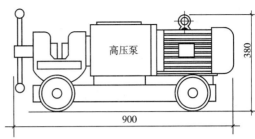

图 7 - 45 GQ40 型钢筋切断机   图 7 - 46 DYQ32B 电动液压切断机

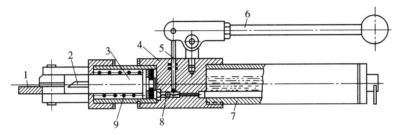

图 7 - 47 手动液压切断器

1-滑轨;2-刀片;3-活塞;4-缸体;5-柱塞;6-压杆;7-贮油筒;8-吸油阀;9-回位弹簧

减少短头,减少损耗。

(2)断料时应避免用短尺量长料,防止在量料中产生累计误差。为此,宜在工作台上标出尺寸刻度线并设置控制断料尺寸用的挡板。

(3)钢筋切断机的刀片应由工具钢热处理制成。刀片的形状可参考图 7 - 48。安装刀片时,螺丝要紧固,刀口要密合(间隙不大于 0.5 mm);固定刀片与冲切刀片刀口的距离:对直径≤20 mm 的钢筋宜重叠 1~2 mm,对直径>20 mm 的钢筋宜留 5 mm 左右。

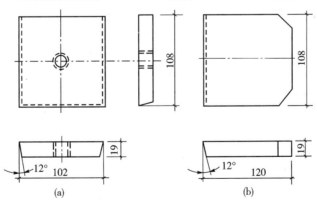

图 7 - 48 钢筋切断机的刀片形状

(a)冲切刀片;(b)固定刀片

(4)在切断过程中,如发现钢筋有劈裂、缩头或严重的弯头等必须切除;如发现钢筋的硬度与该钢种有较大的出入,应及时向有关人员反映,查明情况。

(5)钢筋的断口不得有马蹄形或起弯等现象。

(四)钢筋弯曲成型

1. 钢筋弯钩和弯折的有关规定

(1)受力钢筋。

①HPB235级钢筋末端应作180°弯钩,其弯弧内直径不应小于钢筋直径的2.5倍,弯钩的弯后平直部分长度不应小于钢筋直径的3倍。

②当设计要求钢筋末端需作135°弯钩时[图7-49(a)],HRB335级、HRB400级钢筋的弯弧内直径 D 不应小于钢筋直径的4倍,弯钩的弯后平直部分长度应符合设计要求;

③钢筋作不大于90°的弯折时[图7-49(b)],弯折处的弯弧内直径不应小于钢筋直径的5倍。

(2)箍筋。除焊接封闭环式箍筋外,箍筋的末端应作弯钩。弯钩形式应符合设计要求;当设计无具体要求时,应符合下列规定:

①箍筋弯钩的弯弧内直径除应满足本规定(1)的①条外,尚应不小于受力钢筋的直径;

②箍筋弯钩的弯折角度:对一般结构,不应小于90°;对有抗震等要求的结构应为135°(图7-50)。

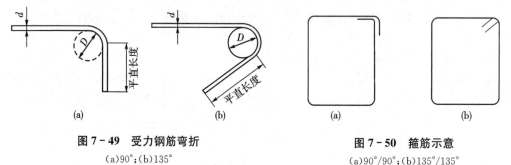

图7-49 受力钢筋弯折
(a)90°;(b)135°

图7-50 箍筋示意
(a)90°/90°;(b)135°/135°

③箍筋弯后的平直部分长度:对一般结构,不宜小于箍筋直径的5倍;对有抗震等要求的结构,不应小于箍筋直径的10倍。

2. 机具设备

(1)钢筋弯曲机。钢筋弯曲机的技术性能见表7-13。图7-51为钢筋弯曲机外形。表7-14为GW-40型钢筋弯曲机每次弯曲根数。

表 7-13　钢筋弯曲机技术性能

弯曲机类型	钢筋直径（mm）	弯曲速度（r/min）	电机功率（kW）	外形尺寸(mm)长×宽×高	重量（kg）
GW32	6～32	10/20	2.2	875×615×945	340
GW40	6～40	5	3.0	1360×740×865	400
GW40A	6～40	0	3.0	1050×760×828	450
GW50	25～50	2.5	4.0	1450×760×800	580

表 7-14　GW-40 型钢筋弯曲机每次弯曲根数

钢筋直径(mm)	10～12	14～16	18～20	22～40
每次弯曲根数	4～6	3～4	2～3	1

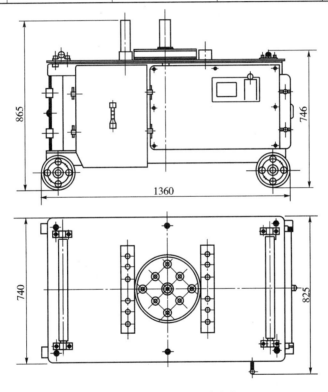

图 7-51　GW-40 型钢筋弯曲机

（2）四头弯筋机。四头弯筋机(图 7-52)是由一台电动机通过三级变速带动圆盘,再通过圆盘上的偏心铰带动连杆与齿条,使四个工作盘转动。每个工作盘上装有心轴与成型轴,但与钢筋弯曲机不同的是:工作盘不停地往复运动,且转动角度一定(事先可调整)。

四头弯筋机主要技术参数是:电机功率为 3 kW,转速为 960 r/min,工作盘反复动作次数为 31 r/min。该机可弯曲 $\phi 4$～$\phi 12$ 钢筋,弯曲角度在 0°～180°范围内变动。

该机主要是用来弯制钢箍,其工效比手工操作提高约 7 倍,加工质量稳定,弯折角度偏差小。

(3)手工弯曲工具。在缺机具设备条件下,也可采用手摇扳弯制细钢筋、卡筋与扳头弯制粗钢筋。手动弯曲工具的尺寸详见表 7－15 与表 7－16。

表 7－15　手摇扳手主要尺寸(mm)

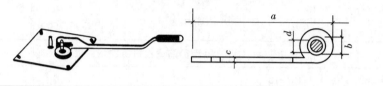

项　　次	钢筋直径	a	b	c	D
1	$\phi6$	500	18	16	16
2	$\phi8\sim\phi10$	600	22	18	20

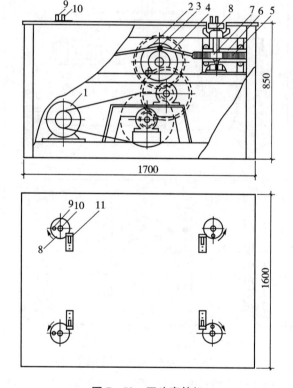

图 7－52　四头弯筋机

1-电动机;2-偏心圆盘;3-偏心铰;4-连杆;5-齿条;6-滑道;
7-正齿轮;8-工作盘;9-成型轴;10-心轴;11-挡铁

表 7-16　卡盘与扳头(横口扳手)主要尺寸(mm)

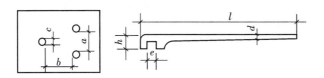

项	次	钢筋直径	卡　　盘			扳　　头			
			a	b	c	d	e	h	l
1		φ12～φ16	50	80	20	22	18	40	1200
2		φ18～φ22	65	90	25	28	24	50	1350
3		φ25～φ32	80	100	30	38	34	76	2100

3. 弯曲成型工艺

(1)划线。钢筋弯曲前,对形状复杂的钢筋(如弯起钢筋),根据钢筋料牌上标明的尺寸,用石笔将各弯曲点位置划出。划线时应注意:

①根据不同的弯曲角度扣除弯曲调整值,其扣法是从相邻两段长度中各扣一半;

②钢筋端部带半圆弯钩时,该段长度划线时增加 $0.5d$(d 为钢筋直径);

③划线工作宜从钢筋中线开始向两边进行;两边不对称的钢筋,也可从钢筋一端开始划线,如划到另一端有出入时,则应重新调整。

例:今有一根直径 20 mm 的弯起钢筋,其所需的形状和尺寸如图 7-53 所示。划线方法如下:

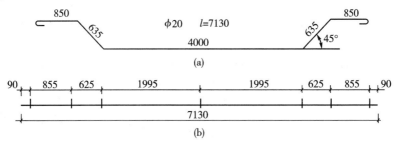

图 7-53　弯起钢筋的划线

(a)弯起钢筋的形状和尺寸;(b)钢筋划线

第一步在钢筋中心线上划第一道线;

第二步取中段 $4000/2-0.5d/2=1995$ mm,划第二道线;

第三步取斜段 $635-2×0.5d/2=625$ mm,划第三道线;

第四步取直段 $850-0.5d/2+0.5d=855$ mm,划第四道线。

上述划线方法仅供参考。第一根钢筋成型后应与设计尺寸校对一遍,完全符合后再成批生产。

(2)钢筋弯曲成型。钢筋在弯曲机上成型时(图 7-54),心轴直径应是钢筋直径的

2.5～5.0倍,成型轴宜加偏心轴套,以便适应不同直径的钢筋弯曲需要。弯曲细钢筋时,为了使弯弧一侧的钢筋保持平直,挡铁轴宜做成可变挡架或固定挡架(加铁板调整)。

钢筋弯曲点线和心轴的关系如图7-55所示。由于成型轴和心轴在同时转动,就会带动钢筋向前滑移。因此,钢筋弯90°时,弯曲点线约与心轴内边缘齐;弯180°时,弯曲点线距心轴内边缘为1.0～1.5d(钢筋硬时取大值)。

注意:对HRB 335与HRB 400钢筋,不能弯过头再弯过来,以免钢筋弯曲点处发生裂纹。

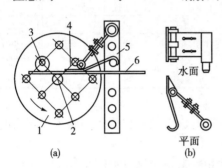

图7-54 钢筋弯曲成型

(a)工作简图;(b)可变挡架构造

1-工作盘;2-心轴;3-成型轴;4-可变挡架;5-插座;
6-钢筋

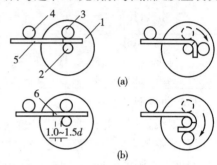

图7-55 弯曲点线与心轴关系

(a)弯90°;(b)弯180°

1-工作盘;2-心轴;3-成型轴;4-固定挡架;5-钢筋;
6-弯曲点线

(3)曲线形钢筋成型。弯制曲线形钢筋时(图7-56),可在原有钢筋弯曲机的工作盘中央放置一个十字架和钢套;另外在工作盘四个孔内插上短轴和成型钢套(和中央钢套相切)。插座板上的挡轴钢套尺寸可根据钢筋曲线形状选用。钢筋成型过程中,成型钢套起顶弯作用,十字架只协助推进。

(4)螺旋形钢筋成型。螺旋形钢筋,除小直径的螺旋筋已有专门机械生产外,一般可用手摇滚筒成型(图7-57)。近年来,有些地区改用机械传动的滚筒。由于钢筋有弹性,滚筒直径应比螺旋筋内径略小,可参考表7-17。

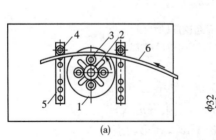

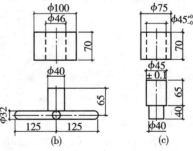

图7-56 曲线形钢筋成型

(a)工作简图;(b)十字撑及圆套详图;(c)桩柱及圆套详图

1-工作盘;2-十字撑及圆套;3-桩柱及圆套;4-挡轴圆套;5-插座板;6-钢筋

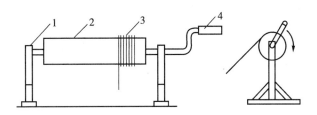

图 7-57　螺旋形钢筋成型

1-支架;2-卷筒;3-钢筋;4-摇把

表 7-17　滚筒直径与螺旋筋直径的关系

螺旋筋内径	φ6	288	360	418	485	575	620	700	760	845	—	—	—
(mm)	φ8	270	325	390	440	500	565	640	690	765	820	885	965
滚筒外径(mm)		260	310	365	410	460	510	555	600	660	710	760	810

（五）钢筋加工质量检验

1. 主控项目

(1)受力钢筋的弯钩和弯折。

(2)箍筋弯钩的弯弧内直径、弯折角度、平直段长度。

检查数量:按每工作班同一类型钢筋、同一加工设备抽查不应少于3件。

检查方法:钢尺检查。

2. 一般项目

(1)钢筋调直冷拉率。

(2)钢筋加工的形状与尺寸应符合设计要求,其偏差应符合表7-18的规定。

检查数量和方法与主控项目相同。

表 7-18　钢筋加工的允许偏差

项　　目	允许偏差(mm)
受力钢筋顺长度方向全长的净尺寸	±10
弯起钢筋的弯折位置	±20
箍筋内的净尺寸	±5

三、钢筋连接

（一）钢筋焊接

1. 钢筋电弧焊

本工艺标准适用于工业与民用建(构)筑物的钢筋混凝土中的焊接10～40和Ⅰ、Ⅱ、Ⅲ级钢筋。

电弧焊是利用弧焊机使焊条与焊件之间产生高温,熔化焊条与焊件的金属凝固后形成一条焊缝。

(1)施工准备。

①机械设备。电弧焊的主要设备是弧焊机。弧焊机可分为交流和直流两类。

交流弧焊机常用型号有:BX-120-1、BX-300-2、BX-500-2 和 BX-1000 等。

直流弧焊机常用型号有:AX-165、AX-300-1、AX-320、AX-300、AX-500 等。

②材料。钢筋:各种规格、级别的钢筋必须有出厂合格证,进场后需经物理性能检验,对于进口钢材需增加化学性能检验,经检验合格后,方能使用。

焊条:按钢结构工程有关规定执行,焊条应分类、分牌号放在通风良好、干燥的仓库保管好,重要工程焊条要保持一定温度和湿度(一般温度 $10\sim15\,^{\circ}\text{C}$,相对湿度小于 5% 为宜),焊条焊接前一般在 $20\sim25\,^{\circ}\text{C}$ 烘箱内烘干。

③作业条件。

a.焊工应经培训考核,持证上岗。

b.弧焊机等机具设备完好,焊机要按规定正确接通电源,要求电源符合施焊要求。

(2)操作工艺。钢筋电弧焊分帮条焊、搭接焊、坡口焊和熔槽四种接头形式。

a.帮条焊工艺。

(a)钢筋帮条焊接头形式如图 7-58 所示。

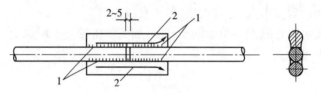

图 7-58 帮条焊
1-定位焊缝;2-弧坑拉出方位

(b)当不能进行双面焊时,可采用单面焊接,但帮条长度要比双面焊加大一倍。

(c)帮条焊适用于Ⅰ、Ⅱ、Ⅲ级钢筋的接驳,帮条宜采用与主筋同级别、同直径的钢筋制作,其操作要点如下:

· 先将主筋和帮条间用四点定位焊固定,离端部约 20 mm,主筋间隙留 2~5 mm。

· 施焊应在帮条内侧开始打弧,收弧时弧坑应填满,并向帮条一侧拉出灭弧。

· 尽量施水平焊,需多层焊时,第一层焊的电流可以稍大,以增加熔化深度,焊完一层之后,应将焊渣清除干净。

· 当需要立焊时,焊接电流应比平焊减少 $10\%\sim15\%$。

b.搭接焊工艺。

(a)钢筋搭接焊接头形式如图 7-59 所示。

(b)当不能采用双面焊时,可采用单面焊接,此时搭接长度应比双面焊时加大一倍。

(c)搭接焊只适用于Ⅰ、Ⅱ、Ⅲ级钢筋的焊接,其制作要点除注意对钢筋搭接部位的预弯和安装,确保两钢筋轴线相重合之外,其余则与帮条焊工艺基本相同。

(d)无论帮条接头或搭接接头,其焊缝厚度 h 应不小于 $0.3d$,焊缝宽度 b 不小于

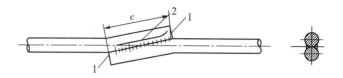

图 7-59　搭接焊接头形式

1-定位焊缝；2-弧坑拉出方位；c-搭接长度

Ⅰ级钢 $c=4d$；Ⅱ级钢 $c=5d$；Ⅲ级钢 $c=5d$

$0.7d$，见图 7-60。

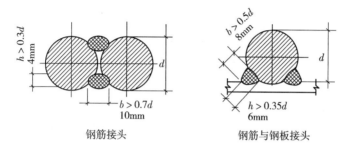

钢筋接头　　　　　　　钢筋与钢板接头

图 7-60　钢筋接头焊接形式

d-钢筋直径；b-焊缝宽度；h-焊缝厚度

c. 钢筋坡口焊对接分坡口平焊和坡口立焊对接。

（a）钢筋坡口平焊宜采用 V 形坡口，口角度为 $55°\sim65°$，如图 7-61 所示。

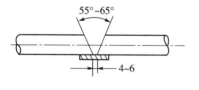

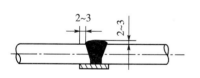

图 7-61　钢筋坡口平焊接头

（b）坡口面加工要平顺，污物、氧化铁锈要清除干净，并利用垫板进行定位焊，垫板长度取为 $40\sim50$ mm，宽度为钢筋直径加 10 mm，坡口根部间隙平焊取 $4\sim6$ mm，操作工艺应注意如下几点：

·首先由坡口根部引弧，横向施焊数层，接着焊条作"之"字形运弧，将坡口逐层堆焊填满，焊接时适当控制速度以避免接头产生过热，亦可将几个接头轮流施焊。

·每填满一层焊缝，都要把焊渣清除干净后再焊下一层，直至焊缝金属略高于钢筋直径 $0.1d$ 为止，焊缝加强宽度以比坡口边缘加宽 $2\sim3$ mm 为宜。

（c）钢筋坡口立焊对接。

·钢筋 V 形坡口立焊时，坡口角度为 $35°\sim55°$，其中下筋为 $0°\sim10°$，上筋为 $35°\sim45°$，如图 7-62 所示。

·立焊对接垫板的装配和定位焊与坡口平焊基本相同，但根部间隙取 $3\sim5$ mm。

·坡口立焊首先在下部钢筋端面上引弧，并在该端面上堆焊一层，使下部钢筋逐渐加热，然后用快速短小的横向焊缝把上下钢筋端面焊接起来，当焊缝超过钢筋直径的一

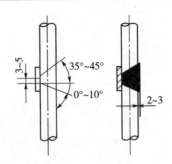

图 7-62 钢筋坡口立焊接头

半时,焊条摆动宜采用立焊的运弧方式,一层一层地把坡口填满,其加强高和加强宽与坡口平焊相同。

d. 钢筋熔槽帮条焊。熔槽帮条焊适用于直径大于或等于 25 mm 的钢筋现场安装焊接。操作时把两钢筋水平放置,将一角钢作垫模,接头形式如图 7-63 所示。

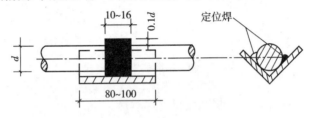

图 7-63 钢筋熔槽帮条焊接头

其工艺要点如下:

(a)垫模角钢的边长为 40～60 mm,长度为 80～100 mm。

(b)对接的两钢筋端面需用无齿锯切割平整,间隙取 10～16 mm,并在熔槽角钢两侧点焊定位。

(c)熔槽焊接电流宜稍大,以接缝根部引弧后连续施焊,形成熔池,使钢筋端部熔合良好。

(d)每焊完一支焊条后,应将焊渣清除干净后再焊,对焊缝加强高和加强宽的要求与坡口对接焊相同。

(e)钢筋与角钢垫模的贴合两侧应焊 1～3 道填角焊缝,长度与角钢同,使角钢起到帮条作用。

e. 预埋件接头。

(a)预埋件 T 型接头电弧焊分贴角焊和穿孔塞焊两种,如图 7-64 所示。

(b)预埋件应采用 Ⅰ、Ⅱ 级钢筋焊接,锚固钢筋直径在 18 mm 以下时,可选择贴角焊,其焊脚 k Ⅰ 级钢不小于 $0.5d$,Ⅱ 级钢不小于 $0.6d$;锚固钢筋直径为 18～22 mm 时,应选择穿孔塞焊,预埋件钢板 δ 不小于 $0.6d$,且不小于 6 mm,施焊时电流不宜过大,操作时要保持焊脚宽度与焊脚高度相一致,避免电弧咬伤钢筋。

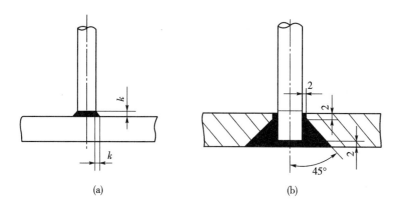

图 7 - 64　预埋件 T 型接头

(a)贴角焊；(b)穿孔塞焊

f. 钢筋与钢板搭接焊。

(a)接头形式如图 7 - 65 所示。

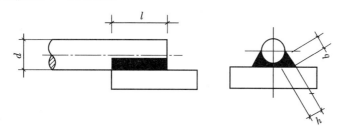

图 7 - 65　钢筋与钢板搭接

(b)Ⅰ级钢筋的搭接长度 l 不小于 $4d$，Ⅱ级钢筋的搭接长度 l 不小于 $5d$，焊缝宽度 b 不小于 $0.5d$，焊缝厚度 h 不小于 $0.35d$。

g. 钢筋电弧焊对焊条。

(a)焊接参数的选择，钢筋电弧焊工艺既可用交流焊机，亦可用直流焊机，交流焊机结构简单，成本低，保养维修方便，应用广泛，常用的有 BX - 300、BX - 330、BX - 500 等规格。

(b)钢筋电弧焊对焊条、钢筋规格的选择见表 7 - 19。

表 7 - 19　钢筋电弧焊对焊条、钢筋规格的选择

焊条 \ 钢筋规格		钢　筋　级　别			
		Ⅰ级	Ⅱ级	Ⅲ级	5 号钢
焊条型号	新型号	E4301 E4303	E5001 E5003	E5016	E5001 E5003
	旧型号	交直流 T421 T422	交直流 T501 T502	交直流 T506	交直流 T501 T502

ⓒ钢筋电弧焊对焊条直径与焊接电流的选择见表7-20。

表7-20 钢筋电弧焊对焊条直径与焊接电流的选择

搭接焊及帮条焊				坡 口 焊			
焊接位置	钢筋直径 (mm)	焊条直径 (mm)	焊接电流 (A)	焊接位置	钢筋直径 (mm)	焊条直径 (mm)	焊接电流 (A)
平　焊	10～18 20～32 36～40	φ3.2 φ4.0 φ5.0	90～120 150～180 200～250	平　焊	16～22 25～32 36～40	φ3.2 φ4.0 φ5.0	130～170 180～220 230～260
立　焊	10～18 20～32 36～40	φ3.2 φ4.0 φ4.0	80～110 130～160 170～220	立　焊	16～22 25～32 36～40	φ3.2 φ4.0 φ4.0	110～130 150～180 170～220

(3)钢筋电弧焊质量标准。

①保证项目。

a.焊接前必须首先核对钢筋的材质、规格及焊条类型符合钢筋工程的设计施工规范,有材质及产品合格证书和经过物理性能检验,对于进口钢材需增加化学性能检验,检验合格后方能使用。

b.焊工必须持相应等级焊工证才允许上岗操作。

c.在焊接前应预先用相同的材料、焊接条件及参数制作两个抗拉试件,其试验结果大于该类别钢筋的抗拉强度时,才允许正式施焊,此时可不再从成品抽样取试件。

②基本项目。所有焊接接头必须进行外观检验,其要求是:焊缝表面平顺,没有较明显的咬边、凹陷、焊瘤、夹渣及气孔,严禁有裂纹出现。

③允许偏差。见表7-21。

表7-21 电弧焊允许偏差

偏 差 项 目	单 位	允许偏差值
帮条焊接头中心纵向偏移	d	0.5d
接头处钢筋轴线的弯曲	度	4°
接头处钢筋轴线的偏移	d	0.1d或<3mm
焊缝厚度	d	−0.05d
焊缝宽度	d	−0.1d
焊接长度	d	−0.05d
咬肉深度	mm	0.5
焊缝表面上气孔和夹渣 (1)在两个d长度不得多于 (2)直径不得大于	个或(mm²) 个或(mm²)	2或(6) 2或(6)

(4)施工注意事项。

①避免工程质量通病。

a. 焊接过程中要及时清渣,焊缝表面光滑平整,加强焊缝平缓过渡,弧坑应填满。

b. 根据钢筋级别、直径、接头形式和焊接位置,选择适宜的焊条直径和焊接电流,保证焊缝与钢筋熔合良好。

c. 帮条尺寸、坡口角度、钢筋端头间隙以及钢筋轴线等应符合有关规定,保证焊缝尺寸符合要求。

d. 焊接地线应与钢筋接触良好,防止因起弧而烧伤钢筋。

e. 钢筋电弧焊时不能忽视因焊接而引起的结构变形,应采取下列措施:(ⅰ)对称施焊;(ⅱ)分层轮流施焊;(ⅲ)选择合理的焊接顺序。

②主要安全技术措施。

a. 焊机必须接地良好,不准在露天雨水的环境下工作。

b. 焊接施工场所不能使用易燃材料搭设,现场高空作业必须系安全带,焊工操作要佩戴防护用品。

③产品保护。焊接半成品不能浇水冷却,待冷却后方能移动,并且不能随意抛掷。

2. 竖向钢筋电渣压力焊

电渣压力焊是利用电流通过渣池产生的电阻热将钢筋端部熔化,然后施加压力使钢筋焊合。

本工艺标准适用于工业与民用建(构)筑物的钢筋混凝土结构中的大直径竖向钢筋连续接头的焊接。

(1)施工准备。

①材料。

a. 钢筋应有出厂合格证,试验报告性能指标应符合有关标准或规范的规定。钢筋的验收和加工应按有关的规定进行。

b. 电渣压力焊焊接使用的钢筋端头应平直、干净,不得有马蹄形、压扁、凹凸不平、弯曲歪扭等严重变形。如有严重变形时,应用手提切割机切割或用气焊切割、矫正,以保证钢筋端面垂直于轴线。钢筋端部 200 mm 范围不应有锈蚀、油污、混凝土浆等污染,受污染的钢筋应清理干净后才能进行电渣压力焊焊接。处理钢筋时应在当天进行,防止处理后再生锈。

c. 电渣压力焊焊剂须有出厂合格证,化学性能指标应符合有关规定。在使用前,须经恒温 250 ℃烘焙 1~2 h。焊剂回收重复使用时,应除去熔渣和杂物并经干燥,一般采用431 焊药。

②机具设备。

a. 电渣焊机。

b. **焊接夹具**:应具有一定刚度,使用灵巧,坚固耐用,上、下钳口同心。焊接电缆的断面面积应与焊接钢筋大小相适应。焊接电缆以及控制电缆的连接处必须保持良好接触。

c. 焊剂盒：应与所焊钢筋的直径大小相适应。

d. 石棉绳：用于填塞焊剂盒安装后的缝隙，防止焊剂盒焊剂泄漏。

e. 铁丝球：用于引燃电弧。用 22 号或 20 号镀锌铁丝绕成直径约为 10 mm 的圆球，每焊一个接头用一颗。

f. 秒表：用于准确掌握焊接通电时间。

g. 切割机或圆片锯：用于切割钢筋。

③作业条件。

a. 焊工应经过有关部门的培训、考核，持证上岗。焊工上岗时，应穿好焊工鞋、戴好焊工手套等劳动防护用品。

b. 电渣压力焊的机具设备以及辅助设备等应齐全、完好。施焊前必须认真检查机具设备是否处于正常状态。焊机要按规定的方法正确接通电源，并检查其电压、电流是否符合施焊的要求。

c. 施焊前应搭好操作脚手架。

d. 钢筋端头已处理好，并清理干净，焊剂干燥。

e. 在焊接施工前，应根据焊接钢筋直径的大小，按电渣焊机说明书或参考表 7－22 选定焊接电流、造渣工作电压、电渣工作电压、通电时间等工作参数。有条件的现场，在焊前，先做焊接试验，以确认工艺参数，制三个拉伸试件，试验合格后才可正式施焊。

表 7－22　竖向钢筋电渣压力焊参数表

钢筋直径（mm）	焊接电流（A）	工作电压(V)		焊接时间(s)			钢筋熔化量（mm）
		造渣过程	电渣过程	造渣过程	电渣过程	合计	
26	200～250	40～45	20～25	12～15	4	16～19	20～30
18	250～300	40～45	20～25	15～18	5	20～23	20～30
20	300～350	40～45	20～25	16～19	5	21～24	20～30
22	350～400	40～45	20～25	18～21	6	24～27	20～30
25	400～450	40～45	20～25	21～24	7	28～31	20～30
28	500～550	40～45	20～25	24～27	8	22～35	20～30
32	600～650	40～45	20～25	27～30	9	36～39	20～30
36	700～750	40～45	20～25	30～33	10	40～43	20～30
40	800～850	40～45	20～25	33～36	11	44～47	20～30

(2)操作工艺。

①电渣压力焊接工艺。电渣压力焊接工艺分为"造渣过程"和"电渣过程"，这两个过程是不间断的连续操作过程。

a."造渣过程"是接通电源后,上、下钢筋端面之间产生电弧,焊剂在电弧周围熔化,在电弧热能的作用下,焊剂熔化逐渐增多,形成一定深度的渣池,在形成渣池的同时电弧的作用把钢筋端面逐渐烧平。

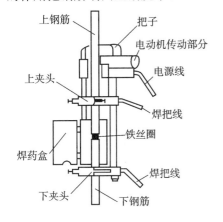

图 7 - 66　电渣压力焊示意图

b."电渣过程",把上钢筋端头浸入渣池中,利用电阻热能使钢筋端面熔化,在钢筋端面形成有利于焊接的形状和熔化层,待钢筋熔化量达到规定后,立即断电顶压,排出全部熔渣和熔化金属,完成焊接过程。电渣压力焊如图 7 - 66 所示。

②电渣压力焊施焊接工艺程序。安装焊接钢筋→安放引弧铁丝球→缠绕石棉绳装上焊剂盒→装放焊剂→接通电源,"造渣"工作电压 40～50 V,"电渣"工作电压 20～25 V→造渣过程形成渣池→电渣过程钢筋端面熔化→切断电源顶压钢筋,完成焊接→卸出焊剂,拆卸焊盒→拆除夹具。

a.焊接钢筋时,用焊接夹具分别钳固上下的待焊接的钢筋,上下钢筋安装时,中心线要一致。

b.安放引弧铁丝球:抬起上钢筋,将预先准备好的铁丝球安放在上、下钢筋焊接端面的中间位置,放下上钢筋,轻压铁丝球,使之接触良好。

放下上钢筋时,要防止铁丝球被压扁变形。

c.装上焊剂盒:先在安装焊剂盒底部的位置缠上石棉绳,再装上焊剂盒,并往焊剂盒装满焊剂。

安装焊剂盒时,焊接口宜位于焊剂盒的中部,石棉绳缠绕应严密,防止焊剂泄漏。

d.接通电源,引弧造渣:按下开关,接通电源,在接通电源的同时将上钢筋微微向上提,引燃电弧,同时进行"造渣延时读数"计算造渣通电时间。

"造渣过程"工作电压控制在 40～50 V,造渣通电时间约占整个焊接过程所需通电时间的 3/4。

e."电渣过程":随着造渣过程结束,即时转入"电渣过程"的同时进行"电渣延时读数",计算电渣通电时间,并降低上钢筋,把上钢筋的端部插入渣池中,徐徐下送上钢筋,直至"电渣过程"结束。

"电渣过程"工作电压控制在 20～25 V,电渣通电时间约占整个焊接过程所需时间的 1/4。

f.顶压钢筋,完成焊接:"电渣过程"延时完成,电渣过程结束,即切断电源,同时迅速顶压钢筋,形成焊接接头。

g.卸出焊剂,拆除焊剂盒、石棉绳及夹具。

卸出焊剂时,应将接料斗卡在剂盒下方,回收的焊剂应除去溶渣及杂物,受潮的焊剂应烘焙干燥后,可重复使用。

h. 钢筋焊接完成后,应及时进行焊接接头外观检查,外观检查不合格的接头,应切除重焊。

(3)质量标准。

①保证项目。

a. 钢筋品种和质量、焊剂的牌号、性能均必须符合设计要求和有关标准的规定。

b. 钢筋焊接接头的机械性能必须符合《钢筋焊接及验收规范》(JGJ 18—1984)规定。

c. 在进行钢筋焊接接头的强度检验时,从每批成品中切取三个试件进行拉伸试验。在一般构筑物中,每300个同类型接头(同钢筋级别、同钢筋直径)作为一批。在现浇钢筋混凝土框架结构中,每一楼层中以300个同类接头作为一批;不足300个时,仍作为一批。焊接头的拉伸试验结果,三个试件均不得低于该级别钢筋规定的抗拉强度值。若有一个试件的抗拉强度低于规定数值,应取双倍数量的试件进行复验;复验结果若仍有一个试件的强度达不到上述要求,则该批接头即为不合格品。

②基本项目。

a. 用小锤、放大镜、钢板尺和焊缝量规逐个检查焊接接头。

b. 接头焊包均匀,不得有裂纹,钢筋表面无明显烧伤等缺陷。

c. 对外观检查不合格的接头,应将其切除重焊。

③允许偏差。

a. 接头处钢筋轴线的偏移不得超过直径的10%,同时不得大于2 mm。

b. 接头处弯折不得大于4°。

(4)施工注意事项。

①避免工程质量通病。

a. 在整个焊接过程中,要准确掌握好焊接通电时间,密切监视造渣工作电压和电渣工作电压的变化,并根据焊接工作电压的变化情况提升或降低上钢筋,使焊接工作电压稳定在参数范围内。在顶压钢筋时,要保持压力数秒钟后方可松开操纵杆,以免接头偏斜或接合不良。在焊接过程中,应采取措施扶正钢筋上端,以防止上、下钢筋错位和夹具变形。钢筋焊接结束时,应立即检查钢筋是否顺直。如不顺直,要趁钢筋还在热塑状态时将其扳直,然后稍延滞1~2 min后卸下夹具。

b. 电渣压力焊焊接工艺适用于直径16~40 mm的Ⅰ级、Ⅱ级钢筋的焊接,当采用其他品种、规格的钢筋进行焊接时,其焊接工艺的参数应经试验、鉴定后方可采用。

c. 焊剂要妥善存放,以免受潮变质。

d. 焊接工作电压和焊接时间是两个重要的参数,在施工时不得随意变更参数,否则会严重影响焊接质量。

e. 接头偏心和倾斜:主要原因是钢筋端部歪扭不直,在夹具中夹持不正或倾斜;焊后夹具过早放松,接头未冷却使上钢筋倾斜;夹具长期使用磨损,造成上下不同心。

f. 咬边：主要发生于上钢筋。主要原因是焊接时电流太大，钢筋熔化过快；上钢筋端头没有压入熔池中，或压入深度不够；停机太晚，通电时间过长。

g. 未熔合：主要原因是在焊接过程中上钢筋提升过大或下送速度过慢、钢筋端部熔化不良或形成断弧；焊接电流过小或通电时间不够，使钢筋端部未能得到适宜的熔化量；焊接过程中设备发生故障，上钢筋卡住，未能及时压下。

h. 焊包不匀：焊包有两种情况，一种是被挤出的熔化金属形成的焊包很不均匀，一边大一边小，小的一面其高不足 2 mm；另一种是钢筋端面形成的焊缝厚薄不均。主要原因是钢筋端头倾斜过大而熔化量又不足，顶压时熔化金属在接头四周分布不均或采用铁丝球引弧时，铁丝球安放不正，偏向一边。

i. 气孔：主要原因是焊剂受潮，焊接过程中产生大量气体渗入熔池，钢筋锈蚀严重或表面不清洁。

j. 钢筋表面烧伤：主要原因是钢筋端部锈蚀严重，焊前未除锈；夹具电极不干净，钢筋未夹紧，顶压时发生滑移。

k. 夹渣：主要原因是通电时间短，上钢筋在熔化过程中还未形成凸面即行顶压，熔渣无法排出；焊接电流过大或过小；焊剂熔化后形成的熔渣黏度大，不易流动；顶压力太小，上钢筋在熔化过程中气体渗入熔池，钢筋锈蚀严重或表面不清洁。

l. 成型不良：主要原因是焊接电流大，通电时间短，上钢筋熔化较多，如顶压时用力过大，上钢筋端头压入熔池较多，挤出的熔化金属容易上翻；焊接过程中焊剂泄漏，熔化铁水失去约束，随焊剂泄漏下流。

②主要安全技术措施。

a. 电渣焊使用的焊机设备外壳应接零或接地，露天放置的焊机应有防雨遮盖。

b. 焊接电缆必须有完整的绝缘，绝缘性能不良的电缆禁止使用。

c. 在潮湿的地方作业时，应用干燥的木板或橡胶片等绝缘物作垫板。

d. 焊工作业时，应戴焊工专用手套、穿绝缘鞋，手套及绝缘鞋应保持干燥。

e. 在大、中雨天时严禁进行焊接施工。在细雨天时，焊接施工现场要有可靠的遮蔽防护措施，焊接设备要遮蔽好，电线要保证绝缘良好，焊药必须保持干燥。

f. 在高温天气施工时，焊接施工现场要做好防暑降温工作。

g. 用于电渣焊作业的工作台，脚手架应牢固、可靠、安全、适用。

③成品保护。

a. 不准过早拆卸卡具，防止接头弯曲变形。

b. 焊后不得砸钢筋接头，不准往刚焊完的接头浇水。

c. 焊接时应搭好架子，不准踩踏其他已绑好的钢筋。

3. 钢筋气压焊

钢筋气压焊是采用氧-乙炔火焰对两钢筋连接处加热，使之达到塑性状态后，施加适当轴向压力，从而形成牢固对焊接头的施工方法。

本工艺标准适用于现浇钢筋混凝土中直径为 $\phi20\sim\phi40\,mm$ 的Ⅰ、Ⅱ级和部分Ⅲ级钢筋任意方向和任意位置的闭合式气压焊施工。

(1)施工准备。

①材料。

a. 钢筋:用于气压焊的钢筋一般为Ⅰ级钢或Ⅱ级钢。所有钢筋须有出厂质量证明书,进场时须按规定进行抽样复试,其性能和质量应符合《钢筋混凝土用热轧带肋钢筋》(GB 1499—1991)和《钢筋混凝土用热轧光面钢筋》(GB 13013—1991)的规定。若采用Ⅲ级钢或其他品种钢筋及进口钢材,要经过钢材化学性能检验其可焊性合格后方可使用。

当需压接的两钢筋直径不同时,其两直径之差不得大于 7 mm。

b. 氧气:瓶装氧气(O_2)的质量应符合工业用气态氧一级的技术要求,纯度在 99.5% 以上。其质量应符合《工业用气态氧》(GB 3863)中的技术要求。

c. 乙炔气:所使用的乙炔(C_2H_2)宜为瓶装溶解乙炔,纯度要求大于 98%。其质量应符合《溶解乙炔》(GB 6819)中的规定。

②焊接设备。

a. 供气装置:包括氧气瓶、溶解乙炔气瓶、干式回火防止减压器及胶管。

溶解乙炔气瓶的供气能力必须满足现场最大直径钢筋焊接时的供气量要求,可根据需要采用两瓶或多瓶并联使用。

b. 加热器(多嘴环管焊炬):应具有火焰燃烧稳定、均匀、不易回火等性能,并应根据所焊钢筋的粗细、配备,合理选用各种规格的加热圈。

c. 加压器(包括油缸、油泵及油管等):其加压能力应达到现场最粗钢筋焊接时所需要的轴向压力。

d. 焊接夹具:应确保能夹紧钢筋,且当钢筋承受最大轴向压力时,钢筋与夹头之间不产生相对滑移。

e. 辅助设备:包括无齿锯(砂轮锯)角向磨光机等。

③作业条件。

a. 钢筋气压焊接班组的负责人必须是气压焊工,加热作业必须由经培训合格的持证气压焊工进行。

钢筋气压焊工的操作技能现分为乙、丙、丁三级,其允许焊接的钢筋直径分别为:乙级Ⅰ——$d\leqslant40\,mm$,丙级Ⅰ——$d\leqslant32\,mm$,丁级Ⅰ——$d\leqslant25\,mm$。

b. 正式施焊前,必须进行现场焊接工艺试验,所用钢筋从实际进场的各批钢筋中截取,试件经外观检查及拉伸、弯曲试验合格后,按确定的有关参数及工艺施焊。

c. 施焊现场风力超过 3 级(风速大于 5.4 m/s)时,必须采取有效挡风措施才能施焊。雨天不宜进行气压焊施工,必须施焊时,应采取有效遮蔽措施。

(2)操作工艺。

①钢筋下料。宜用无齿锯,不宜使用切断机,以免钢筋端头弯折或呈马蹄形而影响

焊接质量,下料时并应考虑钢筋焊接后的压缩量,每个接头的压缩量为所焊钢筋直径的1~1.5倍。

钢筋焊接接头位置、同一截面内接头数量等尚应符合设计要求或混凝土结构工程施工与验收规范的要求。

②钢筋端头处理。施焊前应用角向磨光机对钢筋端部稍微倒角,并将钢筋端面打磨平整(钢筋端面与钢筋轴线要基本垂直),清除氧化膜,露出光泽。离端面两倍钢筋直径长度范围内钢筋表面上的铁锈、油污、泥浆等附着物应清刷干净。

③钢筋安装就位。将所需焊接的两根钢筋用焊接夹具分别夹紧并调整对正,两钢筋的轴线要在同一直线上。

钢筋夹紧对正后,须施加初始轴向压力顶紧,两钢筋间局部位置的缝隙不得大于3 mm。

④焊炬火焰调校。在每个接头开始施焊时,应先将焊炬的火焰调校为碳化焰(即还原焰,$O_2/C_2H_2=0.85\sim0.95$),火焰的形状要充实。

⑤钢筋加热加压。

a.焊接的开始阶段,采用碳化焰,对准两根钢筋接缝处集中加热。此时须使内焰包围着钢筋缝隙,以防钢筋端面氧化。同时,须增大对钢筋的轴向压力至30~40 MPa。

b.当两根钢筋端面的缝隙完全闭合后,须将火焰调整为中性焰($O_2/C_2H_2=1\sim1.1$)以加快加热速度。此时操作焊炬,使火焰在以压焊面为中心两侧各一倍钢筋直径范围内均匀反复加热。钢筋端面的合适加热温度为1 150~1 250℃。

在加热过程中,火焰发生变化时,要注意及时调整,使之始终保持中性焰,同时如果在压接面缝隙完全密合之前发生焊炬回火中断现象,应停止施焊,拆除夹具,将两钢筋端面重新打磨、安装,再次点燃火焰进行焊接。如果焊炬回火中断发生在接缝完全密合之后,则可再次点燃火焰继续加热、加压完成焊接作业。

c.当钢筋加热到所需的温度时,操作加压器使夹具对钢筋再次施加至30~40 MPa的轴向压力,使钢筋接头镦粗区形成合适的形状,然后可停止加热。

d.当钢筋接头处温度降低,即接头处红色大致消失后,可卸除压力,然后拆下夹具。

(3)质量标准。

①保证项目。

a.气压焊所用钢筋的材质性能和工艺方法必须符合国标质量检验评定标准规定。

b.气压焊所用钢筋应具有出厂合格证和材质试验报告。

c.气压焊接时所选用的焊接参数,要符合焊接工艺要求。

②基本项目。

a.质量检查项目及数量。

• 全部接头均需进行外观检查。

• 在同一楼层中以200个接头为一批(几种不同直径的焊接接头可组成一批),随机切取 3 个接头做拉伸试验。根据工程需要以及操作情况,也可另切除 3 个接头做弯曲试验。

b. 外观检查要求

(ⅰ)外观检查的方法主要是目视检查,必要时可采用游标卡尺或其他专用工具。

(ⅱ)外观检查项目包括以下内容:

• 压焊区钢筋偏心量。两钢筋轴线相对偏心量不得大于钢筋直径的 0.15 倍,同时不得大于 4 mm。当不同直径钢筋相焊接时,按小钢筋直径计算。

• 当超过限量时,应切除重焊。

• 弯折角焊接部位两钢筋轴线弯折角不得大于 4°。

当超过限量时,可重新加热矫正。

• 镦粗直径和长度。镦粗区的最大直径应不小于钢筋直径的 1.4 倍。镦粗区的长度应不小于钢筋直径的 1.2 倍,且凸起部分应平缓圆滑。

当小于限量时,可重新加热加压镦粗、镦长。

• 压焊面偏移。镦粗区最大直径处应与压焊面重合,若有偏移,其最大的偏移量不得大于钢筋直径的 20%。

• 裂纹及烧伤。两钢筋接头处不得有环向裂纹。镦粗区表面不得有严重烧伤(即表面呈现粗糙裂缝和蜂窝状)。

若发现接头有环向裂纹时,应切除重焊。

c. 拉伸试验。每批三个试件的抗拉强度均不得低于该级别钢筋规定的抗拉强度值,三个试件均断于压焊面之外并呈塑性断裂。若有一个试件不符合要求,则应再切除 6 个接头进行复验。复验结果若还有一个接头不符合要求,则该批接头判定为不合格品。

d. 弯曲试验。弯曲试验时,试件受压面的凸起部分应除去,将钢筋压焊面置于弯曲中心点。弯至 90°时,试件不得在压焊面发生破断。若有一个试件不符合要求,应再取 6 个接头进行复验,复验结果若仍有一个接头不符合要求,则该批接头判定为不合格品。

(4)施工注意事项。

①避免工程质量通病。

a. 在施焊过程中,应注意控制好加热温度,温度过高时,会发生金属过烧现象;温度过低时,压焊面难以良好熔合及镦粗区不能形成合适的形状。

b. 为了保证两钢筋焊接的同心度,应注意在安装接长钢筋时,须将两钢筋对齐夹紧,经检查符合要求后才可施焊。

②主要安全技术措施。

a. 供气装置的使用应遵照国家劳动总局(79)劳总锅字 18 号文公布的《气瓶安全监察规程》及《溶解乙炔气瓶安全监督规程》中有关规定执行。

施焊作业应参照 GB9448《焊接与切割安全中气焊安全规定》执行。氧气的工作压力不得超过 0.8 MPa,乙炔的工作压力不得超过 0.1MPa。

b.作业地点附近及其下方,不得有易燃品、爆炸品。不准将点燃的焊炬随意卧放在模板或楼板上。

c.施焊现场应该设置消防设备,如灭火器、消防龙头等,但严禁使用四氯化碳灭火器。

d.油泵、油缸、胶管等整个液压系统各连接处不得漏油。应注意防止因胶管微裂而喷出油雾,引起燃烧或爆炸。

e.焊接操作人员应佩戴气焊防护眼镜和手套。

f.熄灭焊炬火焰或发生回火时,均应先关闭焊炬乙炔阀,再关氧气阀。

③产品保护。

a.每个接头焊接完成后,不能过早拆除夹具,以免造成钢筋弯曲变形。

b.每个接头焊接完成后,应待其自然冷却,不得采用浇水冷却的方法降温。

(二)钢筋机械连接

1.锥螺纹套筒连接

锥螺纹套筒连接是将两根待接钢筋端头用套丝机做出锥形外丝,然后用带锥形内丝的套筒将钢筋两端拧紧的钢筋连接的方法,如图 7－67 所示。

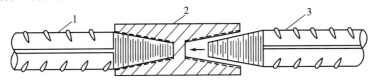

图 7－67　锥螺纹钢筋连接

1-已连接的钢筋;2-锥螺纹套筒;3-未连接的钢筋

这种连接方法具有接头可靠、操作简单、不用电源、全天候施工、对中性好、施工速度快等优点,可连接各种钢筋,不受钢筋种类、含碳量的限制,但所连接钢筋直径之差不宜大于9 mm。

这种接头的价格适中,成本低于冷挤压套筒接头,高于电渣压力焊和气压焊接头。

(1)机具设备。机具设备主要包括钢筋套丝机、扭力扳手、量规。

①钢筋套丝机。钢筋套丝机是加工钢筋连接端的锥形螺纹用的一种专用设备。型号有 SZ－50A、ZL－4 等。可套制 φ16～φ40 Ⅱ、Ⅲ级钢筋。

②扭力扳手。扭力扳手是保证钢筋连接质量的测力扳手。它可以按照钢筋直径大小规定的力矩值,把钢筋与连接套拧紧,并发出声响信号。其型号:PW360(管钳型);性能:100～360 N·m。

③量规。量规包括牙形规、卡规和锥螺纹塞规。

牙形规是用来检查钢筋连接端的锥螺纹牙形加工质量的量规。

卡规是用来检查钢筋连接端的锥螺纹小端直径的量规。

锥螺纹塞规是用来检查锥螺纹连接套加工质量的量规。

（2）锥螺纹套筒的加工与检验。锥螺纹套筒的材质：对Ⅱ级钢筋采用 30～40 号钢，对Ⅲ级钢采用 45 号钢。

锥螺纹套筒的尺寸，应与钢筋端头锥螺纹的牙形与牙数匹配，并应满足承载力略高于钢筋母材的要求。

锥螺纹套筒的加工，宜在专业工厂进行，以保证产品质量。各种规格的套筒外表面，均有明显的钢筋级别及规格标记。套筒加工后，其两端锥孔必须用与其相应的塑料密封盖封严。

锥螺纹套筒的验收，应检查：套筒的规格、型号与标记；套筒的内螺纹圈数、螺距与齿高；螺纹有无破损、歪斜、不全、锈蚀等现象。其中套筒检验的重要一环是用锥螺纹塞规检查同规格套筒的加工质量，如图 7-68 所示。当套筒大端边缘在锥螺纹塞规大端缺口范围内时，套筒为合格品。

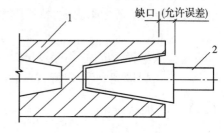

图 7-68　用锥螺纹塞规检查套筒
1-锥螺纹套筒；2-塞规

（3）钢筋锥螺纹的加工与检验。钢筋下料时，应采用无齿锯切割。其端头截面应与钢筋轴线垂直，并不得翘曲。

将钢筋两端卡于套丝机上套丝。钢筋套丝所需的完整牙数见表 7-23。套丝时要用水溶性切削冷却润滑液进行冷却润滑。对大直径钢筋要分次车削到规定的尺寸，以保证丝扣精度，避免损坏梳刀。

表 7-23　钢筋套丝完整牙数的规定值

钢筋直径(mm)	16～18	20～22	25～28	32	36	40
完整牙数	5	7	8	10	11	12

钢筋锥螺纹的检查：对已加工的丝扣端要用牙形规及卡规逐个进行自检，如图 7-69 所示。要求钢筋丝扣的牙形必须与牙形规吻合，小端直径不超过卡规的允许误差，丝扣完整牙数不得小于规定值。不合格的丝扣，要切掉后重新套丝，再由质检员按 3% 的比例抽检，如有 1 根不合格，则要加倍抽检。

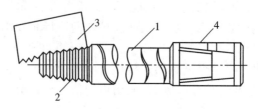

图 7-69　钢筋套丝的检查
1-钢筋；2-锥螺纹；3-牙形规；4-卡规

锥螺纹检查合格后，一端拧上塑料保护帽，另一端拧上钢套筒与塑料封盖，并用扭矩扳手将套筒拧至规定的力矩，以利于保护与运输。

(4)锥螺纹钢筋的连接与检验。连接钢筋前,将下层钢筋上端的塑料保护帽拧下来露出丝扣,并将丝扣上的水泥浆等污物清理干净。

连接钢筋时,将已拧套筒的上层钢筋拧到被连接的钢筋上,并用扭力扳手按表 7-24 规定的力矩值把钢筋接头拧紧,直至扭力扳手在调定的力矩值发出响声,并随手画上油漆标记,以防有的钢筋接头漏拧。力矩扳手每半年应标定一次。

表 7-24　连接钢筋扭紧力矩值

钢筋直径(mm)	16	18	20	22	25~28	32	36~40
扭紧力矩(N·m)	118	145	177	216	275	314	343

钢筋拧紧力矩的检查:首先目测已做油漆标记的钢筋接头丝扣,如发现有一个完整丝扣外露,应责令工人重新拧紧或进行加固处理,然后用质检用的扭力扳手对接头质量进行抽检。抽检数量对梁、柱构件为每根梁、柱 1 个接头;对板、墙、基础构件为 3%(但不少于 3 个)。抽检结果要求达到规定的力矩值。如有一种构件的一个接头达不到规定值,则该构件的全部接头必须重新拧到规定的力矩值。

钢筋接头强度的检查:在正式连接前,按每种规格钢筋接头每 300 个为一批,做 3 个接头试样做拉伸试验。当接头试样达到下列要求时,即为合格接头:①屈服强度实测值不小于钢筋的屈服强度标准值;②抗拉强度实测值与钢筋屈服强度标准值的比值不小于 1.35 倍,异径钢筋接头以小直径抗拉强度实测值为准。

如有一个锥螺纹套筒接头不合格,则该构件全部接头采用电弧贴角焊缝方法加以补强,焊缝高度不得小于 5 mm。

2. 套筒挤压连接

带肋钢筋套筒挤压连接是将两根待接钢筋插入钢套筒,用挤压连接设备沿径向挤压钢套筒,使之产生塑性变形,依靠变形后的钢筒与被连钢筋纵、横肋产生的机械咬合成为整体的钢筋连接方法,如图 7-70 所示。

这种连接方法具有接头性能可靠、质量稳定、不受气候及焊工技术水平的影响,连接速度快、安全、无明火、节能等优点,可连接各种规格的同径和异径钢筋(直径相差不大于 5 mm),也可连接可焊性差的钢筋,但价格较高。

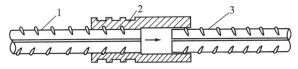

图 7-70　套筒挤压连接
1-已挤压的钢筋;2-钢套筒;3-未挤压的钢筋

(1)钢套筒。钢套筒的材料宜选用强度适中、延性好的优质钢材,其力学性能宜符合下列要求:$s_s=225\sim350\,\text{N/mm}^2$,$s_b=375\sim500\,\text{N/mm}^2$,$\delta_s\geqslant20\%$。

钢套筒的规格和尺寸宜符合表 7-25 的规定。

表 7-25 钢套筒的规格和尺寸

钢套筒型号	钢套筒尺寸(mm)			压接标志道数
	外 径	壁 厚	长 度	
G40	70	12	240	8×2
G36	63	11	216	7×2
G32	56	10	192	6×2
G28	50	8	168	5×2
G25	45	7.5	150	4×2
G22	40	6.5	132	3×2
G20	36	6	120	3×2

(2)挤压设备。钢筋挤压设备由压接钳、超高压泵站及超高压胶管等组成。其型号与参数见表 7-26。

表 7-26 钢筋挤压设备的主要技术参数

	设备型号	YJH-25	YJH-32	YJH-40	YJ650Ⅲ	YJ800Ⅲ
压接钳	额定压力(MPa)	80	80	80	53	53
	额定挤压力(kN)	760	760	900	650	800
	外形尺寸(mm)	$\phi150×433$	$\phi150×480$	$\phi170×530$	$\phi155×370$	$\phi170×450$
	重量(kg)	28	33	41	32	48
	适用钢筋(mm)	20～25	25～32	32～40	20～28	32～40
超高压泵站	电 机	380 V 50 Hz 1.5 kW				
	高压泵	80 MPa,0.8 L/min				
	低压泵	2.0 MPa,4.0～6.0 L/min				
	外形尺寸(mm)	790×540×785(长×宽×高)				
	重量(kg)	96	油箱容积(L)	20		
超高压胶管		100 MPa,内径 6.0 mm,长度 3.0 m(5.0 m)				

钢筋挤压设备工作原理如图 7-71 所示,挤压钳的结构示意如图 7-72 所示。

(3)挤压工艺。

①准备工作。

a. 钢筋端头的锈、泥浆、油污等杂物应清理干净。

b. 钢筋与套筒应进行试套,对不同直径钢筋的套筒不得串用。

c. 钢筋端部应划出定位标记与检查标记。

d. 检查挤压设备情况,并进行试压。

②挤压作业。

a. 钢筋挤压连接宜先在地面上挤压一端套筒,在施工区插入待接钢筋后再挤压另一端套筒。

　　b.压接钳就位时,应对正钢套筒压痕位置的标记,并应与钢筋轴线保持垂直。

　　c.压接钳施压顺序由钢套筒中部顺序向端部进行。每次施压时,主要控制压痕深度。

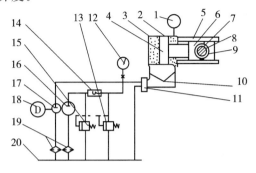

图7-71　钢筋挤压设备工作原理

1-悬挂器;2-缸体;3-液压油;4-活塞;5-机架;6-上压模;7-套筒;8-钢筋;9-下压模;10-油管;11-换向阀;12-压力表;13-溢流阀;14-单向阀;15-限压阀;16-低压泵;17-高压泵;18-电动机;19-滤油器;20-油箱

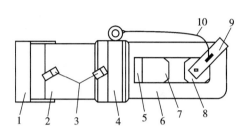

图7-72　挤压钳结构示意

1-提把;2-缸体;3-油路接头;4-吊环;5-活塞;6-机架;7-上压模;8-下压模;9-模挡铁;10-链绳

　　(4)工艺参数。在选择合适材质和规格的钢套筒及压接设备后,接头性能主要取决于挤压变形量这一关键的工艺参数。挤压变形量包括压痕最小直径和压痕总宽度,见表7-27和表7-28。

表7-27　同规格钢筋连接时的参数选择

连接钢筋规格	钢套筒型号	压模型号	压痕最小直径允许范围(mm)	压痕最小总宽度(mm)
$\phi40\sim\phi40$	G40	M40	60~63	≥80
$\phi36\sim\phi36$	G36	M36	54~57	≥70
$\phi32\sim\phi32$	G32	M32	48~51	≥60
$\phi28\sim\phi28$	G28	M28	41~44	≥55
$\phi25\sim\phi25$	G25	M25	37~39	≥50
$\phi22\sim\phi22$	G22	M22	32~34	≥45
$\phi20\sim\phi20$	G20	M20	29~31	≥45
$\phi18\sim\phi18$	G18	M18	27~29	≥40

表7-28　不同规格钢筋连接时的参数选择

连接钢筋规格	钢套筒型号	压模型号	压痕最小直径允许范围(mm)	压痕最小总宽度(mm)
$\phi40\sim\phi36$	G40	$\phi40$端M40	60~63	≥80
$\phi32\sim\phi32$	G36	$\phi36$端M36	57~60	$\phi80$
		$\phi36$端M36	54~57	≥70
$\phi32\sim\phi28$	G32	$\phi32$端M32	51~54	≥70

连接钢筋规格	钢套筒型号	压模型号	压痕最小直径允许范围(mm)	压痕最小总宽度(mm)
$\phi28\sim\phi25$	G28	$\phi32$ 端 M32	48~51	≥60
		$\phi28$ 端 M28	45~48	≥60
		$\phi28$ 端 M28	41~44	≥55
$\phi25\sim\phi22$	G25	$\phi25$ 端 M25	38~41	≥55
		$\phi25$ 端 M25	37~39	≥50
		$\phi22$ 端 M22	35~37	≥50
$\phi25\sim\phi20$	G25	$\phi25$ 端 M25	37~39	≥50
		$\phi20$ 端 M20	33~35	≥45
$\phi22\sim\phi20$	G22	$\phi22$ 端 M22	32~34	≥45
		$\phi20$ 端 M20	31~33	≥45
$\phi22\sim\phi18$	G22	$\phi22$ 端 M22	32~34	≥45
		$\phi18$ 端 M18	29~31	≥45
$\phi20\sim\phi18$	G20	$\phi20$ 端 M20	29~31	≥45
		$\phi18$ 端 M18	28~30	≥45

(5)质量检验。工程中应用带肋钢筋套筒挤压接头时,应由技术提供单位提交有效的型式检验报告与套筒出厂合格证。现场检验一般只进行接头外观检查和单向拉伸试验。

①取样数量。同批条件为:材料、等级、形式、规格、施工条件相同。一批的数量为500个接头,不足此数时也作为一个验收批。

对每一验收批,应随机抽取10%的挤压接头做外观检查,抽取三个试样做单向拉伸试验。

在现场检验合格的基础上,连续10个验收批单向拉伸试验合格率为100%时,可以扩大验收批所代表的接头数量一倍。

②外观检查。挤压接头的外观检查,应符合下列要求:

a. 挤压后套筒长度应为1.10~1.15倍原套筒长度,或压痕处套筒的外径为原套筒外径的80%~90%;

b. 挤压接头的压痕道数应符合形式检验确定的道数;

c. 接头处弯折不得大于4°;

d. 挤压后的套筒不得有肉眼可见的裂缝。

如外观质量合格数大于等于抽检数的90%,则该批为合格。如不合格数超过抽检数的10%,则应逐个进行复验。在外观不合格的接头中抽取六个试样做单向拉伸试验再判别。

③单向拉伸试验。挤压接头试样的钢筋母材应进行抗拉强度试验。

三个接头试样的抗拉强度均应满足A级或B级抗拉强度的要求;对A级接头,试样抗拉强度尚应大于等于0.9倍钢筋母材的实际抗拉强度(计算实际抗拉强度时,应采用钢筋的实际横截面面积)。

如有一个试样的抗拉强度不符合要求,则应加倍抽样复验。

四、钢筋配料与代换

(一)钢筋配料

钢筋配料是根据构件配筋图,先绘出各种形状和规格的单根钢筋简图并加以编号,然后分别计算钢筋下料长度和根数,填写配料单,申请加工。

1. 钢筋下料长度计算

钢筋因弯曲或弯钩会使其长度变化,在配料中不能直接根据图纸中尺寸下料;必须了解对混凝土保护层、钢筋弯曲、弯钩等规定,再根据图中尺寸计算其下料长度。各种钢筋下料长度计算如下:

$$直钢筋下料长度＝构件长度－保护层厚度＋弯钩增加长度$$
$$弯起钢筋下料长度＝直段长度＋斜段长度－弯曲调整值＋弯钩增加长度$$
$$箍筋下料长度＝箍筋周长＋箍筋调整值$$

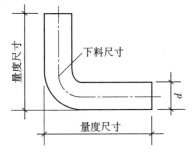

图 7 - 73　钢筋弯曲时的量度方法

上述钢筋需要搭接的话,还应增加钢筋搭接长度。

(1)弯曲调整值。钢筋弯曲后的特点:一是在弯曲处内皮收缩、外皮延伸、轴线长度不变;二是在弯曲处形成圆弧。钢筋的量度方法是沿直线量外包尺寸(图 7 - 73)。因此,弯起钢筋的量度尺寸大于下料尺寸,两者之间的差值称为弯曲调整值。根据理论推算并结合实践经验,弯曲调整值列于表 7 - 29。

表 7 - 29　钢筋弯曲调整值

钢筋弯曲角度	30°	45°	60°	90°	135°
钢筋弯曲调整值	$0.35d$	$0.5d$	$0.85d$	$2d$	$2.5d$

注:d 为钢筋直径

(2)弯钩增加长度。钢筋的弯钩形式有三种:半圆弯钩、直弯钩及斜弯钩(图 7 - 74)。半圆弯钩是最常用的一种弯钩。直弯钩只用在柱钢筋的下部、箍筋和附加钢筋中。斜弯钩只用在直径较小的钢筋中。

光圆钢筋的弯钩增加长度,按图 7 - 74 所示的简图(弯心直径为 $2.5d$,平直部分为 $3d$)计算:对半圆弯钩为 $6.25d$,对直弯钩为 $3.5d$,对斜弯钩为 $4.9d$。

在生产实践中,由于实际弯心直径与理论弯心直径有时不一致,钢筋粗细和机具条件不同等而影响平直部分的长短(手工弯钩时平直部分可适当加长,机械弯钩时可适当缩短),因此在实际配料计算时,对弯钩增加长度常根据具体条件,采用经验数据,见表 7 - 30。

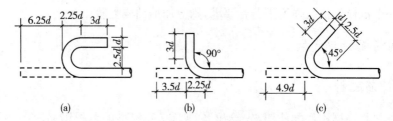

图 7 - 74 钢筋弯钩计算简图

(a)半圆弯钩;(b)直弯钩;(c)斜弯钩

表 7 - 30 半圆弯钩增加长度参考表(用机械弯)

钢筋直径(mm)	≤6	8~10	12~18	20~28	32~36
一个弯钩长度(mm)	40	6d	5.5d	5d	4.5d

(3)弯起钢筋斜长。弯起钢筋斜长计算简图,如图 7 - 75 所示。弯起钢筋斜长系数见表7 - 31。

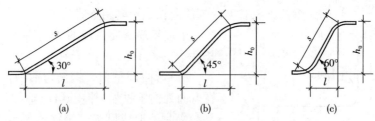

图 7 - 75 弯起钢筋斜长计算简图

(a)弯起角度 30°;(b)弯起角度 45°;(c)弯起角度 60°

表 7 - 31 弯起钢筋斜长系数

弯起角度	$\alpha = 30°$	$\alpha = 45°$	$\alpha = 60°$
斜边长度 s	$2h_0$	$1.41h_0$	$1.15h_0$
底边长度 l	$1.732h_0$	h_0	$0.575h_0$
增加长度 $s-l$	$0.268h_0$	$0.41h_0$	$0.575h_0$

注:h_0 为弯起高度

(4)箍筋调整值。箍筋调整值,即为弯钩增加长度和弯曲调整值两项之差或和,根据箍筋量外包尺寸或内皮尺寸确定,如图 7 - 76 与表 7 - 32 所示。

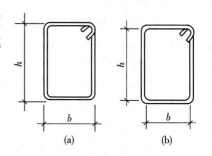

图 7 - 76 箍筋量度方法

(a)量外包尺寸;(b)量内皮尺寸

表 7-32 箍筋调整值

箍筋量度方法	箍筋直径(mm)			
	4~5	6	8	10~12
量外包尺寸	40	50	60	70
量内皮尺寸	80	100	120	150~170

2. 钢筋长度计算中的特殊问题

(1)变截面构件箍筋(图 7-77)。根据比例原理,每根箍筋的长短差数 Δ,可按下式计算:

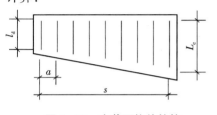

$$\Delta = \frac{l_c - l_d}{n - 1} \tag{7-5}$$

图 7-77 变截面构件箍筋

式中 l_c——箍筋的最大高度;

l_d——箍筋的最小高度;

n——箍筋个数,等于 $s/a+1$;

s——最长箍筋和最短箍筋之间的总距离;

a——箍筋间距。

(2)圆形构件钢筋。在平面为圆形的构件中,配筋形式有二:按弦长布置,按圆形布置。

①按弦长布置。先根据下式算出钢筋所在处弦长,再减去两端保护层厚度,得出钢筋长度。

当配筋为单数间距时:

$$l_i = a \sqrt{(n+1)^2 - (2i-1)^2} \tag{7-6}$$

当配筋为双数间距时:

$$l_i = a \sqrt{(n+1)^2 - (2i)^2} \tag{7-7}$$

式中 l_i——第 i 根(从圆心向两边计数)钢筋所在的弦长;

a——钢筋间距;

n——钢筋根数,等于 $D/a-1$(D 为圆直径);

i——从圆心向两边计数的序号数。

②按圆形布置。一般可用比例方法先求出每根钢筋的圆直径,再乘圆周率算得钢筋长度(图 7-78)。

(3)曲线构件钢筋。

①曲线钢筋长度,根据曲线形状不同,可分别采用下列方法计算。

圆曲线钢筋的长度,可用圆心角 θ 与圆半径 R 直接

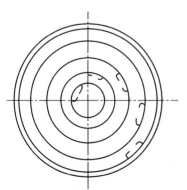

图 7-78 圆形构件钢筋

(按圆形布置)

算出或通过弦长 l 与矢高 h 查表得出［中国建筑工业出版社《建筑施工手册(第四版)》1中"施工常用数据"］。

抛物线钢筋的长度 L，可按下式计算(图 7-79)。

$$L = \left(1 + \frac{8h^2}{3l^2}\right)l \qquad (7-8)$$

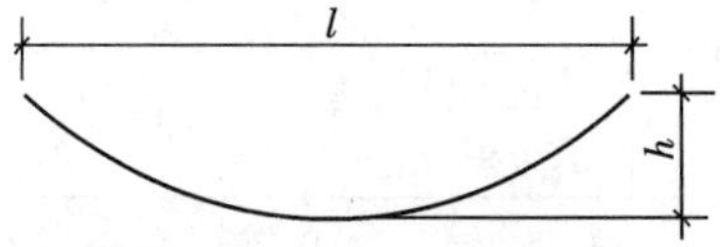

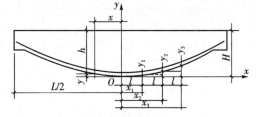

图 7-79 抛物线钢筋长度

式中　l——抛物线的水平投影长度；

　　　h——抛物线的矢高。

其他曲线状钢筋的长度，可用渐近法计算，即分段按直线计，然后总加。

图 7-80 所示的曲线构件，设曲线方程式 $y = f(x)$，沿水平方向分段，每段长度为 l（一般取为 0.5 m），求已知 x 值时的相应 y 值，然后计算每段长度，例如，第三段长度为 $\sqrt{(y_3 - y_2)^2 + l^2}$。

②曲线构件箍筋高度，可根据已知曲线方程式求解。其方法是先根据箍筋的间距确定 x 值，代入曲线方程式求 y 值，然后计算该处的梁高 $h = H - y$，再扣除上下保护层厚度，即得箍筋高度。

图 7-80 曲线钢筋长度

对一些外形比较复杂的构件，用数学方法计算钢筋长度有困难时，也用放足尺(1∶1)或放小样(1∶5)的办法求钢筋长度。

③配料计算的注意事项：

a.在设计图纸中，钢筋配置的细节问题没有注明时，一般可按构造要求处理。

b.配料计算时，要考虑钢筋的形状和尺寸在满足设计要求的前提下有利于加工安装。

c.配料时，还要考虑施工需要的附加钢筋。例如，后张预应力构件预留孔道定位用的钢筋井字架，基础双层钢筋网中保证上层钢筋网位置用的钢筋撑脚，墙板双层钢筋网中固定钢筋间距用的钢筋撑铁，柱钢筋骨架增加四面斜筋撑等。

④配料计算实例。已知某教学楼钢筋混凝土框架梁 KL_1 的截面尺寸与配筋见图 7-81共计 5 根。混凝土强度等级为 C25。求各种钢筋下料长度。

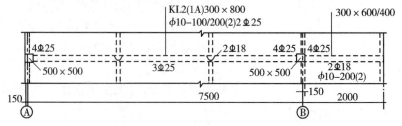

图 7-81 钢筋混凝土框架梁 KL_1 平法施工图

【解】　A. 绘制钢筋翻样图。

根据"配筋构造"的有关规定,得出:

(a)纵向受力钢筋端头的混凝土保护层为 250 mm;

(b)框架梁纵向受力钢筋 ⬩25 的锚固长度为 $35 \times 25 = 875$ mm,伸入柱内的长度可达 $500 - 25 = 475$ mm,需要向上(下)弯 400 mm;

(c)悬臂梁负弯矩钢筋应有两根伸至梁端包住边梁后斜向上伸至梁顶部;

(d)吊筋底部宽度为次梁宽$+2 \times 50$ mm,按 45°向上弯至梁顶部,再水平延伸 $20d = 20 \times 18 = 360$ mm。

对照 KL_1 框架梁尺寸与上述构造要求,绘制单根钢筋翻样图(图 7-82),并将各种钢筋编号。

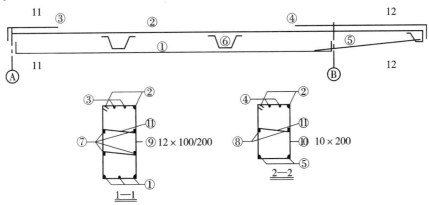

图 7-82　KL_1 框架梁钢筋翻样图

B. 计算钢筋下料长度。

计算钢筋下料长度时,应根据单根钢筋翻样图尺寸,并考虑各项调整值。

①号受力钢筋下料长度为:

$(7\,800 - 2 \times 25) + 2 \times 400 - 2 \times 2 \times 25 = 8\,450$ mm

②号受力钢筋下料长度为:

$(9\,650 - 2 \times 25) + 400 + 350 + 200 + 500 - 3 \times 2 \times 25 - 0.5 \times 25 = 10\,888$ mm

⑥号吊筋下料长度为:

$350 + 2(1\,060 + 360) - 4 \times 0.5 \times 25 = 3\,140$ mm

⑨号箍筋下料长度为:

$2(770 + 270) + 70 = 2\,150$ mm

⑩号箍筋下料长度,由于梁高变化,因此要先按公式算出箍筋高差 Δ。

箍筋根数 $n = \dfrac{1\,850 - 100}{200} + 1 \approx 10$,箍筋高差 $\Delta = \dfrac{570 - 370}{10 - 1} \approx 22$ mm

每个箍筋下料长度计算结果列于表 7-33。

表 7 - 33　钢筋配料单

构件名称:KL₁梁,5 根

钢筋编号	简　图	符号	直径 (mm)	下料长度 (mm)	单位 根数	合计 根数	重量 (kg)
①	400 ⌐ 7750 ⌐	Φ	25	8450	3	15	488
②	400 ⌐ 9600 500 350 200	Φ	25	10887	2	10	419
③	400 2742	Φ	25	3092	2	10	119
④	4617 350	Φ	25	4917	2	10	189
⑤	2300	Φ	18	2300	2	10	46
⑥	360　1060　350　1060　360	Φ	18	3140	4	20	126
⑦	7200	Φ	14	7200	4	20	174
⑧	2050	Φ	14	2050	2	10	25
⑨	270 770	φ	10	2150	46	230	305
⑩₁	270 570	φ	10	1750	1	5	
⑩₂	548×270	φ	10	1706	1	5	
⑩₃	526×270	φ	10	1662	1	5	
⑩₄	504×270	φ	10	1626	1	5	
⑩₅	482×270	φ	10	1574	1	5	
⑩₆	460×270	φ	10	1530	1	5	48
⑩₇	437×270	φ	10	1484	1	5	
⑩₈	415×270	φ	10	1440	1	5	
⑩₉	393×270	φ	10	1396	1	5	
⑩₁₀	370×270	φ	10	1350	1	5	
⑪	266	φ	8	334	28	140	18
						总重	1957 kg

⑤配料单与料牌。钢筋配料计算完毕,填写配料单,详见表 7 - 33。

列入加工计划的配料单,将每一编号的钢筋制作一块料牌,作为钢筋加工的依据与钢筋安装的标志。

钢筋配料单和料牌应严格校核,必须准确无误,以免返工浪费。

(二)钢筋代换

当钢筋的品种、级别或规格需做变更时,应办理设计变更文件。

1. 代换原则

当施工中遇有钢筋的品种或规格与设计要求不符时,可参照以下原则进行钢筋代换:

(1)等强度代换:当构件受强度控制时,钢筋可按强度相等原则进行代换。

(2)等面积代换:当构件按最小配筋率配筋时,钢筋可按面积相等原则进行代换。

(3)当构件受裂缝宽度或挠度控制时,代换后应进行裂缝宽度或挠度验算。

2. 等强代换方法

计算法公式如下:

$$n_2 \geqslant \frac{n_1 d_1^2 f_{y1}}{d_2^2 f_{y2}} \qquad (7-9)$$

式中　n_2——代换钢筋根数;

　　　n_1——原设计钢筋根数;

　　　d_2——代换钢筋直径;

　　　d_1——原设计钢筋直径;

　　　f_{y2}——代换钢筋抗拉强度设计值(表7-34);

　　　f_{y1}——原设计钢筋抗拉强度设计值。

表 7-34　钢筋强度设计值(N/mm^2)

项次	钢筋种类		符　号	抗拉强度设计值 f_y	抗压强度设计值 f'_y
1	热轧钢筋	HPB235	ϕ	210	210
		HRB335	Φ	300	300
		HRB400	Φ	360	360
		RRB400	Φ^R	360	360
2	冷轧带肋钢筋	LL550		360	360
		LL650		430	380
		LL800		530	380

式(7-9)有两种特例:

(1)设计强度相同、直径不同的钢筋代换:

$$n_2 \geqslant n_1 \frac{d_1^2}{d_2^2} \qquad (7-10)$$

(2)直径相同、强度设计值不同的钢筋代换:

$$n_2 \geqslant n_1 \frac{f_{y1}}{f_{y2}} \qquad (7-11)$$

3. 构件截面的有效高度影响

钢筋代换后,有时由于受力钢筋直径加大或根数增多而需要增加排数,则构件截面的有效高度 h_0 减小,截面强度降低。通常对这种影响可凭经验适当增加钢筋面积,再做截面强度复核。

对矩形截面的受弯构件,可根据弯矩相等,按下式复核截面强度。

$$N_2\left(h_{02}-\frac{N_2}{2f_cb}\right)\geqslant N_1\left(h_{01}'-\frac{N_1}{2f_cb}\right) \tag{7-12}$$

式中　N_1——原设计的钢筋拉力,等于 $A_{s1}f_{y1}$(A_{s1}——原设计钢筋的截面面积,f_{y1}——原设计钢筋的抗拉强度设计值);

N_2——代换钢筋拉力,同上;

h_{01}——原设计钢筋的合力点至构件截面受压边缘的距离;

h_{02}——代换钢筋的合力点至构件截面受压边缘的距离;

f_c——混凝土的抗压强度设计值,对 C20 混凝土为 9.6 N/mm²,对 C25 混凝土为 11.9 N/mm²,对 C30 混凝土为 14.3 N/mm²;

b——构件截面宽度。

4. 代换注意事项

钢筋代换时,必须充分了解设计意图和代换材料性能,并严格遵守现行混凝土结构设计规范的各项规定;凡重要结构中的钢筋代换,应征得设计单位同意。

(1)对某些重要构件,如吊车梁、薄腹梁、桁架下弦等,不宜用 HPB235 级光圆钢筋代替 HRB335 和 HRB400 级带肋钢筋。

(2)钢筋代换后,应满足配筋构造规定,如钢筋的最小直径、间距、根数、锚固长度等。

(3)同一截面内,可同时配有不同种类和直径的代换钢筋,但每根钢筋的拉力差不应过大(如同品种钢筋的直径差值一般不大于 5 mm),以免构件受力不均。

(4)梁的纵向受力钢筋与弯起钢筋应分别代换,以保证正截面与斜截面强度。

(5)偏心受压构件(如框架柱、有吊车厂房柱、桁架上弦等)或偏心受拉构件作钢筋代换时,不取整个截面配筋量计算,应按受力面(受压或受拉)分别代换。

(6)当构件受裂缝宽度控制时,如以小直径钢筋代换大直径钢筋,强度等级低的钢筋代替强度等级高的钢筋,则可不做裂缝宽度验算。

5. 钢筋代换实例

【例1】今有一块 6 m 宽的现浇混凝土楼板,原设计的底部纵向受力钢筋采用 HPB235 级 ϕ12 钢筋 @120 mm,共计 50 根。现拟改用 HRB335 级 Φ12 钢筋,求所需 Φ12 钢筋根数及其间距。

【解】本题属于直径相同、强度等级不同的钢筋代换,采用公式(4-14)计算:

$n_2=50\times\dfrac{210}{300}=35$ 根,间距 $=120\times\dfrac{50}{35}=171.4$ 取 170 mm。

【例2】今有一根 400 mm 宽的现浇混凝土梁,原设计的底部纵向受力钢筋采用

HRB335 级 Φ 22 钢筋,共计 9 根,分两排布置,底排为 7 根,上排为 2 根。现拟改用 HRB400 级 Φ 25 钢筋,求所需 Φ 25 钢筋根数及其布置。

【解】本题属于直径不同、强度等级不同的钢筋代换,采用公式(4-12)计算:

$$n_2 = 9 \times \frac{22^2 \times 300}{25^2 \times 360} = 5.81 \text{ 根},\text{取 6 根}。\text{一排布置},\text{增大了代换钢筋的合力点至构件截}$$

面受压边缘的距离 h_0,有利于提高构件的承载力。

【例3】已知梁的截面面积尺寸如图 7-83(a)所示,采用 C20 混凝土制作,原设计的纵向受力钢筋采用 HRB400 级 Φ 20 钢筋,共计 6 根,单排布置,中间 4 根分别在两处弯起。现拟改用 HRB335 级 Φ 22 钢筋,求所需钢筋根数及其布置。

【解】①弯起钢筋与纵向受力钢筋分别代换,以 2 Φ 20 为单位,按公式(7-9)代换 Φ 22 钢筋,$n_2 = \frac{2 \times 20^2 \times 360}{22^2 \times 300} = 1.98$,取 2 根。

②代换后的钢筋根数不变,但直径增大,需要复核钢筋净间距 s:

$$s = \frac{300 - 2 \times 25 - 6 \times 22}{5} = 23.6 \text{ mm} < 25 \text{ mm},\text{需要布置为两排}(\text{底排 4 根、二排 2 根})。$$

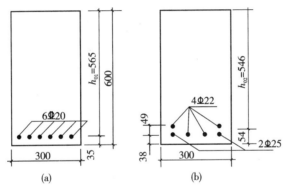

图 7-83　矩形梁钢筋代换

(a)原设计钢筋;(b)代换钢筋

③代换后的构件截面有效高度 h_{02} 减小,需要按公式(7-11)复核截面强度。

$$h_{01} = 600 - 35 = 565 \text{ mm},\quad h_{02} = 600 - \frac{36 \times 4 + 2 \times 83}{6} = 548 \text{ mm}$$

$$N_1 \left(h_{01} - \frac{N_1}{2f_c b} \right) = 6 \times 314 \times 360 \times \left(565 - \frac{6 \times 314 \times 360}{2 \times 9.6 \times 300} \right) = 303.2 \times 10^6 = 303.2 \text{ kN·m}$$

$$N_2 \left(h_{02} - \frac{N_2}{2f_c b} \right) = 6 \times 380 \times 300 \times \left(548 - \frac{6 \times 380 \times 300}{2 \times 9.6 \times 300} \right) = 293.4 < 303.2 \text{ kN·m}$$

④角部两根改为 Φ 25 钢筋,再复核截面强度

$$N_2 \left(h_{02} - \frac{N_2}{2f_c b} \right) = (4 \times 380 + 2 \times 491) \times 300 \times \left(546 - \frac{2502 \times 300}{2 \times 9.6 \times 300} \right) = 312.2 \text{ kN·m}$$

小结:代换钢筋采用 4 Φ 22 + 2 Φ 25,按图 7-83(b)布置,满足原设计要求。

五、钢筋绑扎安装

(一)绑扎安装方法

(1)对板、梁、小柱等构件的钢筋,可采取在钢筋加工场组合绑扎或焊接成骨架(网片),运到现场放入模内就位安装。对尺寸较大的柱子、屋面梁、桁架等,运输中易变形损坏,一般宜在现场绑扎安装。

(2)钢筋骨架的绑扎,一般在钢筋绑扎架或平台上进行。绑扎次序是:先把受拉钢筋和弯起钢筋放在平台上,然后由一端套入箍筋,按线距摆开,并与受拉和弯起钢筋绑牢,而后穿入架立钢筋,并与箍筋绑扎,其他类型钢筋骨架的绑扎可参照进行。绑时应注意外形尺寸不能过大,以免入模困难。

(3)现场钢筋绑扎,先在构件模板上搁4~5根楞木,在其上绑扎骨架(或网片),然后抽去楞木,整体放入模板内。桁架钢筋通常采取将上弦、下弦、腹杆的钢筋骨架分段预制好,然后到模内拼装的方法。在端部节点、脊部节点和其他节点中,此处钢筋骨架都是穿插的,并有附加钢筋插入,因此这一部分的箍筋和附加钢筋均不能事先绑上。绑扎次序是先绑腹杆,再绑上、下弦,后绑节点。如果桁架每段的钢筋骨架过长,易于变形,则采用模内绑扎的方法。

(4)绑扎成型的钢筋骨架和成型好的单根钢筋可用人工抬运,较长的可用特制运料车成批运到现场绑扎安装,可防变形和减轻劳动强度。

(5)钢筋绑扎应用铁丝弯钩。铁丝可采用20~22号铁丝或镀锌铁丝,铁丝过硬时,可经退火处理。使用铁丝长度,通常是以铁丝钩拧2~3转后,铁丝出头长度保有10 mm左右为合适,一般采取一面顺扣的操作方法,绑扎所需要的铁丝长度可参考表7-35,由于铁丝是成盘供应,习惯取大致长度,以每盘周长的几分之一来切断使用。

表7-35 钢筋绑扎铁丝所需长度参考表

钢筋直径(mm)	3~6	8	10	12	14	16	18	20	22	25	28
3~4	12	13	14	15	16	18	19	21	23	25	27
5	13	13	14	16	17	18	20	21	23	25	27
6	13	14	15	16	18	19	21	23	25	27	30
8	—	15	17	17	18	20	22	25	26	28	30
10	—	—	18	19	20	22	24	25	26	28	31
12	—	—	—	20	22	23	25	26	27	29	31
14				—	23	24	25	27	28	30	32
16					—	25	26	28	30	31	33
18						—	27	30	31	33	35
20						—	—	31	32	34	36
22								—	34	35	37

注：①钢筋直径＜12 mm 时，用 22 号铁丝绑扎，直径 12～25 mm 时，用 20 号铁丝绑扎，直径＞25 mm 时，用 18 号铁丝绑扎。②每吨钢筋绑扎约需 22 号铁丝用量为：直径 6～12 mm 钢筋为 6～7 kg；直径 16～25 mm 钢筋为 5.6 kg。③本表系指钢筋各一根相绑所需铁丝长度，若有两根同直径的钢筋与其他规格的一根钢筋相绑，可按同直径的 1.5 倍与其他规格的钢筋相绑，查表。

(6)钢筋保护层的控制，通常在钢筋与模板之间垫以水泥砂浆块或塑料卡，厚度等于保护层厚度，如厚度小于 20 mm 的尺寸用 30 mm×30 mm，大于 20 mm 的用 50 mm×50 mm，垂直方向使用的垫块在砂浆中埋入 22 号铁丝，以便于固定在钢筋上。垫块成梅花形布置，相互间距应不大于 1.0 m。两层钢筋网之间的距离，可采用绑扎钢筋顶撑或点焊排架的办法，主筋直径为 φ8～φ22，间距为 0.6～2.0 mm，并与主筋绑牢，以防变形。

(7)钢筋的绑扎接头应符合下列规定：

①搭接长度的末端距钢筋弯折处，不得小于钢筋直径的 10 倍，接头不宜位于构件最大弯矩处。

②受拉区域内，Ⅰ级钢筋绑扎接头的末端应做弯钩，Ⅱ、Ⅲ级钢筋可不做弯钩。

③直径不大于 12 mm 的受压Ⅰ级钢筋的末端，以及轴心受压构件中任意直径的受力钢筋的末端，可不做弯钩，但搭接长度不应小于钢筋直径的 35 倍。

④钢筋搭接段，应在中心和两端均用铁丝扎牢。

⑤受拉钢筋绑扎接头的搭接长度，应符合表 7-36 的规定；受压钢筋绑扎接头的搭接长度，应取受拉钢筋绑扎接头搭接长度的 70%。

表 7-36 受拉钢筋绑扎接头的搭接长度

钢筋类型		混凝土强度等级		
		C20	C25	高于 C25
Ⅰ级钢筋		35d	30d	25d
月 牙 纹	Ⅱ级钢筋	45d	40d	35d
	Ⅲ级钢筋	55d	50d	45d
冷拔低碳钢丝		300 mm		

注：①当Ⅱ、Ⅲ级钢筋直径 d 大于 25 mm 时，其受拉钢筋的搭接长度应按表中数值增加 5d 采用；②当螺纹钢筋直径 d 不大于 25 mm 时，其受拉钢筋的搭接长度应按表中值减少 5d 采用；③当混凝土在凝固过程中受力钢筋易受扰动时，其搭接长度宜适当增加；④在任何情况下，纵向受拉钢筋的搭接长度不应小于 300 mm；受压钢筋的搭接长度不应小于200 mm；⑤轻骨料混凝土的钢筋绑扎接头搭接长度应按普通混凝土搭接长度增加 5d，对冷拔低碳钢丝增加 50 mm；⑥当混凝土强度等级低于 C20 时，Ⅰ、Ⅱ级钢筋的搭接长度应按表中 C20 的数值相应增加 10d，Ⅲ级钢筋不宜采用；⑦对有抗震要求的受力钢筋的搭接长度，对一、二级抗震等级应增加 5d；⑧两根直径不同钢筋的搭接长度，以较细钢筋的直径计算

(8)焊接骨架和焊接网采用绑扎连接时，应符合如下规定：

①焊接骨架和焊接网的搭接接头，不宜位于构件的最大弯矩处。

②焊接网在非受力方向的搭接长度，宜为 100 mm；

③受拉焊接骨架和焊接网在受力钢筋方向的搭接长度，应符合表 7-37 的规定；受压

焊接骨架和焊接网在受力钢筋方向的搭接长度,可取表 7-37 的 70%。

表 7-37　受拉焊接骨架和焊接网绑扎接头的搭接长度

钢筋类型		混凝土强度等级		
		C20	C25	高于 C25
Ⅰ级钢筋		$30d$	$25d$	$20d$
月牙纹	Ⅱ级钢筋	$40d$	$35d$	$30d$
	Ⅲ级钢筋	$45d$	$40d$	$35d$
冷拔低碳钢丝		250 mm		

注:①搭接长度除应符合本表规定外,在受拉区不得小于 250 mm,在受压区不得小于 200 mm;②当混凝土强度等级低于 C20 时,Ⅰ级钢筋的搭接长度不得小于 $40d$,Ⅱ级钢筋的搭接长度不得小于 $50d$;③当月牙纹钢筋直径 d 大于 25 mm 时,其搭接长度应按表中数值增加 $5d$;④当螺纹钢筋直径 d 不大于 25 mm 时,其搭接长度应按表中值减少 $5d$;⑤当混凝土在凝固过程中受力钢筋易受扰动时,其搭接长度宜适当增加;⑥轻骨料混凝土的焊接骨架和焊接网绑扎接头的搭接长度,应按普通混凝土搭接长度增加 $5d$,对冷拔低碳钢丝增加 50 mm;⑦当有抗震要求时,对一、二级抗震等级应增加 $5d$

(9)各受力钢筋之间的绑扎接头位置应相互错开。从任一绑扎接头中心至搭接长度 l_1 的 1.3 倍区段范围内(图 7-84),有绑扎接头的受力钢筋截面面积占受力钢筋总截面面积百分率,应符合下列规定:

①受拉区不得超过 25%;

②受压区不得超过 50%。

绑扎接头中钢筋的横向净距 s 不应小于钢筋直径 d 且不应小于 25 mm(图 7-84)。

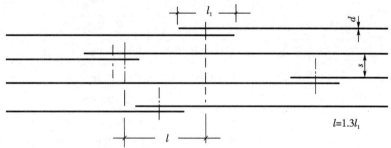

图 7-84　受力钢筋绑扎接头

注:图中所示 l 区段内有接头的钢筋面积按两根计

(10)焊接骨架和焊接网在构件宽度内,其接头位置应错开。在绑扎接头区段内,有绑扎接头的受力钢筋截面面积不得超过受力钢筋总截面面积的 50%。

(11)在绑扎骨架中非焊接的搭接接头长度范围内,当搭接钢筋为受拉时,其箍筋的间距不应大于 5 倍钢筋直径 d,且不应大于 100 mm。当搭接钢筋为受压时,其箍筋间距不应大于 $10d$,且不应大于 200 mm。

(二)钢筋绑扎安装施工要点

(1)钢筋绑扎安装前,应熟悉图纸,核对成品钢筋的钢号、直径、形状、尺寸、数量是否与配料单和料牌相符,研究安装程序,确定施工方法。

(2)钢筋安装应与模板、埋设件、管线安装相配合。现浇柱多采取先绑扎钢筋骨架,后安装柱模,或先安三侧模板再绑扎钢筋,最后钉另一面模板。梁的钢筋一般在模板安装好后,再安装或绑扎钢筋,也可留一面侧模,钢筋安装完后再装钉。板钢筋应在模板安装好后再绑扎。绑扎形式复杂的结构部位时,应研究逐根钢筋穿插就位的顺序。

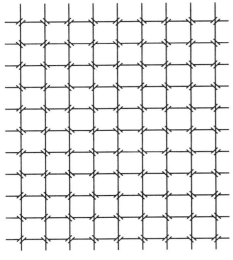

图 7-85　钢筋绑扎形式示意图

(3)钢筋绑扎应注意位置正确,绑扎牢固。板类构件钢筋网的绑扎,在四周两行钢筋交叉点应每点扎牢,中间部分可每隔一根相互呈梅花形或"八"字形扎牢(图 7-85),但双向都配置主筋的钢筋网,应每点扎牢,这样绑扎不易松动变形。绑扎时,应注意相邻扎点的绑扎相互间应成"八"字形,以免网片运输安装中发生歪斜变形。对钢筋较稀的网片,应采取临时加固措施用钢筋拉结。

(4)箍筋与主筋垂直,箍筋与主筋交叉每点扎牢,箍筋平直部分与主筋的交点,则可隔点呈梅花形绑扎。箍筋的接头(弯钩处)在柱中应交错布置在四角纵向钢筋上。在梁中应错开绑在不同的架立钢筋上。

(5)钢筋放入模内位置要正确,配有双排钢筋的构件,两排钢筋之间应垫以钢筋头或绑扎撑钩,以保证间距正确。在钢筋交叉点的下面应垫以一定数量的水泥砂浆垫块,以控制保护层厚度,间距一般为 0.8 m。

(三)绑扎网和绑扎骨架外形尺寸

绑扎网和绑扎骨架外形尺寸的允许偏差应符合表 7-38 的规定。

表 7-38　绑扎和绑扎骨架的允许偏差(mm)

项　　目		允许偏差
网的长、宽		±10
网眼尺寸		±20
骨架的宽及高		±5
骨架的长		±10
箍筋间距		±20
受力钢筋	间　　距	±10
	排　　距	±5

安装钢筋时,配置的钢筋级别、直径、根数和间距均应符合设计要求。绑扎或焊接的钢筋网和钢筋骨架,不得有变形、松脱和开焊。安装钢筋位置的允许偏差应符合表 7-39 的规定。

表 7-39　钢筋位置的允许偏差(mm)

项　目		允许偏差
受力钢筋的排距		±5
钢筋弯起点位置		20
箍筋、横向钢筋间距	绑扎骨架	±20
	焊接骨架	±10
焊接预埋件	中心线位置	5
	水平高差	+3
		0
受力钢筋的保护层	基　础	±10
	柱、梁	±5
	板、墙、壳	±3

第三节　混凝土工程施工技术

混凝土工程包括混凝土制备、运输、浇筑捣实和养护等施工过程,各个施工过程相互联系和影响,任一施工过程处理不当都会影响混凝土工程的最终质量。近年来混凝土外加剂和各种新型混凝土发展很快,它们的应用和出现影响了混凝土的性能和施工工艺。此外,自动化、机械化的发展和新的施工机械、施工工艺的应用,也大大改变了混凝土工程的施工面貌。

一、混凝土制备

混凝土由水泥、粗骨料、细骨料和水组成,有时掺加外加剂、矿物掺合料。保证原材料的质量是保证混凝土质量的前提。尤其对于水泥,当水泥进场时应对其品种、级别、包装或散装仓号、出厂日期等进行检查,并对其强度、安定性及其必要的性能指标进行复验,其质量必须符合现行国家标准。

(一)混凝土施工配制强度确定

混凝土的配合比应根据混凝土强度等级、耐久性和工作性等要求,按国家现行标准《普通混凝土配合比设计规程》确定,有需要时,还需满足抗渗性、抗冻性等要求。

混凝土制备之前,要根据设计规定的混凝土强度等级和施工单位的具体情况按下式确定混凝土施工配制强度,以达到 95% 的保证率:

$$f_{cu,o} = f_{cu,k} + 1.645\sigma \tag{7-13}$$

式中　$f_{cu,o}$——混凝土的施工配制强度(N/mm²);

$f_{cu,k}$——设计的混凝土强度标准值(N/mm^2);

σ——施工单位的混凝土强度标准差(N/mm^2)。

当施工单位具有近期的同一品种混凝土强度的统计资料时,σ可按下式计算:

$$\sigma = \sqrt{\frac{\sum f_{cu,i}^2 - N\mu_{cu}^2}{N-1}} \qquad (7-14)$$

式中　$f_{cu,i}$——统计周期内同一品种混凝土第i组试件强度(N/mm^2);

μ_{fcu}——统计周期内同一品种混凝土N组强度的平均值(N/mm^2);

N——统计周期内相同混凝土强度等级的试件组数,$N \geqslant 25$。

当混凝土强度等级为 C20 或 C25 时,如计算得到的 $\sigma < 2.5\,N/mm^2$ 时,取 $\sigma = 2.5\,N/mm^2$;当混凝土强度等级高于 C25 时,如计算得到的 $\sigma < 3.0\,N/mm^2$ 时,取 $\sigma = 3.0\,N/mm^2$。

对预拌混凝土厂和预制混凝土构件厂,其统计周期可取为一个月;对现场拌制混凝土的施工单位,其统计周期可根据实际情况确定,但不宜超过三个月。

施工单位如无近期混凝土强度统计资料时,σ可按表 7-40 选取。

表 7-40　混凝土强度标准差

混凝土强度等级	C10~C20	C25~C40	C45~C60
$\sigma(N/mm^2)$	4.0	5.0	6.0

注:表中σ值,反映我国施工单位的混凝土施工技术和管理的平均水平,采用时可根据本单位情况做适当调整

(二)混凝土搅拌机选择

混凝土制备是指将各种组成材料拌制成质地均匀、颜色一致、具备一定流动性的混凝土拌合物。由于混凝土配合比是按照细骨料恰好填满粗骨料的间隙,而水泥浆又均匀地分布在粗细骨料表面的原理设计的。如混凝土制备得不均匀就不能获得密实的混凝土,影响混凝土的质量,所以制备是混凝土施工工艺过程中很重要的一道工序。

混凝土制备的方法,除工程量很小且分散时用人工拌制外,都应采用机械搅拌。混凝土搅拌机按其搅拌原理分为自落式和强制式两类(图 7-86)。自落式搅拌机的搅拌筒内壁焊有弧形叶片,当搅拌筒绕水平轴旋转时,弧形叶片不断将物料提高一定高度,然后自由落下而互相混合。因此,自落式搅拌机主要是以重力机理设计的。在这种搅拌机中,物料的运动轨迹是这样的:未处于叶片带动范围内的物料,在重力作用下沿拌合料的倾斜表面自动滚下;处于叶片带动范围内的物料,在被提升到一定高度后,先自由落下再沿倾斜表面下滚。由于下落时间、落点和滚动距离不同,使物料颗粒相互穿插、翻拌、混合而达到均匀。

双锥反转出料式搅拌机(图 7-87)是自落式搅拌机中较好的一种,宜于搅拌塑性混凝土。它的鼓筒由两个截头圆锥组成,搅拌筒每转一周,物料在筒中的循环次数多,效率高,而且叶片布置较好,一方面物料被提升后自落进行拌合,另一方面又迫使物料沿轴向

左右窜动,搅拌作用强烈,能拌合均匀。它正转搅拌,反转出料,构造简易,制造容易。

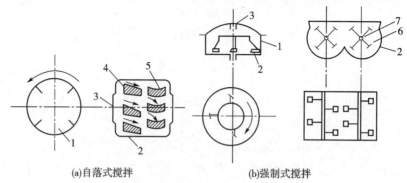

(a)自落式搅拌　　　　　　　　(b)强制式搅拌

图7-86　混凝土搅拌原理图

1-混凝土拌合物;2-搅拌筒;3-进料口;4-斜向叶片;5-弧形叶片;6-叶片;7-转轴

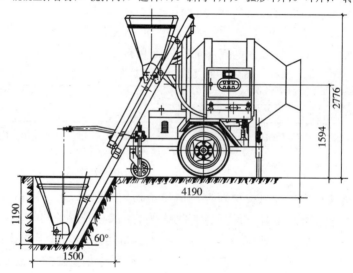

图7-87　双锥反转出料式搅拌机

双锥倾翻出料式搅拌机,适合于大容量、大骨料、大坍落度混凝土搅拌,我国多用于水电工程。

强制式搅拌机主要是根据剪切机理设计的。在这种搅拌机中有转动的叶片,这些不同角度和位置的叶片转动通过物料层时,克服了物料的惯性、摩擦力和黏滞力,强制其产生环向、径向、竖向运动,而叶片通过后的空间,又由翻越叶片的物料、两侧倒塌的物料和相邻叶片推过来的物料所充满。这种由叶片强制物料产生剪切位移而达到均匀混合的机理,称为剪切搅拌机理。

强制式搅拌机的搅拌作用比自落式搅拌机强烈,宜于搅拌干硬性混凝土和轻骨料混凝土。因为在自落式搅拌机中,轻骨料落下时所产生的冲击能量小,不能产生很好的拌合作用。但强制式搅拌机的转速比自落式搅拌机高,动力消耗大;叶片、衬板等的磨损也大;构造复杂;维护费用高。

　　强制式搅拌机分为立轴式与卧轴式,卧轴式有单轴、双轴之分,而立轴式分为涡桨式和行星式(表7-41)。涡桨式是在盘中央装有一根回转轴,轴上装若干组叶片。行星式则有两根回转轴,分别带动几个叶片。行星式又分为定盘式和盘转式两种,在定盘式中叶片除绕自己的轴转动(自转)外,两根装叶片的轴还共同绕盘的中心线转动(公转)。在盘转式中,两根装叶片的轴不进行公转运动,而是整个盘做相反方向的转动。

表7-41　混凝土搅拌机类型

自 落 式		强 制 式			
双 锥 式		立 轴 式			卧轴式 (单轴、双轴)
反转出料	倾翻出料	涡桨式	行 星 式		
			定盘式	盘转式	

　　涡桨式强制搅拌机构造简单,但转轴受力较大,且盘中央的一部分容积不能利用,因为叶片在那里的线速度太低。行星式强制搅拌机构造复杂,但搅拌作用强烈。其中盘转式消耗能量较多,已逐渐为定盘式所代替。

　　立轴强制式搅拌机是通过盘底部的卸料口卸料,卸料迅速。但如卸料口密封不好,水泥浆易漏掉,所以立轴强制式搅拌机不宜于搅拌流动性大的混凝土。

　　卧轴式搅拌机是近年来在大力发展的机型,有单轴式与双轴式之分。单轴卧轴式搅拌机在平卧的搅拌筒内装一根水平轴,轴上装有搅拌臂,搅拌臂上装有两条螺旋形叶片和侧叶片。当搅拌轴转动时,由于叶片分为左旋与右旋,可把拌合料从两端推向中部,同时迫使拌合料做左、右螺旋形圆周运动,使拌合料形成强烈的交叉流动,可在短时间内拌合均匀。

　　双轴卧式搅拌机的工作原理与单轴式相同,只是双筒双轴搅拌。

　　选择搅拌机时,要根据工程量大小、混凝土的坍落度、现有设备情况、骨料尺寸等而定。既要满足技术上的要求,也要考虑经济效益和节约能源。

　　我国规定混凝土搅拌机以其出料容量(m^3)×1000标定规格,故我国混凝土搅拌机的系列为:50,150,250,350,500,750,1000,1500和3000。

(三)搅拌制度确定

　　为了获得质量优良的混凝土拌合物,除正确选择搅拌机外,还必须正确确定搅拌制度,即搅拌时间、投料顺序和进料容量等。

1.混凝土搅拌时间

混凝土搅拌时间是指搅拌时从原材料全部投入搅拌筒时起,到开始卸料时为止所经历的时间。它与搅拌质量密切相关。它随搅拌机类型和混凝土的和易性的不同而变化。在一定范围内随搅拌时间的延长而强度有所提高,但过长时间的搅拌既不经济也不合理。因为搅拌时间过长,不坚硬的粗骨料在大容量搅拌机中会因脱角、破碎等而影响混凝土的质量。加气混凝土也会因搅拌时间过长而使含气量下降。普通混凝土在搅拌机中延续搅拌的最短时间如表7-42所示。掺外加剂和轻集料混凝土的搅拌时间应稍长。

表 7 - 42　混凝土搅拌的最短时间(s)

混凝土坍落度 (cm)	搅拌机机型	搅拌机容量(L)		
		<250	250~500	>500
≤30	自落式	90	120	150
	强制式	60	90	120
>30	自落式	90	90	120
	强制式	60	60	90

注:① 当掺有外加剂时,搅拌时间应适当延长;

② 全轻混凝土、砂轻混凝土搅拌时间应延长 60~90 s

2.投料顺序

投料顺序应从提高搅拌质量,减少叶片、衬板的磨损,减少拌合物与搅拌筒的黏结,减少水泥飞扬,改善工作环境等方面综合考虑确定。常用的有一次投料法和二次投料法。一次投料法是在上料斗中先装石子,再加水泥和砂,然后一次投入搅拌机。对自落式搅拌机要在搅拌筒内先加部分水,投料时砂压住水泥,水泥不致飞扬,且水泥和砂先进入搅拌筒形成水泥砂浆,可缩短包裹石子的时间。对立轴强制式搅拌机,因出料口在下部,不能先加水,应在投入原料的同时,缓慢、均匀、分散地加水。

二次投料法在我国目前用的是"裹砂石法混凝土搅拌工艺",它是在日本研究的造壳混凝土(简称"SEC 混凝土")的基础上结合我国情况研究成功的。该工艺的特点是先将全部的石子、砂和70%的拌合水倒入搅拌机,拌合 15 s 使骨料湿润,再倒入全部水泥进行造壳搅拌 30 s 左右,然后加入 30%的拌合水进行糊化搅拌 60 s 左右即完成。与普通搅拌工艺相比,该工艺可使混凝土强度提高 10%~20%,或可节约水泥 5%~10%。推广新工艺,有巨大的经济效益。此外,我国还对净浆法、净浆裹石法、裹砂法、先拌砂浆法等各种二次投料法进行了试验和研究。

3.进料容量

进料容量是将搅拌前各种材料的体积累积起来的容量,又称干料容量。进料容量 V_J

与搅拌机搅拌筒的几何容量 V_g 有一定的比例关系,一般情况下 $V_J/V_g=0.22\sim0.40$,鼓筒式搅拌机可用较小值。如任意超载(进料容量超过10%),则会使材料在搅拌筒内无充分的空间进行掺合,影响混凝土拌合物的均匀性。反之,如装料过少,则又不能充分发挥搅拌机的效能。

对拌制好的混凝土,应经常检查其均匀性与和易性,如有异常情况,应检查其配合比和搅拌情况,及时加以纠正。

(四)混凝土搅拌站

混凝土拌合物在搅拌站集中制备成预拌(商品)混凝土能提高混凝土质量和取得较好的经济效益。搅拌站根据其组成部分在竖向布置方式的不同分为单阶式和双阶式(图7-88)。在单阶式混凝土搅拌站中,原材料一次提升后经过贮料斗,然后靠自重下落进入称量和搅拌工序。在这种工艺流程中,原材料从一道工序到下一道工序的时间短,效率高,自动化程度高,搅拌站占地面积小,适用于产量大的固定式大型混凝土搅拌站(厂)。在双阶式混凝土搅拌站中,原材料经第一次提升进入贮料斗,下落经称量配料后,再经第二次提升进入搅拌机。这种工艺流程的搅拌站的建筑物高度小,运输设备简单,投资少,建设快,但效率和自动化程度相对较低。建筑工地上设置的临时性混凝土搅拌站多属此类。

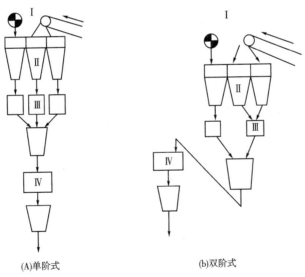

(A)单阶式　　　　　　　　　　(b)双阶式

图 7-88　混凝土搅拌站工艺流程

Ⅰ-运输设备;Ⅱ-料斗设备;Ⅲ-称量设备;Ⅳ-搅拌设备

双阶式工艺流程的特点是物料经两次提升,可以有不同的工艺流程方案和不同的生产设备。骨料的用量很大,解决好骨料的贮存和输送是关键。目前我国骨料多露天堆存,用拉铲、皮带运输机、抓斗等进行一次提升,经杠杆秤、电子秤等称量后,再用提升斗进行二次提升进入搅拌机进行拌合。

散装水泥用金属筒仓贮存最合理。散装水泥输送车上多装有水泥输送泵,通过管道即可将水泥送入筒仓。水泥的称量亦用杠杆秤或电子秤。水泥的二次提升多用气力输送或大倾角竖斜式螺旋输送机。

图7-89所示的双阶式混凝土搅拌站是目前国内外所推崇的。骨料堆于扇形贮仓,拉铲可用来堆料和一次提升,由于拉铲可以回转,其工作范围是一个以悬臂长度为半径的扇形,扇形的中心角可达210°,用挡料墙加以分割,可以贮存各种不同的骨料。骨料在自重作用下经卸料闸门进入秤斗,由提升机进行二次提升倒入搅拌机。水泥的称量设备设在搅拌机上方,由倾斜的螺旋输送机进行二次提升,经称量后直接倒入搅拌机内。

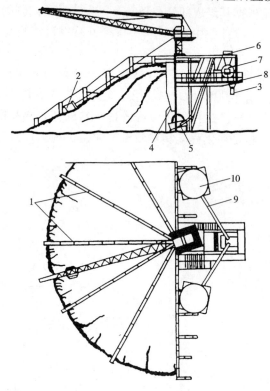

图7-89 混凝土搅拌站

1-挡料墙;2-拉铲;3-出料斗;4-卸料闸门;5-骨料称量设备;6-水泥称量设备;7-混凝土搅拌机;

8-工作平台;9-螺旋输送机;10-装水泥的金属筒仓

预拌混凝土是今后发展的方向,国内一些大中城市正在发展,已有相当的规模,有些大城市已规定在一定区域范围内必须采用预拌混凝土,不准现场拌制。我国有的大中城市还在推广预拌砂浆。

二、混凝土运输

对混凝土拌合物运输的基本要求是:不产生离析现象,保证规定的坍落度和在混凝土初凝之前能有充分时间进行浇筑和捣实。

匀质的混凝土拌合物为介于固体和液体之间的弹塑性物体,其中的骨料由于作用其上的内摩阻力、黏着力和重力处于平衡状态,而能在混凝土拌合物内均匀分布和处于固定位置。在运输过程中,由于运输工具的颠簸振动等动力的作用,黏着力和内摩阻力将明显削弱。由此骨料失去平衡状态,在自重作用下向下沉落,质量越大,向下沉落的趋势越强,由于粗、细骨料和水泥浆的质量各异,因而各自聚集在一定深度,形成分层离析现象。这对混凝土质量是有害的,为此,运输道路要平坦,运输工具要选择恰当,运输距离要限制以防止分层离析。如已产生离析,在浇筑前要进行二次搅拌。

此外,运输混凝土的工具要不吸水、不漏浆,黏附的混凝土残渣要经常清除,运输时间有一定限制。普通混凝土从搅拌机中卸出后到浇筑完毕的延续时间不宜超过表7-43的规定,如掺用外加剂或采用快硬水泥,则应试验确定,轻骨料混凝土应适当缩短。

表7-43 混凝土从搅拌机卸出后到浇筑完毕的延续时间(min)

混凝土强度等级	气 温	
	<25℃	≥25℃
≤C30	120	90
>C30	90	60

混凝土运输分为地面运输、垂直运输和高空水平运输三种情况。

混凝土地面运输,如采用预拌(商品)混凝土且运输距离较远时,应该用混凝土搅拌运输车(图7-90)。其容量为2 m³ 或3 m³ 至10 m³ 等,在运输过程中其搅拌筒可低速旋转,以防止混凝土离析;如运距较远,可装载配合好的干料运输,在到达工地前10 min 左

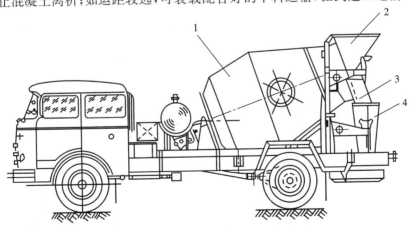

图7-90 混凝土搅拌运输车

1-搅拌筒;2-进料斗;3-卸料斗;4-卸料溜槽

右加水搅拌。如混凝土来自工地搅拌站,多用小型机动翻斗车,有时运用皮带运输机等。

混凝土垂直运输,我国多用塔式起重机、混凝土泵、快速提升斗和井架。用塔式起重机时,混凝土多放在吊斗中,这样可直接进行浇筑。

混凝土高空水平运输,如垂直运输用塔式起重机,可将吊斗内混凝土直接卸至浇筑点;如用混凝土泵,则用软管或布料机布料;如用井架、快速提升斗等,则以双轮手推车为主。

混凝土泵是一种有效的混凝土运输和浇筑工具,它以泵为动力,沿管道输送混凝土,可以一次完成水平及垂直运输,将混凝土直接输送到浇筑地点,是发展较快的一种混凝土运输方法。大体积混凝土、工业与民用建筑施工皆可应用,在我国正被逐渐推广,上海等大城市的预拌混凝土90%以上是泵送的,已取得较好的效果。混凝土泵目前主要采用活塞泵。

活塞泵用液压驱动,它主要由料斗、液压缸和活塞、混凝土缸、分配阀、Y形输送管、冲洗设备、液压系统和动力系统等组成(图7-91)。活塞泵工作时,搅拌机卸出的或由混凝土搅拌运输车卸出的混凝土倒入料斗6,分配阀7开启、分配阀8关闭,液压活塞4在液压作用下通过活塞杆5带动活塞2后移,料斗内的混凝土在重力和吸力作用下进入混凝土缸1。然后,液压系统中压力油的进出反向,活塞2向前推压,同时分配阀7关闭,而分配阀8开启,混凝土缸中的混凝土拌合物就通过Y形输送管压入输送管送至浇筑地点。由于有两个缸体交替进料和出料,因而能连续稳定地排料。不同型号的混凝土泵,

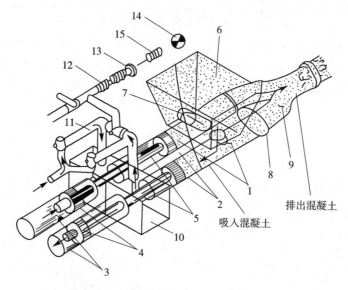

图7-91 液压活塞式混凝土泵工作原理图

1-混凝土缸;2-推压混凝土活塞;3-液压缸;4-液压活塞;5-活塞杆;6-料斗;7-控制吸入的水平分配阀;8-控制排出的竖向分配阀;9-Y形输送管;10-水箱;11-水洗装置换向阀;12-水洗用高压软管;13-水洗用法兰;14-海绵球;15-清洗活塞

其排量不同,水平运距和垂直运距亦不同,常用混凝土排量为 30～90 m³/h,水平运距为 200～500 m,垂直运距为 50～100 m。目前我国已能一次垂直泵送近 400 m。

常用的混凝土输送管为钢管、橡胶和塑料软管。直径为 75～200 mm,每段长约 3 m,还配有 45°、90°等弯管和锥形管,弯管、锥形管和软管的流动阻力大,计算输送距离时要换算成水平换算长度。垂直输送时,在立管的底部要增设逆流阀,以防止停泵时立管中的混凝土反压回流。

将混凝土泵装在汽车上便成为混凝土泵车(图 7-92),车上还装有可以伸缩或屈折的"布料杆",其末端是一软管,可将混凝土直接送至浇筑地点,使用十分方便。

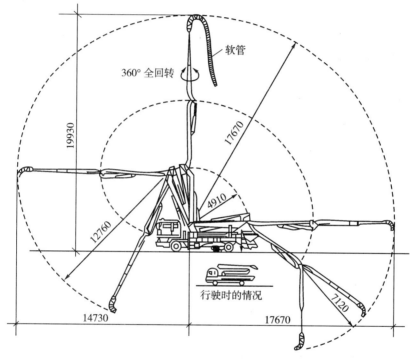

图 7-92　带布料杆的混凝土泵车

泵送混凝土工艺对混凝土的配合比提出了要求:碎石最大粒径与输送管内径之比一般不宜大于 1:3,卵石可为 1:2.5;泵送高度在 50～100 m 时,碎石宜为 1:3～1:4,泵送高度在 100 m 以上时,宜为 1:4～1:5,以免输送管道堵塞,如用轻骨料则以吸水率小者为宜,并宜用水预湿,以免在压力作用下强烈吸水,使坍落度降低而在管道中形成阻塞。砂宜用中砂,通过 0.315 mm 筛孔的砂应不小于 15%。砂率宜控制在 38%～45%,如粗骨料为轻骨料还可适当提高。水泥用量不宜过少,否则泵送阻力增大,最小水泥用量视输送管径和泵送距离而定,一般可为 300 kg/m³。水灰比宜为 0.4～0.6。泵送混凝土的坍落度根据不同泵送高度可参考表 7-44 选用。泵送混凝土对粗、细骨料都有一定级配要求,参见《混凝土泵送施工技术规程》。如果是泵送高强混凝土,还另有一些要求。

表 7 - 44 不同泵送高度入泵时混凝土坍落度选用值

泵送高度(m)	30 以下	30~60	60~100	100 以上
坍落度(mm)	100~140	140~160	160~180	180~200

混凝土泵宜与混凝土搅拌运输车配套使用,且应使混凝土搅拌站的供应能力和混凝土搅拌运输车的运输能力大于混凝土泵的泵送能力,以保证混凝土泵能连续工作,保证不堵塞。进行输送管线布置时,应尽可能直,转弯要缓,管段接头要严,少用锥形管,以减少压力损失。如输送管向下倾斜,要防止因自重流动使管内混凝土中断、混入空气而引起混凝土离析,产生阻塞。如向上泵送,地面应有一定长度的水平管。为减小泵送阻力,用前先泵送适量的水泥浆或水泥砂浆以润滑输送管内壁,然后进行正常的泵送。在泵送过程中,泵的受料斗内应充满混凝土,防止吸入空气形成阻塞。混凝土泵排量大,浇筑大面积混凝土时宜用布料机进行布料,布料机有多种形式。

泵送结束后要及时清洗泵体和管道,用水清洗时将管道与 Y 形管拆开,放入海绵球 14 及清洗活塞 15,再通过法兰 13 使高压水软管 12 与管道连接,高压水推动活塞 15 和海绵球,将残存的混凝土压出并清洗管道。

用混凝土泵浇筑的结构物,要加强养护,防止因水泥用量较大而引起龟裂。如混凝土浇筑速度快,对模板的侧压力大,模板和支撑应保证稳定和有足够的强度。

选择混凝土运输方案时,技术上可行的方案可能不止一个,这就要进行综合的经济比较来选择最优方案。

三、混凝土浇灌与振捣

(一)混凝土浇筑前的准备工作

混凝土在浇筑前应检查模板的标高、位置、尺寸、强度和刚度等是否符合要求,接缝是否严密;检查钢筋和预埋件的位置、数量及保护层厚度等,并将检查结果填入隐蔽记录表中;清除模板上的垃圾和钢筋上的油污;浇水湿润木模板,但不允许留有积水。模板的空隙和孔洞应堵严实。在浇筑过程中还应及时填写混凝土施工日志。

(二)混凝土的浇灌

1. 混凝土浇筑的一般规定

(1)混凝土在初凝前浇筑。如浇筑前已有离析现象,应重新拌合后方可入模。

(2)混凝土的浇灌,应由低处往高处逐层进行,并尽可能使混凝土顶面保持水平,以减少混凝土在模板内的流动,防止骨料和砂浆分离。埋设件位置应特别注意,勿使其受到移动。

(3)混凝土的浇灌工作,应尽可能连续进行。如必须间歇,其间歇时间应尽量缩短,并要在前层混凝土凝结之前,将次层混凝土浇筑完毕。

间歇的最长时间应按所用水泥品种及混凝土凝结条件确定。同时,混凝土从搅拌机卸出到浇筑完毕的时间长短对间隔时间有直接影响。现浇混凝土从搅拌机卸出到浇筑完毕的时间越长,则后浇混凝土的浇筑间歇时间越短。所以,混凝土连续浇筑的允许间歇时间,应根据混凝土从搅拌机中卸出,经运输、浇筑完毕,直到混凝土开始凝结的全部时间来控制。混凝土从搅拌机中卸出后到浇筑完毕的延续时间,不宜超过表 7-45 的规定。

表 7-45　混凝土的凝结时间(min)

混凝土标号	气温(℃)	
	低于 25	高于 25
300 号及 300 号以下	210	180
300 号以上	180	150

注:本表数值包括混凝土的运输和浇筑时间

(4)为了保证深处的混凝土得到捣实,灌筑应分层进行,随浇随捣,每层浇筑厚度不应超过表 7-46 所规定的数值。

表 7-46　混凝土浇筑的厚度

项　次	捣实混凝土的方法		浇筑层的厚度(mm)
1	插入式振捣		振捣器作用部分长度的 1.25 倍
2	表面振动		200
3	人工捣固:		
	(1)在基础、无筋混凝土或配筋稀疏的结构中		250
	(2)在梁、墙板、柱结构中		200
	(3)在配筋密列的结构中		150
4	轻骨料混凝土	插入式振捣	300
		表面振动(振动时需加荷)	200

(5)为了保证混凝土浇灌时不产生离析,混凝土自高处倾落时,其自由倾落高度不应超过 2 m,如超过 2 m,要沿串筒或溜槽下落。

(6)在竖向结构中浇筑混凝土时,不得发生离析现象。如浇筑高度超过 3 m 时,应采用串筒、溜槽或振动溜管下落。

竖向结构可在其底部先浇灌一层 50～100 mm 厚的与混凝土同强度等级的水泥砂浆,再浇灌混凝土,这样既可使新旧混凝土接合良好,又不易产生蜂窝麻面。

2. 混凝土施工缝的设置与处理

如果是技术或施工组织上的原因,不能对混凝土结构一次连续浇灌完毕,而必须停歇较长时间,致使混凝土已初凝,当继续浇灌混凝土时,则形成了接缝,即为施工缝。

施工缝在混凝土结构中对强度外观都有很大的影响,如果位置不当或处理不好,就会引起质量事故。

(1)施工缝设置。施工缝宜留在结构受剪力较小且便于施工的部位,并使接缝面与结构物的纵向轴线相垂直。尽可能利用伸缩缝或沉降缝作为施工分段界线,以减少施工缝的留置数量。

带形基础的垂直施工缝,应尽量留在荷载较小的地方,并避开留洞等薄弱处。施工缝系用踏步式,踏步高度与基础台阶高相等,踏步宽度应不小于高度的2倍。

设备地坑及池子的施工缝可留在坑壁上,距离坑底混凝土面30~50cm的范围内,施工缝宜用企口。

柱子施工缝可留在基础顶面上,梁或吊车梁牛腿的下面,吊车梁的上面,无梁楼板板柱帽的下面,如图7-93所示。在框架结构中,如果梁的负钢筋向下弯入柱内,施工缝也可设置在这些钢筋的下端,以便绑扎。

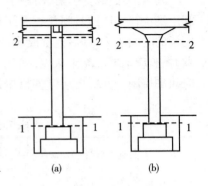

图7-93 柱子施工缝位置

高度大于1m的钢筋混凝土梁的水平施工缝,应留在楼板面以下2~3cm处。

单向平板施工缝,可留在平行于短边的任何位置处。对于有主次梁的楼板结构,宜顺着次梁方向浇筑,施工缝应留在次梁跨度的中间1/3处的范围内,如图7-94所示。

在设备基础的地脚螺栓范围内留置施工缝时,水平施工缝必须留在低于地脚螺栓的底端以外,其距离应大于15cm;当地脚螺栓直径小于30mm时,水平施工缝可留在不小于地脚螺栓埋入混凝土部分总长度的3/4处。

垂直施工缝应留在距地脚螺栓中心线大于25cm处,并不小于5倍螺栓直径。

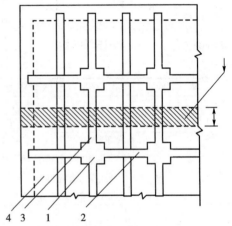

图7-94 肋形楼板施工缝位置

1—柱;2—主梁;3—次梁;4—楼板

圆形薄壳结构的施工缝,可留在横隔板的内侧和边梁以上,球形薄壳结构的施工缝,可按周边等距的圆环形留设;扁壳结构的施工缝,可留在壳体上部按环形留设。

楼梯施工缝,应在梯段长度中间的1/3的范围内,栏板施工缝与梯段施工缝相对应。

圈梁的施工缝位置,应避开砖墙的交接处、转角处、砖垛以及门窗洞的范围内。

剪力大的地方设置施工缝时,要在缝中放榫槽或槽沟,并加入适量的钢材进行必要的补强(图7-95)。

(2)施工缝的处理。施工缝处理主要解决新旧混凝土接合问题。在施工时应注意以下几个方面。

①混凝土初凝以后,不能在上面继续浇灌新的混凝土,否则在捣固新浇灌的混凝土时,就会破坏已初凝混凝土的内部结构。为此要让已初凝的混凝土静置,直到其抗压强度达到120N/cm²以上,才能继续浇灌混凝土。混凝土达到这一强度所需的时间,决定

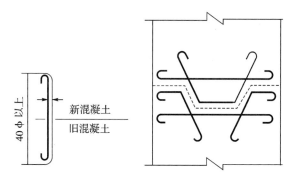

图 7-95 在剪力大的地方设置施工缝

于水泥品种标号及外界温度,可参考表 7-47。

表 7-47 达到 120 N/cm² 强度所需龄期的试验结果

外界温度	水泥品种及标号	混凝土强度等级	期限(h)
1~5℃	普通 425	15	48
		20	44
	普通 325	15	60
		20	50
5~10℃	普通 425	15	32
		20	28
	普通 325	15	40
		20	32
10~15℃	普通 425	15	24
		20	20
	普通 325	15	32
		20	24
15℃以上	普通 425	15	20 以下
		20	20 以下
	普通 325	15	20
		20	20

注:①水泥采用峨眉山水泥厂生产的普通水泥 425 号,琉璃河水泥厂生产的矿渣水泥 325 号。

②砂石采用北京八宝山河沙、中砂和 0.5~2.0 cm 卵碎石。

③水灰比,采用普通水泥为 0.65~0.8,采用矿渣水泥为 0.56~0.68

②应清除施工缝表面的垃圾、水泥薄膜、表面松动的砂石或微弱的混凝土层,必要时还应加以凿毛。钢筋上的油污、砂浆及泥、锈等杂物也应清除。

③施工缝表面必须充分湿润和冲洗干净,表面不得有积水。

④浇筑前施工缝处宜先铺水泥浆(水泥:水=1:0.4)或水泥砂浆(与混凝土内的砂浆配合比相同)一层。

3. 混凝土浇灌方法

(1)框架结构。钢筋混凝土框架中,梁、板、柱等构件是沿垂直方向重复出现的,因此一般按结构层次来分层施工。如果平面面积较大,还应分段进行,以便各工序流水作业。

混凝土的浇捣顺序是先浇捣柱,在柱子浇捣完毕后,停歇1～1.5 h,使混凝土有一定强度后,再浇捣梁和板。梁、板应同时浇捣,只有当梁高在1 m以上时,为了便于施工,才可以先浇梁,后浇板,但应注意留设施工缝的位置。

在每一施工段中的柱,应该连续浇注到顶。每一排的柱子应从两端同时开始向中间推进,不可从一端开始向另一端推进。应预防柱子模板逐渐受推倾斜而使误差积累,以致难以纠正。

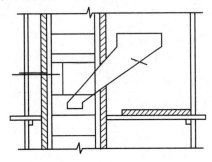

图7-96 从浇灌口处浇灌混凝土

浇灌柱子时,凡是截面边长大于0.4 m,且无交叉钢筋,当柱高在3 m以内时,可以从楼面直接浇灌;当柱高超过3 m时,须分段浇灌,每段高度不超过3 m。凡是截面边长在0.4 m以内,或有交叉钢筋的任何截面的柱,均应在柱模中部开浇灌口装上斜溜槽分段浇灌,如图7-96所示。每段高度不得超过2 m,在浇捣完毕后封好模板。

浇灌梁时,要注意梁和柱的整体连接。为此,最好从梁的一端灌筑起,到一定距离时,再从另一端灌筑过来,使两段在初凝前会合。如果梁上部钢筋较密,可采用带刀片的振捣棒。

浇灌板时,要注意板的厚度的控制。除了可以在模板四周弹以墨线之外,还可用钢筋或木料做成和板厚一样的标志,放在灌筑地点附近,随浇随移。

(2)大模板内墙。大模板内墙的浇捣和钢筋绑扎,支模、楼板安装一般均进行流水作业。为了使混凝土达到100 N/cm²的拆模强度和400 N/cm²的楼板安装强度,大模板内墙的混凝土浇灌,必须采用分段流水施工。在每一段中浇灌顺序应从房号一端的同一横向轴线的外墙边柱和角柱开始,相对浇灌到纵内墙,浇灌完一间的纵内墙,再从第二条横向轴线的外墙边柱开始,向中间同时顺序推进。其他按同样顺序进行。每一结构要分三层浇灌,每一浇灌层为1 m,要求分三次振捣。如图7-97所示。

(3)基础。

①独立基础:建筑物的独立基础,应按离搅拌站的距离由远到近逐条轴线逐个柱基顺序浇灌。对每个柱基来说,可按台阶分层一次浇灌完毕。高杯口柱基应另行分层,不允许留施工缝。每层混凝土要一次卸足,浇灌顺序应先边角后中间,务必使砂浆充满模板四角。

②条形基础:根据基础深度分段分层连续浇灌混凝土,一般不留施工缝。各段层间应相互衔接。每段间浇灌长度控制在2～3 m,使层与层、段与段的衔接在混凝土初凝之前接合好,做到逐段逐层呈阶梯形向前推进。

③大块体基础:大块体基础的特点是混凝土浇筑面和浇筑量大,整体性要求高,不能

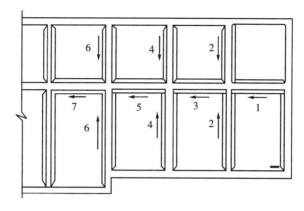

图 7-97　大板内墙浇灌顺序图

留施工缝;施工中应特别注意混凝土的发热量对基础质量的影响,以防止出现较大的温度应力与收缩裂缝。为此,施工必须采取以下措施,以降低混凝土的发热量。

a. 选用发热量低、初凝时间较长的矿渣水泥。

b. 选择合理的配合比,减少水泥用量和用水量。

c. 使用缓凝减水剂,以增强和易性,降低水化热。

d. 控制混凝土内外温差不超过 20℃,以减少温差压力。夏季施工可用低温水拌制混凝土,特殊情况下可在基础内预埋冷却水管,用循环水降低温度,冬季施工时,则应外部覆盖保温。

e. 保证连续浇筑,在不造成人为施工缝的前提下,尽量扩大浇筑工作面,放慢浇筑速度和减小浇筑层的厚度,以保证混凝土在浇筑中有一定的散热机会。

此外,也可投入毛石,减少水泥用量,借以降低混凝土的发热量。

为了保证混凝土浇筑工作能连续进行,避免留设施工缝,应在下一层混凝土初凝之前,将上一层混凝土浇下,并振捣完毕。因此组织施工时,首先应按下式计算每小时需要浇筑混凝土的数量,即

$$V = \frac{B \cdot L \cdot H}{t_1 - t_2} (\text{m}^3/\text{h})$$

式中　V——每小时混凝土浇筑量(m^3/h);

　　　B、L、H——分别表示浇筑层的宽度、长度、厚度(m);

　　　t_1——混凝土初凝时间(h);

　　　t_2——混凝土的运输时间(h)。

根据混凝土的浇筑量,计算所需要的搅拌机、运输工具、振动器的数量,并根据此拟定浇筑方案和进行劳动组织。

浇筑方案,除应满足每一层的混凝土初凝以前就被上一层新混凝土覆盖,并捣实完毕外,还应考虑结构大小、钢筋疏密、预埋管道和地脚螺栓的留设、混凝土供应情况以及水化热等因素的影响。常采用以下几种方法:

a.全面分层[图7-98(a)],即在第一层浇筑完毕后,再回头浇筑第二层,此时应使第一层混凝土还未初凝,如此逐层连续浇筑,直至完工为止。采用这种方案时,结构平面尺寸一般不宜太大,施工时从短边开始,沿长方向进行较好。必要时分成两段,同时向中央相对地进行浇筑。

b.分段分层[图7-98(b)],适用于厚度不大,而面积长度较大的结构。混凝土从底层开始浇筑,进行2～3m后就回头浇筑第二层,再同样依次浇筑以上各层。由于总层数不多,所以浇到底后,第一层末端的混凝土还未初凝,又可从第二段依次分层浇筑。这种方案单位时间内要求的供应混凝土量较少,不像第一种方案那样集中。

c.斜面分层[图7-98(c)],要求斜的坡度不大于1/3,适用于结构长度大大超过厚度3倍的情况。采用这一方案时,振捣工作应从浇筑层斜面的下端开始,逐渐上移,以保证混凝土的浇筑质量。

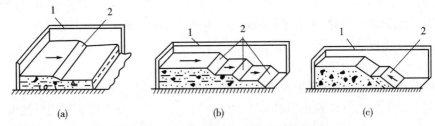

图7-98 大体积混凝土基础浇筑方案

(a)全面分层;(b)分段分层;(c)斜面分层

1-模板;2-新浇筑的混凝土

浇筑大体积混凝土基础时,为了节约混凝土量,可在其中掺入石块。石块粒径不宜小于15cm,最大尺寸亦不应超过浇筑部分最小尺寸的1/3,掺入量不得大于混凝土体积的25%。

由于大块体基础的特点,宜采用初凝时间长、水化热低的矿渣水泥,但此种水泥的析水性比其他水泥强,在浇筑层表面有大量水析出。这种泌水现象,不仅影响施工速度,同时影响混凝土的质量。因析出的水聚集在上下两浇筑层的表面间,使表面两层混凝土的水灰比改变,而在淘水时又带走了一些砂浆,这样便形成了一层含水量多的夹层,妨碍两层混凝土黏合,破坏了混凝土的整体性。混凝土泌水性大小与用水量有关,用水量多,泌水性大,且与温度有关,水完全析出的时间随温度的提高而缩短。此外,还与水泥成分与细度有关。为此选用此类水泥时,应尽可能选择泌水性小的品种,并应在混凝土中掺入减水剂,以降低用水量。在施工中应即时排除析水,或拌制一些干硬性混凝土均匀地浇筑在析水处,用振捣器捣实后,再继续浇筑上层混凝土。

(三)混凝土的捣实

混凝土浇灌后要立即进行充分的振捣,使混凝土成为含气泡或空隙较少的密实体,同时必须使混凝土浇满钢筋周围和横板各个角落。

振捣方式分为人工振捣(捣实)和机械振捣。人工捣实是用人力的冲击(夯或插)使混凝土密实、成型。一般只有在采用塑性混凝土,而且在缺少机械或工程量不大的情况下,才用人工捣实。实践证明,增加捣插次数比加大捣插力的效果为好。捣实时要注意插匀、插全。重点捣好下列部位:主钢筋的下面,钢筋密集处,石子多的地点,模板阴角处,钢筋与模板之间。下面着重介绍机械捣实。

1. 机械振捣的原理

未凝结的混凝土的内部存在着黏着力,要使它移动、密实,则又存在着摩擦力。当用机械去捣实时,混凝土受到强迫振动,使其黏着力和摩擦力减小,从原来很稠的弹塑性体状态转化为暂时具有一定流动性的"重质液体"状态,在振动结束后混凝土又变回原来的状态。这种可逆的转化称为"触变"。这样振动时,骨料在重力作用下下沉,紧密排列,水泥砂浆均匀分布填充空隙。气泡被排出,混凝土就填满了模板的各个角落,把混凝土捣固密实。

用机械捣实的混凝土,早期强度高,可以加快模板的周转。用机械捣实可使用低流动性或干硬性混凝土,因而对同一标号的混凝土可以减少水泥用量的 $10\%\sim15\%$,因此一般应尽可能使用机械捣实。

2. 机械振捣的设备与使用

振动器械按其工作方式不同,可分为内部振动器、表面振动器、外部振动器等几种。

(1)内部振动器。又称插入式振动器,是工地用得最多的一种,多用于振实梁、柱、墙等平面尺寸较小而有一定垂直深度或体积较大的混凝土构件。

由于偏心块或偏心轴式振动器其电动机转速在 $1440\sim2850\,\mathrm{r/min}$,经过加速齿轮箱以后,通过轮轴带动振动棒的振动频率可达每分钟 6000 次,机械磨损已经较大。如果再提高软轴的转数,则将降低软轴、轴承的寿命,必须改用其他形式的结构。

目前的高频振动器多数采用软轴行星滚锥式结构(图 $7-99$)振动器。这种结构的软轴转速比偏心块式的还低,但可以使振动棒产生 $1200\sim20000$ 次的频率,结构简单,维修

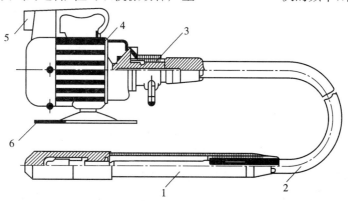

图 7-99　电动软轴行星式内部振动器

1-振动棒;2-软轴;3-防逆装置;4-电动机;5-电器开关;6-支座

方便,减少机械磨损,提高了振实效果。如 HZ6 - 50 型高频振动器的振动棒直径为 50 mm,长 500 mm,软轴长 4 m,电动机每分钟 2 850 转,振动棒频率 14 800 次。

行星滚锥式振动器的工作原理如图 7 - 100 所示。当电动机通过软轴 6 带动滚锥轴 4 转动时,滚锥 1 除了本身自转外,还会沿着滚道 2 做反方向的公转。滚道与滚锥的直径越接近,公转次数就越多,振动棒的频率也越高。滚锥在滚道内的旋转称为内滚道式[图7-100(a)],滚链套住滚道的旋转称为外滚道式[图 7 - 100(b)],[图 7 - 100(c)]是外滚道式构造图。

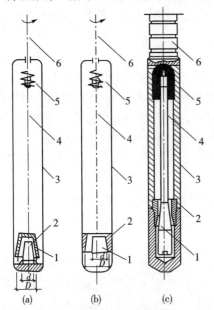

图 7 - 100　行星滚锥式振动棒原理图及构造图

(a)内滚道式;(b)外滚道式;(c)外滚道式构造图

1-滚锥;2-滚道;3-振动棒外壳;4-滚锥轴;5-挠性联轴节;6-驱动软轴

内部振动器操作要点:

①振动器的振捣方法有两种:一种是垂直振捣,即振动棒与混凝土表面垂直;一种是斜向振捣,即振动棒与混凝土表面成一定的角度,为 40°～45°,如图 7 - 101 所示。

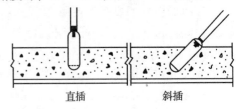

直插　　　　斜插

图 7 - 101　内部振动器振捣方法

②振动器操作要做到"快插慢拔"。快插是为了防止先将表面混凝土捣实而与下面混凝土发生分层、离析现象;慢拔是为了使混凝土能填满振动棒抽出时所造成的空洞。对干硬性混凝土,有时还要在振动棒插出洞旁不远再将振动棒重新插入才能填满空洞。在振动过程中,宜将振动棒上下略为抽动,以使上下振捣均匀。

③混凝土分层灌筑时,每层混凝土厚度应不超过振动棒长的 1.25 倍,在振捣上层时,应插入下层中 5 cm 左右,以消除两层之间的接缝,同时在振捣上层混凝土时,要在下层混凝土初凝之前进行(图 7 - 102)。

④每一振点要掌握好振捣时间,过短不易捣实,过长可能引起混凝土产生离析现象,对塑性混凝土尤其要注意。一般每点振捣时间为 20～30 s,使用高频振捣器时,最短不应少于 10 s,但应视混凝土表面呈水平,不留显著下沉,不再出现气泡,表面泛出灰浆为准。

⑤振动器插点要均匀排列,可采用"行列式"或"交错式"(图 7 - 103)的次序移动,不应混用,以免造成混乱,发生漏振。每次移动位置的距离应不大于振动作用半径的 1.5 倍。一般振动棒的作用半径为 30～40 cm。

⑥振动器使用时,不允许将其支承在结构钢筋上或碰撞钢筋、芯管和预埋件,不宜紧

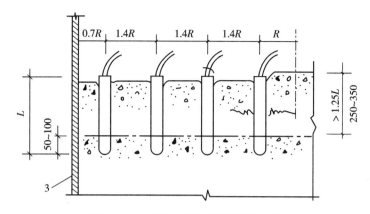

图 7 - 102　插入式振动器的插入深度

1-新灌筑的混凝土；2-下层已振捣但尚未初凝的混凝土；3-模板

R-有效作用半径；L-振动棒长

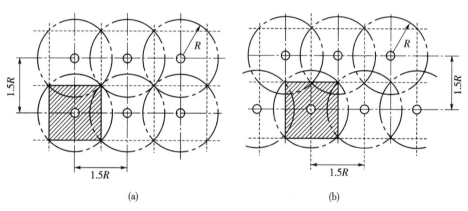

(a)　　　　　　　　　　　　(b)

图 7 - 103　插点的分布

(a)行列式；(b)交错式

靠模板振动。

(2)表面振动器，又称平移振动器，它是由带偏心块的电动机和平板组成。平板用木板或钢板制成，尺寸依具体需要而定。表面振动器是放在混凝土表面进行振捣，适用于振捣楼板、地面、板形构件和薄壳等薄壁构件。在无筋或单层钢筋结构中每次捣实厚度不大于25 cm，在双层钢筋结构中，每次捣实厚度不大于12 cm。相邻两段之间应搭接振捣5 cm 左右。

在使用时，要求振动器的平板与混凝土保持接触，这才可能将偏心块的传动作用有效地传到混凝土里，使之振实。所以表面振动器一般较重，使用时多在混凝土面上拖动(图 7 - 104)。

混凝土振捣的速度及遍数，要看混凝土的坍落度及灌筑厚度而定。一般可以按下述情况来判断，混凝土停止下沉并往上泛浆或表面已平整并均匀出浆。当出现这些情况

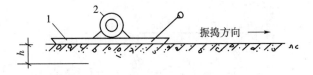

图 7-104　表面振动器及其移动方式

1-底板；2-振动器

时，即可转移振捣器位置。最好进行两遍振捣，第一遍和第二遍的振实方向要相互垂直，第一遍主要使混凝土捣实，第二遍则使其表面平整。

混凝土经捣实后，表面会有水出现，称为泌水现象。泌出的水不宜直接引走，以免带走水泥。最好用麻袋之类的吸水材料吸走。必要时应进行两次振捣或两次压光。如果泌水现象严重，应考虑改变配合比。

振动器在使用前应进行检查并试运转；使用完后要清洗干净，尤其是平板底面，否则当下次振捣时，混凝土表面就有凹印。

（3）附着式振捣器，又称为外部振动器。它是直接安装在模板上进行振捣的，利用带偏心块的振动机产生的振动力，通过模板传给混凝土，达到振实的目的。这种振动器体积小，结构简单，操作方便，还可改装成平板式振动器。适用于振捣断面较小或钢筋较密的柱子和梁、板等构件。它可以直接固定在模板上或利用夹固架固定在模板上（图 7-105）进行振捣。

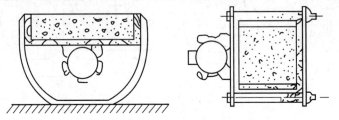

图 7-105　附着式振捣器安装方法

安装附着式振捣器时，应注意以下几点：

①附着式振捣器转子轴，因不考虑轴向推力，故转子轴的中心线应水平地安装在模板上，而不能垂直地安装。

②在一个物件上，如需安装几台附着式振捣器时，振捣器的频率必须一致。安装在构件两侧时，其相对应的位置必须错开，使振捣均匀。

③为了防止松动，每个螺栓应加放弹性垫圈，并要将各螺母均匀地拧紧。

四、混凝土的养护

（一）养护的目的和类别

混凝土养护的目的，一是创造各种条件，使水泥充分水化，加速混凝土硬化；二是防止混凝土成型后因暴晒、风吹、干燥、寒冷等自然因素影响，出现不正常的收缩、裂缝、破坏等现象。

混凝土养护的分类方法较多,通常按其养护工艺分类,见表 7 - 48。

表 7 - 48　混凝土养护按工艺分类

类　　别	名　　称	说　　明
标准养护		气温保持在 20±3℃,相对湿度保持在 90% 以上,时间 28 d
自然养护	覆盖浇水	
	围水养护	四周筑成小埂,将水蓄在混凝土表面
	浸水养护	
	喷雾或洒水	利用自来水压力(或加泵),将水喷洒在混凝土上
	喷膜养护	在混凝土表面喷洒 1~2 层能很快成膜的养护剂
	铺膜养护	用里层为黑色、外层透明的双层塑料薄膜覆盖
热养护	蒸汽养护	利用热蒸汽对混凝土进行湿热养护
	热水(热油)养护	将水或油加热,将构件搁置在水或油的上面
	电热养护	对模板加热或微波加热
	太阳能养护	利用各种罩、集热箱等封闭装置对构件进行养护,适用于南方日照较长地区

(二)自然养护

采用自然养护,应遵守下列三条规定:

(1)在浇筑完成 12 h 以内进行覆盖或养护。

(2)混凝土强度等级达到 C12 后,始允许操作人员行走、安装模板和支架,但不得进行冲击性或类似劈打木材的操作。

(3)不允许用悬挑构件作为交通运输的通道,或作工具、材料的停放场。

①覆盖浇水。常用的覆盖浇水养护的工作要点见表 7 - 49。

表 7 - 49　自然养护覆盖浇水工艺的要点

项　　目	要　　点
开始养护时间	初凝后可以覆盖,终凝后开始浇水
常用的覆盖物	麻袋片、草席、竹帘、锯末、砂、炉渣
浇水工具	当天用喷壶洒水,翌日用胶管浇水
浇水次数	以保证覆盖物经常湿润为准
浇水天数	1.用硅酸盐水泥、普通水泥、矿渣水泥拌制的混凝土,在常温条件下,不少于 7 d 2.掺用缓凝型外加剂,或有抗渗要求的混凝土,不少于 14 d 3.用其他水泥拌制的混凝土,按水泥特性确定

续表

项　目	要　点
竖向构件(墙、池、罐、烟囱等)	用麻袋、草席、竹帘等做成帘式覆盖物,在顶部用花管喷水养护
低温环境	1.外界气温低于5℃时,不允许浇水 2.按冬期施工处理

②喷膜养护。喷膜养护是在混凝土表面喷洒1~2层养护剂,成膜后,使混凝土内部的蒸发水成为养护用水。适宜于平面面积较大的工程项目。国内常用的养护剂的配合比见表7-50,过氯乙烯树脂养护剂的配制方法见表7-51,喷洒设备及工具见表7-52,喷洒工的操作要点见表7-53。

表7-50　喷膜养护剂配合比(重量比)

养护剂种类	配合比(%)				
	溶　剂		过氯乙烯树脂	苯二甲酸二丁酯	丙　酮
	粗　苯	溶剂油			
过氯乙烯树脂	86	—	9.5	4	0.5
	—	87.5	10	2.5	—
LP-37 聚醋酸乙烯 (木工胶)	用水稀释,比例为LP-37:水=100:(100~300);亦可加10%磷酸三钠中和,比例为100:100~300:5;如需消泡,可加适量的磷酸三丁酯 用水稀释至能喷射即可。其用量为每平方米混凝土面积0.6~1.0kg				

表7-51　过氯乙烯树脂养护剂的配制方法

项　目	要　点
原材料性质	属易燃品,使用前应注意保管
容　器	应清洁;无油污,无铁锈;有盖子,能防止溶液蒸发
配合方法	(1)先将溶剂倒入容器内 (2)加入过氯乙烯树脂,边加边搅拌,加完后每隔半小时搅拌一次,直至树脂完全溶解 (3)丙酮宜在树脂极难溶时加入 (4)最后加入苯二甲酸二丁酯,边加边搅拌,均匀后即可使用

表7-52　喷膜养护的喷洒设备及工具

名　称	规　格	数　量	配　件
空气压缩机	容量:0.18~0.6 m³;工作压力:0.4~0.5 MPa(4~5 kgf/cm³)	1台	配电动机 压力表,气阀,安全阀均为φ12.7 mm,0.4~0.6 MPa(4~6 kgf/cm²)
压力容罐	双阀门压力:0.6~0.8 MPa(6~8 kgf/cm³),容量0.5~1.0 m³	1~2台	
高压橡胶管	φ12.7 mm乙炔氧焊胶管,长度视场地而定	1~2根	
喷　具	φ12.7 mm喷漆或农药喷枪	1~2副	

表 7 - 53　喷膜养护的操作要点

项　目	要　点
开始喷洒时间	初凝以后,表面无浮水,以手指轻压无指印。过迟则蒸发水逸出过多,影响效果
喷洒压力	以 0.2～0.3 MPa(2～3 kgf/cm²),能形成雾状为佳
喷洒方法	(1)喷嘴离混凝土表面约 50 cm (2)喷洒的厚度以溶液的耗用衡量,通常每平方耗用养护剂 2.5 kg (3)通常喷两次,待第一次成膜后再喷第二次 (4)喷洒时要求有规律,固定一个方向,前后两次的走向应互相垂直
薄膜的保护	(1)不得在薄膜上行人,拖拉工具、胶管 (2)如气温较低,应设法保温

(三)太阳能养护

太阳能养护通常用于混凝土构件预制厂,其养护时间与同条件的自然养护相比,只需 30%～50%的时间。各种太阳能养护的装置如图 7 - 106,其操作工艺要点见表 7 - 54。

表 7 - 54　太阳能养护装置操作工艺要点

项　目	要　点
吸热保温材料	旧棉花、矿渣棉,外用黑色薄膜或深色人造革封闭,注意防潮
玻璃板斜度	视各地纬度而异,以太阳光能垂直或接近垂直射入为佳
反射板	白天按阳光方向调整反射角,晚上闭合在玻璃板上,可起保温作用;反光材料可用铝板、镀铝涤纶布、白色涂料等
活动式集热箱	注意箱底与地面紧贴,可在箱壁底部加装橡胶片或充气胶管等
清扫工作	(1)为保持玻璃的良好透明度及反射板的反射效率,每日上午、下午上班时应各清扫一次 (2)为保持吸热材料的效率,每一生产周应清扫除尘一次

(四)铺膜养护

铺膜养护是综合自然养护、喷膜养护、太阳能养护而成的一种简易有效的养护方法,适用于各种现浇或预制混凝土工程。其优点是:

(1)装置极简单。

(2)不需专用的喷洒设备或集热箱等。

(3)不需另行配料,又是无毒作业。

(4)不需经常浇水。

(5)薄膜可代替麻袋等覆盖物,能重复使用。

(6)能提高早期强度,比自然养护可缩短一半时间。

铺膜养护工艺要点见表 7 - 55。铺膜养护示意见图 7 - 107。

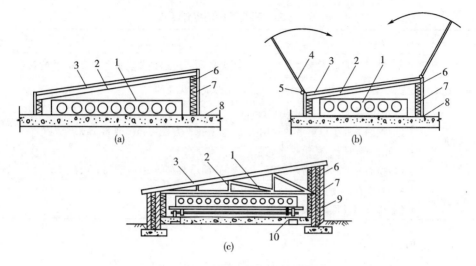

图 7-106　各种太阳能养护装置图

(a)不带反射板的集热箱;(b)带反射板的集热箱;(c)太阳能养护窑

1-构件;2-支架;3-玻璃;4-反射板;5-铰链;6-箱壁(窑壁);7-吸热材料;8-台座;9-保温材料;10-路轨

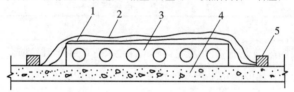

图 7-107　铺膜养护示意图

1-黑色薄膜;2-透明薄膜(以双层带气泡者为最佳);3-构件;4-台座;5-重物(混凝土块、红砖、短粗钢筋等)

表 7-55　铺膜养护工艺要点

项　目	要　点
薄膜制作	(1)薄膜分内、外两层,内层为黑色,外层为带气泡的双层透明薄膜
	(2)应按工程或预制件表面的大小铺设或装制薄膜
	(3)裁制时应每边预留 20～40 cm,供压边用
	(4)裁制完成后按覆盖工程的大小折叠整齐,以便于铺设
铺膜时间	初凝后即可铺膜
铺　膜	(1)铺膜时应按工程大小,安排若干人同时操作,动作要协调一致
	(2)薄膜不必强求紧贴构件表面,留有适当空隙,以供气温流动,自行平衡
	(3)铺膜时避免薄膜被钢筋、模具、构件边角等刺破
	(4)铺膜后应检查一次,混凝土边角应全部覆盖严密,并用重物将薄膜压实
撤　除	(1)撤除前先用水或毛刷将薄膜上的灰尘清除
	(2)按原来方法折叠,便于下次使用
重复使用	(1)可重复使用 10～15 次
	(2)重复使用 7～8 次后,外膜透明度已减弱,但仍起保温作用,如需保证温度,可更换新外膜

(五)常压蒸汽养护

常压蒸汽养护通常用于预制混凝土构件生产线或冬期施工,其养护温度控制要点见表 7-56。

表 7-56　常压蒸汽养护温度控制要点

项　目	控　制　要　点
升降温程序	如图 7-109
静停时间	(1)当采用硅酸盐水泥或普通水泥时,视外界气温而定,为 2～6 h (2)当采用矿渣水泥时,可适当延长
升降温速度	见表 7-57
恒温时间	视制作混凝土的水泥品种、外界气温、蒸养设备效率、构件形式、生产需要等因素,通过试验确定
最高温度	蒸养温度因制作混凝土的水泥品种而定: (1)对于硅酸盐水泥或普通水泥,宜控制在 80℃,最高不超过 85℃ (2)对于矿渣水泥,宜控制在 90℃,最高不超过 95℃

表 7-57　混凝土构件蒸汽养护降温速度(℃/h)

	构件种类(坑养或窑养)			表面系数(冬期施工)	
	薄壁构件	其他构件	干硬性	≥6	<6
升温速度	25	20	40	15	10
降温速度	10	10	10	10	5

注:① 表面系数 $=\dfrac{\text{混凝土构件表面面积}(m^2)}{\text{混凝土构件体积}(m^3)}$;

② 构件出坑(窑)时,外表面温度与外界气温之差,宜不大于 20℃

1. 蒸汽养护坑

蒸汽养护坑适宜于机台生产工艺。分为普通蒸汽养护坑和热介质循环蒸汽养护坑。

(1)普通蒸汽养护坑。是混凝土构件厂最常见的蒸养设备。构件叠放在坑内,尽可能提高填充系数,以节约蒸汽。蒸汽管每米钻 4～6 个喷汽孔,称为花管。安装在坑壁的下部,使蒸汽上升。排水沟外设有自动疏水器以排除冷凝水。坑盖、坑壁除保证结构强度外,中部填充保温材料,以减少热能损耗。蒸汽养护坑的构造如图 7-108 所示。

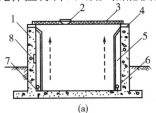 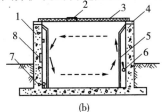

(a)　　　　　　　　　(b)

图 7-108　蒸汽养护坑

(a)普通蒸汽养护坑;(b)热介质循环蒸汽养护坑

1-坑壁;2-观察及降温口;3-盖板;4-水封槽;5-护壁槽钢及梯;6-蒸汽管;7-水沟;8-测温装置

257

（2）热介质循环蒸汽养护坑。其功能同普通蒸汽养护坑，但普通蒸汽养护坑存在着坑内冷空气与蒸汽温度不易调匀的状况。热介质循环蒸汽养护坑是上、下均安装汽管，并将喷汽孔改为蒸汽嘴，使蒸汽按一定的方向循环流动，加强了热交换，并可进行自动调节，现已普遍使用。

2. 温度控制

常压蒸汽养护设备除了养护坑外，还有养护窑（隧道窑和立窑）。

常压蒸汽养护属于人工加热促硬，应有一定规律，其升温降温程序如图7-109所示。蒸汽养护时，其湿度通常保持在90％以上，即饱和蒸汽养护。

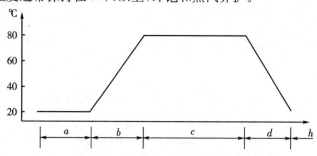

图7-109　蒸汽养护升温降温程序示意图
a-静停；b-升温；c-恒温；d-降温

（六）红外线养护

红外线养护通常用于冬期施工现浇房屋成贮罐混凝土墙体工程的养护。其工艺装置见表7-58。其对墙养护的装置如图7-110所示。红外线辐射器的等温线如图7-111所示；红外线养护辐射器的使用要点见表7-59。

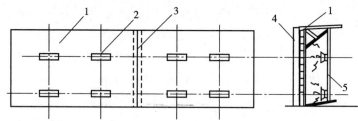

图7-110　红外线养护装置示意图
1-大模板；2-红外线辐射器；3-内纵墙；4-大模板横墙；5-保温罩

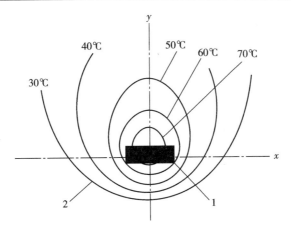

图 7 - 111　红外线辐射器等温线示意图

1-红外线辐射器;2-等温线

表 7 - 58　红外线养护的工艺装置

项　目	工艺装置要点
红外线能源	电、液化石油气
主要设备	红外线灯(辐射器)
保温罩	用保温材料制作
散热特点	(1)上部面积大,温度高 (2)下部、两侧面积小,温度低 (3)等温线如图 7 - 111 所示
组合形式	图 7 - 110 为楼层高度 3m 时的装置: (1)下层辐射器离地面 300~400mm (2)两辐射器之间的水平间距为 1.5~2.0m (3)与墙面的距离通过测定后选用,一般不大于 1m

表 7 - 59　红外线养护辐射器使用要点

项　目	使　用　要　点
管　理	应有专人管理,负责测量记录温度及湿度
温度控制	红外线辐射属于热养护,应在保温罩内设置若干水盆,保持一定的湿度,防止混凝土干裂
安　全	注意防爆、防火、防触电、防液化石油气泄漏

(七)混凝土制品循环湿热空气养护工艺

循环湿热空气养护工艺是一种简易快速养护新技术。此项技术 1989 年研制成功,1990 年通过重庆市科委鉴定。几年来,已在四川省内外中小构件厂获得成功应用,为厂家节约资金数百万元,使钢模周转时间由原自然养护时的 6~7d 缩短到 1d,最快可达 1d

周转 2 次。

1. 工艺原理与设备

循环湿热空气养护是一项采用专用湿热空气发生器为热能设备,以增湿的高温热空气为热介质,对混凝土进行加速热养护的新工艺。它利用循环风机的作用使热介质在养护室和湿热空气发生器间循环流动,增湿增温,提高对流换热强度,从而使混凝土迅速升温,达到促使混凝土结构快速硬化的目的。

循环湿热空气养护可与目前常用各种养护坑、室、池等设施配合使用。典型的养护工艺装置如图 7 - 112 所示。

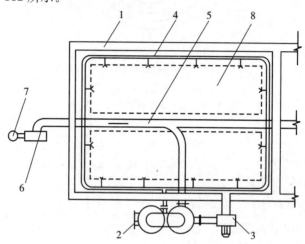

图 7 - 112　循环湿热空气养护工艺装置

1-养护坑;2-湿热空气发生器;3-循环风机;4-供汽管路;5-烟道散热管;
6-烟气引风机;7-烟囱;8-构件

(1)养护坑。湿热空气养护坑与蒸汽养护坑构造基本一致。养护坑可建在地下、半地下或地上。其容积根据湿热空气发生器的供热能力而定,一般以容纳 6 套 6 m×1.5 m大型屋面板钢模为宜。

(2)湿热空气发生器。这是该工艺的关键热能设备。它的作用是连续不断产生高温湿热空气。小型发生器重约 1 t,体积为 1 600 mm×750 mm×1 850 mm,可供热能适用容积在 60 m³ 内的养护设施。发生器使用燃料以煤为主,也可使用废弃的木模板或木柴。为减少热损失,应对容器进行保温处理。

湿热空气发生器为非压力容器,使用安全可靠。安装简便,可在养护坑四周任意合适部位就位,只需用法兰将湿热空气输送管、烟道、风机连接后即可使用。发生器设有炉门、水位管、清污阀、清灰口等。发生器的操作与普通小型开水锅炉相同,1 人可同时负责2 台发生器。

(3)循环风机。循环风机的作用是将发生器产生的高温湿热空气高速送入养护坑内,同时将换热后降温的空气引入湿热空气发生器,加热增湿,形成循环加热和放热的过程。风机采用 4 - 72 型离心风机,其功率为 1.1～3 kW。

(4)供气管路。可采用 φ108 或直径相近的钢管,围坑墙一周设在坑高 1/3～1/2 位置,每 1～2 m 可设喷嘴 1 个,方向向下,与坑墙成 15°～20°夹角,以使介质形成定向循环流动。

(5)烟道与烟气引风机。烟道可设在养护坑底部,以充分利用烟气余热,引风机采用小型 Y5 - 47 型烟气引风机,引风量在 5 000 m³/h 以内。它可同时与 1～3 台湿热空气发生器配套。

2. 适用范围

本工艺适用于无蒸汽养护设备的中小型预制厂或水泥制品厂,广泛用于预应力大板、空心板、预应力吊车梁,以及各类离心管、桩、柱等构件的快速养护。由于本工艺具有设备简单、安拆方便、机动灵活的特点,也适用于施工现场对急需构件的快速养护,还可作为北方地区冬期施工时对混凝土与构件的防冻措施。

3. 养护制度

湿热空气养护适宜养护温度为 80℃。

湿热空气养护与蒸汽养护一样,其全过程可分为升温期、恒温期和蓄热降温期。应用时可根据不同的养护对象、养护设施和模板周转要求,通过实验确定经济合理的养护制度。

根据湿热空气养护升温较蒸汽养护慢,以及一般中小构件厂多采取一班工作制的特点,建议采用以下两种养护制度。

图 7 - 113 为有预养期的养护制度。它适用于钢模 2 d 一次周转状况。其特点是热作用和缓、供热时间短和混凝土结构质量好。在钢模允许或生产量不大时应优先采用。

图 7 - 114 为无预养期的养护制度。它适用于钢模 1 d 一次周转。其特点是养护周期短、生产效率高、应用较广。

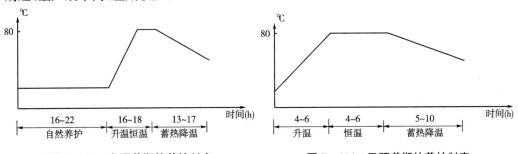

图 7 - 113　有预养期的养护制度　　图 7 - 114　无预养期的养护制度

当生产任务特别急时,也可采用钢模 1 d 两次周转的无预养养护制度。应用时需添加外加剂,并对整个养护过程加强温度测试和技术管理,以保证养护质量。

4. 应用实例

(1)临时坑式养护。秦皇岛一施工单位在某工程施工中利用该工艺简单、机动灵活

261

的特点,采用临时坑养方式就地生产预应力大板。他们在施工现场附近砌筑 3 个简易砖结构地上养护坑,每个坑单独安装 1 台湿热空气发生器,3 坑共用 1 台引风机。坑体高 1.5 m,每个坑可叠放 6 块标准大板,保温罩采用钢筋轻骨架结构,外罩两层纤维防雨保温篷布。养护室空间 2.3 m×7.1 m×3 m。采用无预养期制度,钢模 1 d 周转。构件成型后,静停 2~4 h,吊入坑内,连续供热 10~12 h,蓄热闷养 4~6 h 后出坑。出坑时构件表面温度仍在 50℃以上。3 个月他们使用 18 套钢模生产了 1 000 多块大板,质量优良。

(2)临时热地坑热模养护。某公司为解决远离基地一工程任务的急需,组织了预制小分队,带着 12 套钢模、3 套湿热空气发生设备到现场,就地生产预应力大板。在无起重设备的极其困难的条件下,临时预制场采用浇地坑热湿空气养护、租用自带吊汽车脱膜生产方案,解决了养护难题。

该方案将 4 套钢模编为 1 组,共 3 组,每组两排。钢模固定在 18 cm 深的浅坑上,用砂浆堵缝。每组使用 1 台湿热空气发生器集中向地坑与模板形成的模腔,供应高温湿热空气。烟道通过模腔。3 套湿热空气发生器共用 1 台烟气引风机。每组浅坑间留足车道,以便自带吊汽车脱模装车用。钢模固定不动,就地张拉、浇灌混凝土,表面用纤维布覆盖保温。

正常情况下,上午 9—10 时构件放张,用自带吊汽车脱模并直接装运到现场。一般下午 3 时左右浇灌完毕,4—6 时开机供热,连续供热 12~14 h,完成一次循环。采用这一方案时值深秋,夜间气温已达零度,加之风大,使热量损失较大,实测构件最高温度为 60℃。为保证钢模 1 d 周转,他们采取添加早强剂等技术措施。仅用 1 个多月,就可生产预应力大板 400 块,保证了工程进度。

(3)现场马鞍形板简易养护。某构件厂在施工现场生产 12 m 预应力马鞍形板,一直采用自然养护,胎模需 7 d 周转 1 次。该单位引进湿热空气养护技术后,在胎模旁临时安装 1 台发生器,在对构件进行简单篷布覆盖后,直接向篷布内供应湿热空气,使胎模周转时间由 7 d 缩短至 2~3 d,收到较好效果。

(4)固定坑式养护。重庆市某预制厂使用该工艺对预应力大型屋面板、1.2 m×6 m 先张法预应力吊车梁,进行坑式养护。养护坑为半地下式,如图 7 - 115 所示。坑体容积 7.2 m×4.5 m×1.85 m,可容纳 6 块标准大板或 2 根预应力吊车梁。3 座坑连为一体,共用 1 台烟气引风机。每座养护期养护制度,钢模 2 d 可以周转。即预养 1 夜,第 2 天吊入养护坑养护。当温度稳定在 80℃以上后停止供热,这一过程需 5~8 h,蓄热继续养护至第 3 天上班后,构件吊出、放张、脱模。

(5)钢模模腔内养护。某厂曾对一批 1.5 m×6 m 先张法预应力吊车梁进行了现场模腔内养护。该梁使用专利技术——先张法预应力吊车梁模上张拉专用模板,在施工现场塔吊下就地预制。养护使用 1 台湿热空气发生器,在箱形钢模模腔内通入湿热空气,通过钢模热传导,促使混凝土快速硬化。另外,设计使烟气直接通过箱形底模,以加速热传导。为减少热损失,特制一帆布保温罩,保温罩落入水封槽内。这些措施提高了热效率,

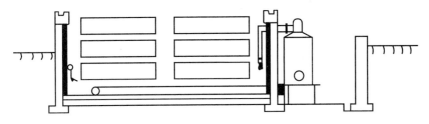

图 7 - 115　半地下式养护坑剖面

取得了良好的养护效果。

该实例采取有预养期制度,供热 5～7 h,养护温度 80℃以上,钢模 2 d 周转。采取模腔内养护方案,升温快,质量好。它成功地解决了以往施工现场无法热养护的难题,见图 7 - 116。

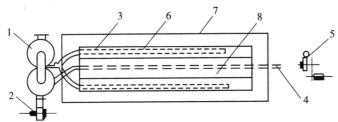

图 7 - 116　先张预应力吊车梁模腔内养护
1-湿热空气发生器;2-风机;3-输气管;4-烟道;5-引风机;6-箱形侧模;7-保温罩;8-构件

5. 循环湿热空气养护工艺的特点

(1)该工艺简化了热养护中热能的生产、输送、控制过程。使用设备简单、投资少、易管理,是一项符合国情、容易推广、实用性较强的新技术,在一定范围内替代蒸汽养护,可节约建设投资 87.5%。

(2)湿热空气发生器无工作压力,操作安全,不需专业锅炉工,管理环节少,使用维护简单方便,可节约日常维护、管理、安全保护费用的 90% 以上。

(3)按两种养护制度养护,能满足对钢模 1～2 d 周转的要求。采取技术措施,钢模可以实现 1 d 两次周转。

(4)该工艺能耗少,平均耗煤 30～60 kg/m³,比蒸汽养护可节能 50%。

(5)养护成本比蒸汽养护节约 70%。

(6)湿热空气养护具有干—湿热养护的优点,较好地解决了蒸养存在的质量通病。构件养护后外观质量良好,表面无酥松、起皮现象。

(7)应用范围广。

可对预制构件及水泥制品进行快速养护,又可用于冬期施工时对混凝土的防冻。该工艺为北方地区冬期施工提供了方便。

第八章　预应力混凝土工程施工技术

预应力混凝土与钢筋混凝土比较,具有构件截面小、自重轻、刚度大、抗裂度高、耐久性好、材料省等优点,但预应力混凝土施工,需要专门的材料与设备、特殊的工艺、单价较高。在大开间、大跨度与重荷载的结构中,采用预应力混凝土结构,可减少材料用量,扩大使用功能,综合经济效益好,在现代结构中具有广阔的发展前景。

预应力混凝土是指在结构承受外荷载之前,利用钢筋张拉后的弹性回缩,对构件受拉区的混凝土预先施加压力,产生预压应力,当构件在荷载作用下产生拉应力时,首先需要抵消预应力,然后随着荷载不断增加,受拉区混凝土才受拉开裂,从而延迟了构件裂缝的出现和限制了裂缝的开展,提高了构件的抗裂度和刚度。这种利用钢筋对受拉区混凝土施加预压应力的钢筋混凝土,叫作预应力混凝土。混凝土结构在作用状态下充分发挥钢筋抗拉强度高和混凝土抗压能力强的特点,可以提高构件的承载能力。

预应力混凝土按预应力度大小可分为:全预应力混凝土和部分预应力混凝土。全预应力混凝土是在全部使用荷载下受拉边缘不允许出现拉应力的预应力混凝土,适用于要求混凝土不开裂的结构。部分预应力混凝土是在全部使用荷载下受拉边缘允许出现一定的拉应力或裂缝的混凝土,其综合性能较好,费用较低,适用面广。

预应力混凝土按施工方式不同可分为:预制预应力混凝土、现浇预应力混凝土和叠合预应力混凝土等。按预加应力的方法不同可分为:先张法预应力混凝土和后张法预应力混凝土。先张法是在混凝土浇筑前张拉钢筋,预应力是靠钢筋与混凝土之间的黏结力传递给混凝土。后张法是在混凝土达到一定强度后张拉钢筋,预应力靠锚具传递给混凝土。在后张法中,按预应力筋的黏结状态又可分为有黏结预应力混凝土和无黏结预应力混凝土。前者在张拉后通过孔道灌浆使预应力筋与混凝土相互黏结;后者由于预应力筋涂有油脂,预应力只能永久地靠锚具传递给混凝土。

为了达到较高的预应力值,宜优先采用高强度混凝土。当采用冷拉 HRB335、HRB400 钢筋和冷轧带肋钢筋作预应力钢筋时,其混凝土强度不宜低于 C30;当采用消除应力钢丝、钢绞线、热处理钢筋作预应力钢筋时,混凝土强度等级不宜低于 C40。

预应力筋按材料类型可分为:钢丝、钢绞线、钢筋、非金属预应力筋等。其中以钢绞线与钢丝采用最多。预应力钢绞线是由多根冷拉钢丝在绞线机上成螺旋形绞合,并经消除应力回火处理而成。钢绞线的整根破断力大,柔性好,施工方便,具有广阔的发展前景。

在预应力钢筋结构中不能使用对钢筋有侵蚀作用的外加剂,如氯化钠、氯化钙等。若需使用必须慎重对待,以防止钢筋的锈蚀作用对预应力的降低,导致严重的质量事故。

第一节　先张法施工技术

一、先张法的概念

先张法是在浇筑混凝土构件之前将预应力筋张拉到设计控制应力,用夹具将其临时固定在台座或钢模上后,进行支设模板、绑扎钢筋等工作,然后浇筑混凝土;待混凝土达到规定的强度,保证预应力筋与混凝土有足够的黏结力时,放松预应力筋,借助于它们之间的黏结力,在预应力筋弹性回缩时,使混凝土构件受拉区的混凝土获得预压应力。图8-1为先张法施工示意图。

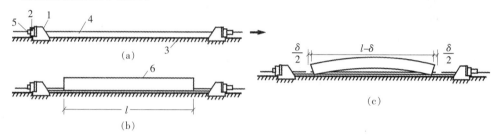

图8-1　先张法施工示意图
(a)预应力筋张拉;(b)混凝土浇筑和养护;(c)放松预应力筋
1-台座;2-横梁;3-台面;4-预应力筋;5-夹具;6-构件

先张法由于台座或钢模承受预应力筋张拉力的能力有限,并考虑构件的运输等因素,适于在预制构件厂生产中小型预应力混凝土构件,如楼板、屋面板、檩条及吊车梁等。

先张法生产时,可采用台座法和机组流水法。采用台座法时,预应力筋的张拉、锚固,混凝土的浇筑、养护及预应力筋放松等均在台座上进行;预应力筋放松前,其拉力由台座承受。台座法的运用较为广泛。

采用机组流水法时,构件连同钢模通过固定的机组,按流水方式完成(张拉、锚固、混凝土浇筑和养护)每一生产过程;预应力筋放松前,其拉力由钢模承受。

二、先张法的施工设备

先张法的主要施工设备有台座、夹具和张拉设备。

1. 台座

台座由台面、横梁和承力结构等组成,是先张法生产的主要设备。预应力筋张拉、锚固,混凝土浇筑、振捣和养护及预应力筋放张等全部施工过程都在台座上完成。预应力筋放松前,台座承受全部预应力筋的拉力。因此,台座应有足够的强度、刚度和稳定性。

台座按构造型式分为墩式台座和槽式台座两类。选用时根据构件种类、张拉力大小和施工条件确定。

（1）墩式台座。墩式台座是由台墩、台面与横梁组成，见图 8-2。目前，常用的是台墩与台面共同受力的墩式台座。

台座的长度一般为 100~150 m，台座的宽度主要取决于构件的布筋宽度、张拉与浇筑混凝土是否方便，一般不大于 2 m。在台座的端部应留出张拉操作用地和通道，两侧要有构件运输和堆放的场地。

台墩是墩式台座的主要受力结构，一般由现浇钢筋混凝土做成。台墩应有合适的外伸部分，以增大力臂而减少台墩自重。台墩依靠自重和土压力平衡张拉力产生的倾覆力矩，依靠土的反力和摩阻力平衡张拉力产生的水平滑移，因此台墩结构体型大，埋设深度深。为改善台墩的受力状况，常用台墩与台面共同受力的做法以减小台墩的自重和埋深。

台墩应具有足够的强度、刚度和稳定

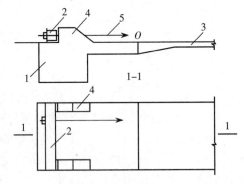

图 8-2　墩式台座

1-钢筋混凝土墩式台座；2-横梁；3-混凝土台面；
4-牛腿；5-预应力筋

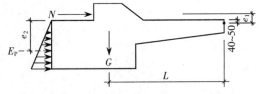

图 8-3　墩式台座稳定性验算简图

性。稳定性验算一般包括抗倾覆验算与抗滑移验算（图 8-3）。

台墩的抗倾覆验算，可按下式进行：

$$K = \frac{M_1}{M} = \frac{GL + E_P e_2}{N e_1} \geq 1.50 \qquad (8-1)$$

式中：K——抗倾覆安全系数，一般不小于 1.50；

　　　M——倾覆力矩，由预应力筋的张拉力产生；

　　　N——预应力筋的张拉力；

　　　e_1——张拉力合力作用点至倾覆点的力臂；

　　　M_1——抗倾覆力矩，由台座自重力和土压力等产生；

　　　G——台墩的自重力；

　　　L——台墩重心至倾覆点的力臂；

　　　E_p——台墩后面的被动土压力合力，当台墩埋置深度较浅时，可忽略不计；

　　　e_2——被动土压力合力至倾覆点的力臂。

台墩倾覆点的位置，对与台面共同工作的台墩，按理论计算倾覆点应在混凝土台面的表面处；但考虑到台墩的倾覆趋势使得台面端部顶点出现局部应力集中和混凝土面抹面层的施工质量，因此倾覆点的位置宜取在混凝土台面往下 40~50 mm 处。

对与台面共同工作的台墩，其水平推力几乎全部传给台面，不存在滑移问题，可不做抗滑移计算，此时应验算台面的强度。

台墩的牛腿和延伸部分,分别按钢筋混凝土结构的牛腿和偏心受压构件计算。台墩横梁的挠度不应大于 2 mm,并不得产生翘曲。预应力筋的定位板必须安装准确,其挠度不大于 1 mm。

台面是预应力构件成型的胎模,要求地基坚实平整。台面一般是在夯实的碎石垫层上浇筑一层厚度为 60～100 mm 的混凝土而成。台面要求坚硬、平整、光滑,沿其纵向有3‰的排水坡度。台面伸缩缝可根据当地温差和经验设置,一般约 10 m 设置一条,也可采用预应力混凝土滑动台面,不留施工缝。

(2)槽式台座。槽式台座由端柱、传力柱、柱垫、横梁和台面等组成,既可承受张拉力,又可作为蒸汽养护槽。适用于张拉吨位较高的大型构件,如吊车梁、屋架等,如图 8-4 所示。

台座的长度一般不大于 76 m,宽度随构件外形及制作方式而定,一般不小于 1 m。槽式台座一般与地面相平,以便运送混凝土和蒸汽养护,但需考虑地下水位和排水等问题。端柱、传力柱的端面必须平整,对接接头必须紧密;柱与柱垫连接必须牢靠。

槽式台座亦需进行强度和稳定性计算。端柱和传力柱的强度按钢筋混凝土结构偏心受压构件计算。槽式台座端柱抗倾覆力矩由端柱、横梁自重力及部分张拉力组成。

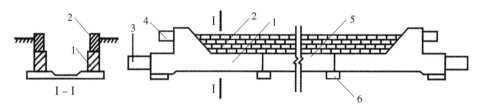

图 8-4　槽式台座

1-钢筋混凝土端柱;2-砖墙;3-上横梁;4-传力柱;5-柱垫

2. 夹具

夹具是先张法构件施工时为保持预应力筋拉力并将其固定在张拉台座(或钢模)上用的临时性锚固装置。夹具按照工作特点可分为张拉夹具和锚固夹具。张拉夹具用于连接预应力筋和张拉机械、预应力筋;锚固夹具是将预应力筋临时固定在台座上的工具。

(1)张拉夹具。常用的张拉夹具有月牙形夹具、偏心式夹具、楔形夹具和夹片式夹具等,适用于张拉钢丝和直径 16 mm 以下的钢筋,如图 8-5、图 8-6 所示。

(2)锚固夹具。锚固夹具用于预应力钢筋固定端的临时固定。常用的锚固夹具有锥销夹具、夹片夹具和镦头夹具。

①锥销夹具。锥销夹具适用于夹持单根直径 4～5 mm 的冷拔钢丝和消除应力钢丝。锥销夹具由套筒与锥塞组成,如图 8-7 所示。

②镦头夹具。采用镦头夹具时,将预应力筋端部热镦或冷镦成粗头,通过承力板锚固(图 8-8)。镦头夹具适于热镦的Ⅱ、Ⅲ、Ⅳ级螺纹钢筋,也可用于冷镦的预应力钢丝固

定端的锚固。

③夹片式夹具。夹片式夹具由套筒和夹片组成。如图8-9所示的圆套筒三片式夹具,套筒内孔呈圆锥形,三个夹片互成120°,钢筋夹持在三个夹片中心,夹片内槽上有齿纹,以保证钢筋的锚固。这种夹具适合锚固直径12~14 mm的单根冷拉Ⅱ、Ⅲ、Ⅳ级钢筋。

(3)夹具的要求。夹具首先应具备自锁和自锚的能力,保证锥销、齿板或楔块在打入后不会反弹而脱出;预应力筋在张拉中不滑脱。同时应具有良好的松锚性能力。

在预应力筋强度等级已经确定条件下,夹具的静载锚固性能试验应同时满足要求效率系数 $\eta_g \geqslant$ 0.92的条件。

当预应力夹具组装件达到实际极限拉力时,全部零件不得出现裂缝和破坏。

夹具应具有良好的重复使用能力。

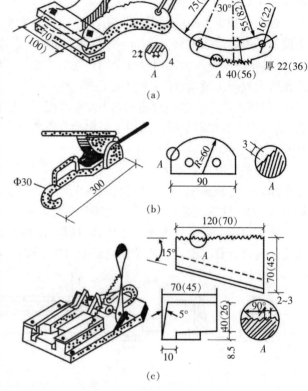

图8-5 张拉夹具

(a)月牙形夹具;(b)偏心夹具;(c)楔形夹具

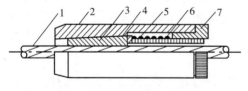

图8-6 张拉端夹片夹具

1-钢丝;2-套筒;3-夹片;4-钢丝圈;
5-弹簧圈;6-顶杆;7-顶盖

3. 张拉设备

张拉设备可分为电动张拉设备和液压张拉设备。电动张拉多用于先张法,液压张拉可用于先张法,也可用于后张法。张拉机

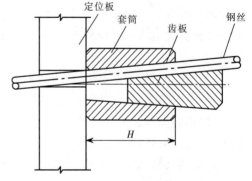

图8-7 锥销夹具

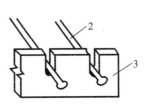
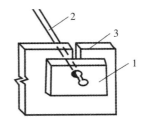

图 8-8　镦头夹具

1-垫片；2-镦头钢丝；3-承力板

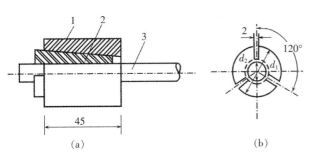
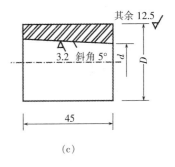

(a)　　　　　　　　　　(b)　　　　　　　　　　(c)

图 8-9　圆套筒三片式夹具

(a)装配图；(b)夹片；(c)套筒剖面图

1-套筒；2-夹片；3-预应力钢筋；

械要求工作可靠,张拉力控制准确,能以稳定的速率张拉。

(1)电动螺杆张拉机。电动螺杆张拉机主要用于预制厂长线台座上张拉单根冷拔钢丝。施工中采用的 DL1 型电动螺杆张拉机构造如图 8-10 所示。其工作原理是:电动机正向或反向转动时,通过减速箱带动螺母旋转,螺母即推动螺杆沿轴向做往复直线运动。弹簧测力计上装有计量标尺和微动开关,当张拉力达到要求数值时,电动机能够自动停止转动。电动螺杆张拉机操作时,按张拉力数值调整测力计标尺,将钢丝插入钢丝钳中夹住,开动电动机,螺杆向后运动,钢丝即被张拉。当达到张拉力数值时,电动机自动停止转动。锚固好钢丝后,使电动机反向旋转。此时,螺杆向前运动,放松钢丝,完成一次张拉操作。

(2)电动螺杆卷扬机。电动卷扬张拉机主要用于预制厂长线台座上张拉冷拔钢丝。电动卷扬张拉机张拉行程较大,由于在长线台座上预应力筋的张拉伸长值较大,当电动螺杆张拉机或液压千斤顶的行程难以满足时,对于较小直径钢筋和钢丝可用卷扬机张拉。

(3)液压千斤顶。液压张拉千斤顶按机型不同可分为拉杆式千斤顶、穿心式千斤顶、锥锚式千斤顶和台座式千斤顶等,按使用功能不同可分为单作用千斤顶和双作用千斤顶。穿心式千斤顶是一种具有穿心孔,利用双液缸张拉预应力筋和顶压锚具的双作用千斤顶。这种千斤顶适应性强,既适用于张拉需要顶压的锚具,配上撑脚与拉杆后,也可用于张拉螺杆锚具和镦头锚具。

269

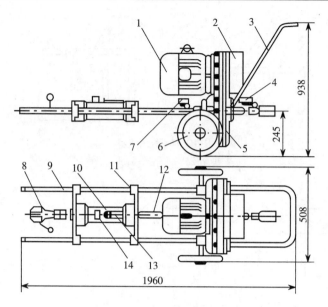

图 8-10 DL1 电动螺杆张拉机

1-电动机;2-配电箱;3-手柄;4-前限位开关;5-减速箱;6-胶轮;7-后限位开关;8-钢丝钳;

9-支撑杆;10-弹簧测力计;11-滑动架;12-梯形螺杆;13-计量标尺;14-微动开关

选择张拉设备时,为保证设备、人身安全和张拉力准确,张拉设备的张拉力应不小于预应力筋张拉力的 1.5 倍;张拉设备的张拉行程应不小于预应力筋张拉伸长值的 1.1～1.3 倍。

三、先张法的施工工艺

先张法预应力混凝土构件在台座上生产时,其工艺流程见图 8-11。

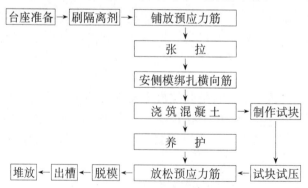

图 8-11 先张法施工工艺流程图

1. 预应力筋的铺设

为使预应力构件便于脱模,长线台座台面(或胎模)在铺设预应力筋前应涂隔离剂。隔离剂不应沾污钢丝,以免影响钢丝与混凝土的黏结。如果预应力筋遭受污染,应使用适宜的溶剂加以清洗干净。在生产过程中,应防止雨水冲刷台面上的隔离剂。

预应力筋宜用牵引车铺设。如果钢丝需要接长,可借助于钢丝拼接器用 20～22 号铁丝密排绑扎。绑扎长度:对冷轧带肋钢筋不应小于 45d;对刻痕钢丝不应小于 80d。钢丝搭接长度应比绑扎长度大 10d (d 为钢丝直径)。预应力筋与工具式螺杆连接时,可采用套筒式连接器。

2. 预应力筋的张拉

预应力筋的张拉应根据设计要求进行。先张法预应力筋张拉,有单根张拉和多根成组张拉两种。单根张拉力小,张拉设备简单,容易保证张拉应力的均匀准确,但生产效率低。

单根张拉时,冷拔钢丝可在两横梁式长线台座上采用 10 kN 电动螺杆张拉机或电动卷扬张拉机张拉,弹簧测力计测力,锥销式夹具锚固。刻痕钢丝可采用 20～30 kN 电动卷扬张拉机单根张拉,优质锥销式夹具锚固。

在预制厂以机组流水法或传送带法生产预应力多孔板时,还可在钢模上用镦头梳筋板夹具整体张拉,如图 8-12 所示。钢丝两端镦粗,一端卡在固定梳筋板上,另一端卡在张拉端的活动梳筋板上,用张拉钩钩住活动梳筋板,再通过连接套筒将张拉钩和拉杆式千斤顶连接,即可张拉。一般预制厂常用成组张拉方法,施工现场常用单根张拉方法。

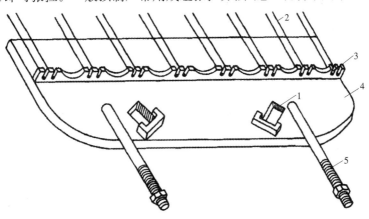

图 8-12 镦头梳筋板夹具

1-张拉钩槽口;2-钢丝;3-镦头;4-活动梳筋板;5-锚固螺栓

(1)张拉控制应力。张拉控制应力是指在张拉预应力筋时所达到的规定应力,应按设计规定采用。张拉控制应力的数值直接影响预应力的效果。在施工中为了提高构件的抗裂性能,部分抵消由于应力松弛、摩擦、钢筋分批张拉以及预应力筋与台座之间温度因素产生的预应力损失,常采用超张拉工艺,使超张拉应力比控制应力提高 3%～5%。但其最大张拉控制应力(σ_{con})不得超过表 8-1 的规定。

表 8－1　　最大张拉控制应力允许值

钢种	张拉方法	
	先张法	后张法
碳素钢丝、刻痕钢丝、钢绞线	$0.80f_{ptk}$	$0.75f_{ptk}$
热处理钢筋、冷拔低碳钢丝	$0.75f_{ptk}$	$0.70f_{ptk}$
冷拉钢筋	$0.95f_{ptk}$	$0.90f_{ptk}$

（2）张拉程序

预应力筋的张拉程序一般有超张拉和一次张拉两种,为了弥补预应力筋的松弛损失造成的预应力损失,一般采用超张拉程序的方法张拉预应力筋,可按下列两种张拉程序之一进行:

$$0 \longrightarrow 1.03\sigma_{con} \xrightarrow{\text{持荷 2min}} \sigma_{con}$$
$$\text{或 } 0 \longrightarrow 1.03\sigma_{con}$$

预应力筋张拉时,一般不是从零直接张拉到控制应力,而是先张拉到比设计要求的控制应力稍大一些,如$1.05\sigma_{con}$,这种张拉方法称为超张拉。采用超张拉的目的,主要是为了减少应力松弛引起的预应力损失。在第一种张拉程序中,超张拉5%并持荷2 min,其目的是使预应力筋在高应力状态下,加速应力松弛的早期发展,以减小应力松弛引起的预应力损失;在第二种张拉程序中,超张拉3%的目的是为了弥补应力松弛造成的预应力损失,这种张拉方法较为简便,采用较多。

根据设计的张拉控制应力和预应力筋的截面面积和超张拉系数,即可计算出预应力筋的张拉力 F_p。

$$F_p = m \cdot \sigma_{con} \cdot A_p \tag{8-2}$$

式中　m——超张拉系数,%;

　　　σ_{con}——张拉控制应力,N/mm^2;

　　　A_p——预应力筋的截面面积,mm^2。

（3）预应力筋的校核。预应力筋张拉后,一般采用伸长值校核。张拉时预应力筋的理论伸长值与实际伸长值的允许偏差为±6%。若超过,应暂停张拉,查明原因并采取措施加以调整后,方可继续张拉。预应力筋的理论伸长值 Δl 按式下式计算:

$$\Delta l = \frac{F_p \cdot l}{A_p \cdot E_s} \tag{8-3}$$

式中　F_P——预应力筋平均张拉力,kN,轴线张拉取张拉端的拉力,两端张拉的曲线筋取张拉端的拉力与跨中扣除孔道摩阻损失后拉力的平均值;

　　　l——预应力筋的长度,mm;

　　　A_P——预应力筋的截面面积,mm^2;

　　　E_S——预应力筋的弹性模量,kN/mm^2。

预应力筋的实际伸长值,宜在初应力约为10%σ_{con}时测量,但必须加上初应力以下的推算伸长值。通过伸长值检验,可以综合反映张拉力是否足够,预应力筋是否有异常等现象。

(4)混凝土的浇筑与养护。预应力筋张拉完毕后即应浇筑混凝土。混凝土的浇筑应一次完成,不允许留设施工缝。混凝土的用水量和水泥用量必须严格控制,以减少混凝土由于收缩和徐变而引起的预应力损失。

预应力混凝土构件浇筑时必须振捣密实(特别是在构件的端部),以保证预应力筋和混凝土之间的黏结力。预应力混凝土构件混凝土的强度等级一般不低于C30;当采用钢丝、钢绞线、热处理钢筋做预应力筋时,混凝土的强度等级不宜低于C40。

采用平卧迭浇法制作预应力混凝土构件时,其下层构件混凝土的强度需达到5MPa后,方可浇筑上层构件混凝土并应有隔离措施。

混凝土可采用自然养护或蒸汽养护,但必须注意,用湿热养护时温度升高后,预应力筋膨胀而台座的长度并无变化,因而引起预应力筋应力值减小。如果在这种情况下,混凝土逐渐硬结,则在混凝土硬化前,预应力筋由于温度升高而引起的应力降低,将永远不能恢复。这就是温差引起的预应力损失。为了减少温差应力损失,必须保证在混凝土达到一定强度前温差不能太大(一般不超过20℃)。故采用湿热养护时,应先按设计允许的温差加热,待混凝土强度在10MPa以上后,再按一般构件进行蒸汽养护,这种养护方法又叫二次升温养护。

(5)预应力筋的放张。预应力筋放张过程是预应力的传递过程,是先张法构件能否获得良好质量的一个重要过程。应根据放张要求,确定合理的放张顺序、放张方法及相应的技术措施。

①放张要求。放张预应力筋时,混凝土强度不得低于设计的混凝土强度标准值的75%。对于重叠生产的构件,要求最上一层构件的混凝土强度不低于设计强度标准值的75%时方可进行预应力筋的放张。放张过早会导致预应力筋滑动而产生较大的预应力损失。放张前要对混凝土试块进行试压,以确定混凝土的实际强度。

②放张顺序。预应力筋的放张顺序,应符合设计要求。当设计无要求时,应符合下列规定:

· 对承受轴心预压力的构件(如压杆、桩等),所有预应力筋应同时放张;

· 对承受偏心预压力的构件,应先同时放张预压力较小区域的预应力筋后,再同时放张预压力较大区域的预应力筋;

· 当不能按上述规定放张时,应分阶段、对称、相互交错地放张,以防止放张过程中构件发生翘曲、裂纹及预应力筋断裂等现象;

· 放张后预应力筋的切断顺序,宜由放张端开始,逐次切向另一端。

③放张方法。对于预应力钢丝混凝土构件,分两种情况放法。配筋不多的预应力钢丝放张采用剪切、割断和熔断的方法自中间向两侧逐根进行,以减少回弹量,利于脱模。配筋较多的预应力钢丝放张采用同时放张的方法,以防止最后的预应力钢丝因应力突然

增大而断裂或使构件端部开裂。

对于预应力钢筋混凝土构件,放张应缓慢进行。配筋不多的预应力钢筋,可采用逐根加热熔断或借预先设置在钢筋锚固端的楔块等单根放张。配筋较多的预应力钢筋,所有钢筋应同时放张,放张可采用楔块或沙箱等装置进行缓慢放张,见图8-13。

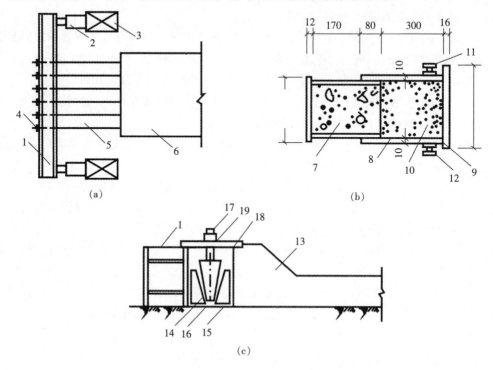

图8-13 预应力筋放张装置

(a)千斤顶放张装置;(b)沙箱装置;(c)楔块装置

1-横梁;2-千斤顶;3-承力架;4-夹具;5-钢丝;6-构件;7-活塞;8-套箱;9-套箱底板;10-砂;
11-进砂口;12-出砂口;13-台座;14、15-固定楔块;16-活动楔块;17-螺杆;18-承力板;19-螺母

第二节 后张法施工技术

后张法是先制作构件或结构,待混凝土达到一定强度后,在构件或结构上张拉预应力筋,并将预应力筋用锚具锚固在构件或结构的端部,使构件产生预压应力的方法。后张法预应力施工,不需要台座设备,灵活性大,不受地点限制,广泛用于施工现场生产大型预制预应力混凝土构件和就地浇筑预应力混凝土结构。后张法预应力施工,又可分为有黏结预应力施工和无黏结预应力施工两类。

有黏结预应力施工过程为:混凝土构件或结构制作时,在预应力筋部位预先留设孔道,然后浇筑混凝土并进行养护;制作预应力筋并将其穿入孔道,待混凝土达到设计要求的强度后,张拉预应力筋并用锚具锚固,最后进行孔道灌浆与封锚。其施工流程见图8-

14。这种施工方法通过孔道灌浆，使预应力筋与混凝土相互黏结，减轻了锚具传递预应力作用，提高了锚固可靠性与耐久性，广泛用于主要承重构件或结构。

一、锚具

后张法施工常用的预应力筋有单根钢筋、钢筋束、钢丝束等。从后张法施工过程可以看出，张拉预应力筋后，由预应力筋弹性回缩产生的压力必须通过锚具传递给混凝土结构或构件，才能建立预压应力。锚具是后张法结构或构件中为保持预应力筋拉力并

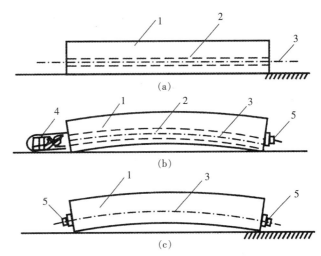

图 8-14　后张法施工示意图
(a)制作混凝土构件；(b)张拉钢筋；(c)锚固预应力筋和孔道灌浆
1-混凝土构件；2-预留孔道；3-预应力筋；4-张拉机械；5-锚具

将其传递到混凝土上的永久性锚固装置，是建立预压应力和保证结构安全的关键，所以锚具须具有可靠的锚固能力和可靠性。要求锚具的尺寸形状准确，有足够的强度和刚度，受力后变形小，锚固可靠，不致产生预应力筋的滑移和断裂现象。

1. 单根钢筋锚具

根据构件的长度和张拉工艺的要求，单根预应力筋可在一端张拉或两端张拉，如果采用一端张拉，则在张拉端用螺丝端杆锚具，固定端用帮条锚具或镦头锚具；如果采用两端张拉，则两端均用螺丝端杆锚具。

(1)螺丝端杆锚具。螺丝端杆锚具适用于锚固直径不大于 36 mm 的冷拉Ⅱ级和Ⅲ级钢筋。螺丝端杆锚具由螺丝端杆、螺母和垫板组成，如图 8-15 所示。螺丝端杆可采用与预应力钢筋同级别的冷拉钢筋制作，也可采用 45 号钢制作，螺母和垫板可用 3 号钢制作。螺丝端杆的长度一般为 320 mm，当构件长度超过 24 m 时，可采用 370 mm。螺丝端杆与预应力筋的焊接，应在预应力钢筋冷拉前进行，以检验焊接质量。冷拉时螺母的位置应在螺钉端杆的顶部，经冷拉后紧固螺母，张拉力由螺母传递至螺钉端杆和预应力筋上完成锚固。

(2)帮条锚具。帮条锚具由衬板和三根帮条焊接而成(图 8-16)，是单根预应力粗钢筋非张拉端用锚具。帮条采用与预应力钢筋同级别的钢筋，衬板采用普通低碳钢。

帮条安装时，三根帮条应互成 120°，与衬板相接触的截面应在一个垂直平面内，以免受力时产生扭曲。帮条的焊接可在预应力钢筋冷拉前或冷拉后进行；施焊方向应由里向外；引弧及熄弧均应在帮条上，严禁在预应力钢筋上引弧，并严禁将地线搭在预应力钢筋上。帮条锚具适用于冷拉Ⅱ级和Ⅲ级钢筋及冷拉 5 号钢钢筋。

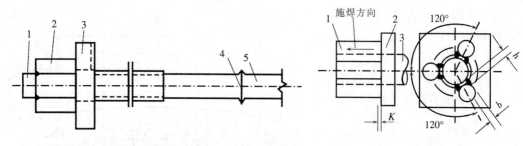

图 8 - 15　螺丝端杆锚具

1-螺丝端杆;2-螺母;3-垫板;4-焊接接头;5-预应力筋

图 8 - 16　帮条锚具

1-帮条;2-衬板;3-预应力筋

(3)镦头锚具。镦头锚具由镦头和垫板组成。镦头一般直接在预应力筋端部热镦、冷镦或锻打成型。

2. 钢筋束和钢绞线束锚具

钢筋束和钢绞线束具有强度高、柔性好的优点,目前使用的锚具有 JM 型、XM 型、QM 型和镦头锚具等。

(1)JM 型锚具。JM 型锚具由锚环与夹片组成(图 8 - 17)。JM 型锚具的夹片属于分体组合型,组合起来的夹片形成一个整体截锥形楔块,可以锚固多根预应力筋和钢绞线束,因此锚环是单孔的。锚固时,用穿心式千斤顶张拉预应力筋后,随即顶进夹片。由于锚固时钢筋束或钢绞线束是被单根夹紧的,不受直径误差的影响,且预应力筋是在呈直

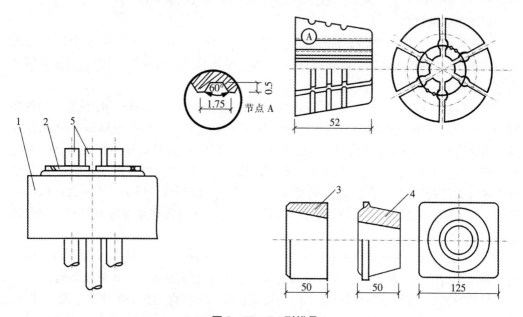

图 8 - 17　JM 型锚具

(a)JM 型锚具;(b)夹片;(c)锚环

1-锚环;2-夹片 3-圆锚环;4-方锚环;5-预应力钢筋束

线状态下被张拉和锚固的,受力性能好。JM 锚具的特点是尺寸小、端部不需扩孔,锚具构造简单。但对张拉应力较大的锚固单元则不适用。

JM 型锚具主要用于锚固 3～6 根直径为 12 mm 的光圆或变形的钢筋束,也可用于锚固 5～6 根直径为 12～15 mm 的钢绞线束。JM 型锚具也可兼做工具锚重复使用。

(2)XM 型锚具。XM 型锚具由锚板与三片夹片组成。它既适用于锚固钢绞线束,又适用于锚固钢丝束。其特点是每根钢绞线都是分开锚固的,任何一根钢绞线的锚固失效都不会引起整束锚固的失效。

(3)QM 型锚具。QM 型锚具由锚板与夹片组成(图 8-18)。与 XM 型锚具的不同之处在于锚孔是直的,锚板顶面是平的,夹片垂直开缝,备有配套喇叭形铸铁垫板与弹簧圈等。由于灌浆孔设在垫板上,锚板尺寸可稍小。

QM 型锚具适用于锚固 4～31 根直径 12 mm 的钢绞线束或 3～19 根直径 15 mm 的钢绞线束。QM 型锚具备配套自动工具锚,张拉和退出十分方便。

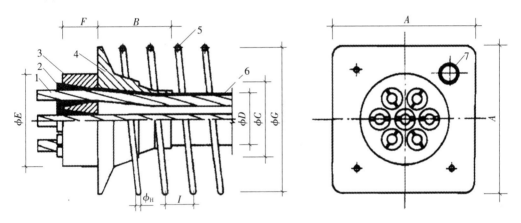

图 8-18　QM 型锚具

1-钢绞线;2-夹片 3-锚板;4-锚垫板;5-螺旋筋;6-金属波纹管;7-灌浆孔

3. 钢丝束锚具

钢丝束一般由几根到十根直径 3～5 mm 的平行的碳素钢丝组成。目前常用的锚具有钢质锥形锚具、锥形螺杆锚具和钢丝束镦头锚具。

(1)锥形螺杆锚具。锥形螺杆锚具用于锚固 14、16、20、24 或 28 根直径为 5 mm 的碳素钢丝。锥形螺杆锚具由锥形螺杆、套筒、螺帽和垫板组成,如图 8-19 所示。锥形螺杆采用 45 号钢制作。使用时,先将钢丝束均匀整齐地紧贴在螺杆锥体部分,套上套筒,用拉杆式千斤顶使端杆锥通过钢丝挤压套筒来锚紧钢丝。由于锥形螺杆锚具不能自锚,必须事先加力顶压套筒才能锚固钢丝。

(2)钢质锥形锚具。钢质锥形锚具由锚环和锚塞组成,如图 8-20 所示。锚塞表面刻有细齿槽,以防止被夹紧的预应力钢丝滑动,锚固时将锚塞塞入锚环顶紧,钢丝就夹紧在锚塞周围。钢质锥形锚具用于锚固以锥锚式双作用千斤顶张拉的钢丝束,适用于锚固 6、

12、18 或 24 根直径 5 mm 的钢丝束。

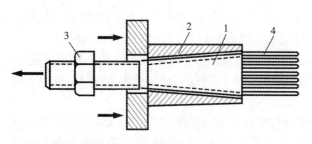

图 8-19　锥形螺杆锚具

1-锥形螺杆;2-套筒 3-螺帽;4-预应力钢丝束

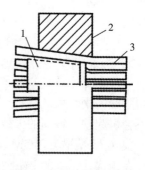

图 8-20　钢质锥形锚具

1-锚塞;2-锚环;3-预应力钢丝束

(3)钢丝束镦头锚具。钢丝束镦头锚具适用于 12～54 根直径为 5 mm 的碳素钢丝。常用镦头锚具分为 A 型与 B 型。A 型由锚杯与螺母组成,用于张拉端。B 型为锚板,用于固定端,见图 8-21。镦头锚具的形式与规格可根据需要自行设计。

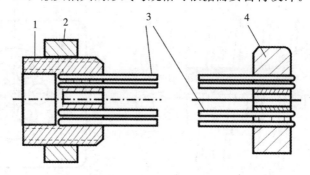

图 8-21　钢丝束镦头锚具

1-A 型锚杯;2-螺母;3-预应力钢丝束;4-B 型锚板

二、张拉设备

后张法预应力筋张拉常用的张拉机械有拉杆式千斤顶、穿心式千斤顶和锥锚式千斤顶三种。

1. 拉杆式千斤顶

拉杆式千斤顶是利用单活塞杆张拉预应力筋的单作用千斤顶,由缸体、活塞杆、撑脚和连接器等组成(图 8-22),适用于张拉以螺丝端杆为张拉锚具的预应力筋。拉杆式千斤顶张拉吨位大(≤600 KN),张拉行程 150 mm,目前已逐步被多功能的穿心式千斤顶所代替。

2. 穿心式千斤顶

穿心式千斤顶沿千斤顶纵轴线有一直穿心通道,供穿过预应力筋用。沿千斤顶的径向分内外两层油缸。外层油缸为张拉油缸,工作时张拉预应力筋;内层为顶压油缸,工作

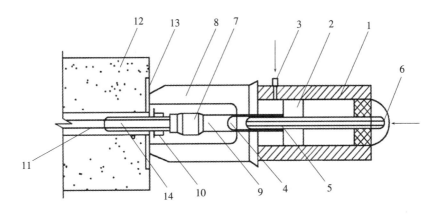

图 8 - 22 拉杆式千斤顶示意图

1-主油缸;2-主缸活塞;3-进油孔;4-回油缸;5-回油活塞;6-回油孔;7-连接器;8-传
力架;9-拉杆;10-螺母;11-预应力筋;12-混凝土构件;13-预埋铁板;14-螺丝端杆

时进行锚具的顶压锚固,故称穿心式双作用千斤顶。常用的穿心式千斤顶有 YC 型、
YCD 等,图 8 - 23 为 YC60 型穿心式千斤顶的工作示意图。

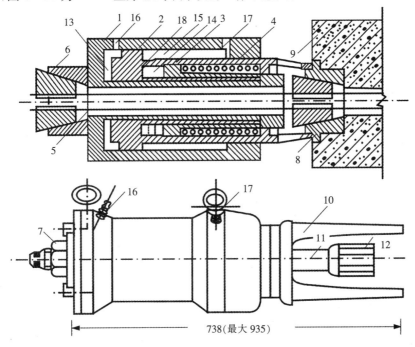

图 8 - 23 穿心式千斤顶工作示意图

1-张拉油缸;2-顶压油缸(即张拉活塞);3-顶压活塞;4-弹簧;5-预应力筋;6-工具锚;7-螺帽;
8-锚环;9-构件;10-撑脚;11-张拉杆;12-连接器;13-张拉工作油室;14-顶压工作油室;15-张拉
回程油室;16-张拉缸油嘴;17-顶压缸油嘴;18-油孔

3. 锥锚式千斤顶

锥锚式双作用千斤顶是由主缸、主缸活塞、主缸拉力弹簧、副缸、副缸活塞、副缸压力弹簧及锥型卡环等组成。它适用于张拉以 KT-Z 型锚具为张拉锚具的钢筋束和钢绞线束，张拉以钢质锥型锚具为张拉锚具的钢丝束。

三、预应力筋的制作

预应力筋的制作包括配料、对焊、冷拉等工序。主要根据所用的钢筋直径、钢材品种、锚具形式及生产工艺等确定。

1. 单根钢筋预应力筋制作

单根钢筋预应力筋的制作要考虑钢筋与锚具的组合情况及预应力筋的张拉方法来确定钢筋下料长度的计算方法。

(1)预应力筋两端采用螺丝端杆锚具的下料长度计算。如图 8-24 所示为计算示意图，预应力筋的下料长度 L 可用式(8-4)计算：

$$L = \frac{l - 2l_1 + 2l_2}{1 + \delta_1 + \delta_2} + n \cdot \Delta \tag{8-4}$$

式中　l——构件的孔道长度，mm；

l_1——螺丝端杆长度，一般为 320 mm；

l_2——螺丝端杆伸出构件外的长度，一般为 120～150 mm；

δ_1——预应力筋的冷拉率，由试验确定；

δ_2——预应力筋的冷拉弹性回缩率，一般为 0.4%～0.6%；

n——对焊接头的数量；

Δ——每个对焊接头钢筋对焊长度损失，一般取一个钢筋直径，mm。

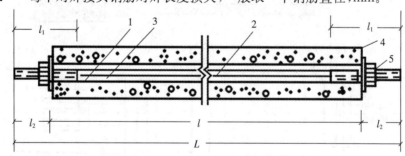

图 8-24　单根钢筋下料长度计算示意图

1-螺丝端杆；2-预应力筋；3-对焊接头；4-垫板；5-螺母

(2)预应力筋一端采用螺丝端杆锚具，另一端采用镦头锚具或帮条锚具下料长度计算。

当固定端采用帮条锚具时，预应力筋的下料长度 L 可用式(8-5)计算：

$$L = \frac{l - l_1 + l_2 + l_3}{1 + \delta_1 + \delta_2} + n \cdot \Delta \qquad (8-5)$$

式中 l_3——帮条锚具的长度,取 $70\sim 80\,\mathrm{mm}$。

当固定端采用镦头锚具时,预应力筋的下料长度 L 可用式(8-6)计算:

$$L = \frac{l - l_1 + l_2 + l_4}{1 + \delta_1 + \delta_2} + n \cdot \Delta \qquad (8-6)$$

式中 l_4——镦头锚具的长度,取 2.25 倍钢筋直径加垫板厚度(15 mm)。

2. 钢筋束、钢绞线束的制作

钢筋束所用钢筋是成圆盘供应,不需对焊接头。钢筋束或钢绞线束预应力筋的制作包括开盘冷拉、下料、编束等工序。预应力钢筋束下料应在冷拉后进行。当采用镦头锚具时,则应增加镦头工序。

钢筋束或钢绞线束的下料长度主要与构件的长度、所用锚具、张拉机械和张拉方法有关。如图 8-25 所示,采用夹片式锚具,以穿心式千斤顶在构件上张拉时,钢筋束或钢绞线束的下料长度 L 的计算方法如下:

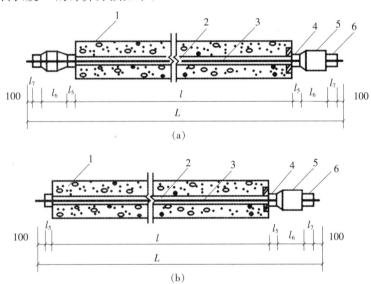

图 8-25 钢筋束、钢绞线束下料长度计算示意图

(a)两端张拉;(b)一端张拉

1-混凝土构件;2-孔道;3-钢筋束;4-夹片式工作锚;5-穿心式千斤顶;6-夹片式工具锚

(1)预应力筋两端同时张拉时:

$$L = l + 2(l_5 + l_6 + l_7 + 100) \qquad (8-7)$$

式中 l——构件的孔道长度,mm;

l_5——夹片式工作锚厚度,mm;

l_6——穿心式千斤顶长度,mm;

l_7——夹片式工具锚厚度,mm。

(2)预应力筋一端张拉时：

$$L = l + 2(l_5 + 100) + l_6 + l_7 \qquad (8-8)$$

3. 钢丝束的制作

钢丝束的制作随锚具形式的不同制作方式也有差异,一般包括调直、下料、编束和安装锚具等工序。用钢质锥形锚具锚固的钢丝束,其制作和下料长度计算基本同钢筋束。

四、后张法施工工艺

后张法预应力混凝土构件的制作工艺流程,如图 8-26 所示。

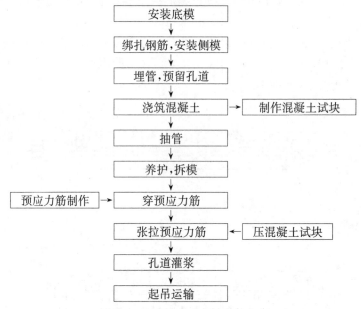

图 8-26 后张法施工工艺流程

1. 孔道的留设

孔道留设是后张法预应力混凝土构件制作中的关键工序之一。预留孔道的尺寸与位置应正确,孔道应平顺;端部的预埋垫板应垂直于孔道中心线并用螺栓或钉子固定在模板上,以防止浇筑混凝土时发生移动;孔道的直径一般应比预应力筋的外径(包括钢筋对焊接头的外径或需穿入孔道的锚具外径)大 10～15 mm,以利于预应力筋穿入。预应力筋与孔道之间的净距不应小于 50 mm,孔道至构件边缘的净距不应小于 40 mm,凡需起拱的构件,预留孔道宜随构件同时起拱。

(1)孔道留设的基本要求。

①孔道直径应保证预应力筋(束)能顺利穿过。

②孔道应按设计要求的位置、尺寸埋设准确、牢固,浇筑混凝土时不应出现移位和变形。

③在设计规定位置上留设灌浆孔。

④在曲线孔道的曲线波峰部位应设置排气兼泌水管,必要时可在最低点设置排水管。

⑤灌浆孔及泌水管的孔径应能保证浆液畅通。

(2)孔道留设的方法。孔道留设的方法有钢管抽芯法、胶管抽芯法和预埋管法等。

①钢管抽芯法。钢管抽芯法是预先将平直、表面圆滑的钢管埋设在模板内预应力筋孔道位置上。在开始浇筑至浇筑后拔管前,间隔一定时间缓慢匀速地转动钢管,防止钢管与混凝土粘住;待混凝土初凝后至终凝之前,用卷扬机匀速拔出钢管即在构件中形成孔道。

钢管抽芯法只用于留设直线孔道,钢管长度不宜超过 15 m,钢管两端各伸出构件 500 mm 左右,以便转动和抽管。构件较长时,可采用两根钢管,中间用套管连接。

抽管时间与水泥品种、浇筑气温和养护条件有关。抽管应在混凝土初凝后、终凝前进行,以手指按压混凝土表面不出现指纹时为宜。抽管太早,容易造成塌孔;抽管太晚,混凝土与钢管黏结牢固后,抽管困难。常温下抽管时间大致在混凝土浇筑后 3~5 h。

采用钢筋束镦头锚具和锥形螺杆锚具留设孔道时,张拉端的扩大孔也可用钢管成型,留孔时应注意端部扩孔应与中间孔道同心。

②胶管抽芯法。胶管抽芯法可用于直线、曲线或折线孔道。所用胶管常采用 5~7 层帆布夹层,壁厚 6~7 mm 的普通橡胶管。胶管使用前,应将一端密封,另一端加阀门密封。

短构件留孔,可用一根胶管对弯穿入两个平行孔道;长构件留孔,可用整根胶管,必要时也可用两根胶管用铁皮套管连接使用。固定胶管位置的钢筋井字架,一般间距为 500 mm。

浇筑混凝土前,胶管内充入压力为 0.6~0.8 MPa 的压缩空气或压力水,此时胶管直径增大 3 mm 左右。待浇筑的混凝土初凝后,放出压缩空气或压力水,管径缩小而与混凝土脱离,便于抽管。胶管抽芯法抽管时间比抽钢管略迟,抽管顺序一般为先上后下、先曲后直。

③预埋管法。预埋管法是采用镀锌双波纹金属软管永久地埋设在构件中而形成预留孔道。成品波纹管每根长度为 4~6 m,也可根据需要在现场加工,长度不限。波纹管的连接,采用大一号同型波纹管,接头管长度为 200 mm,用密封胶带或塑料热塑管封口。波纹管安装,采用钢筋卡子固定,间距不大于 600 mm,并用铁丝绑扎。预埋管法适用于预应力筋密集或曲线预应力筋的孔道埋设。

2. 预应力筋的张拉

(1)预应力筋张拉的一般规定。预应力筋张拉时,构件混凝土的强度应符合设计要求,如设计无具体要求时,则不宜低于混凝土标准强度的 75%,以确保在张拉过程中,混凝土不至于受压而破坏。安装张拉设备时,直线预应力筋应使张拉力的作用线与孔道中心线重合;曲线预应力筋应使张拉力的作用线与孔道中心线末端的切线重合。预应力筋张拉、锚固完毕后,留在锚具外的预应力筋长度不得小于 30 mm,锚具应用封端混凝土保护,长期外露的锚具应采取防锈措施。

(2)张拉控制应力。后张法预应力筋的张拉控制应力应符合表 8-1 的要求,张拉程序、预应力筋伸长值验算、预应力筋张拉力的计算与先张法相同。

(3)张拉方法。为减少预应力筋与孔道壁摩擦引起的预应力损失,预应力筋张拉端的设置应符合设计要求,当设计无要求时,应符合下列规定:

①对于曲线预应力筋和长度大于 24 m 的直线预应力筋,应采用两端同时张拉的方法;长度等于或小于 24 m 的直线预应力筋,可一端张拉,但张拉端宜分别设置在构件两端。

②对预埋波纹管孔道曲线预应力筋和长度大于 30 m 的直线预应力筋宜在两端张拉,长度等于或小于 30 m 的直线预应力筋可在一端张拉。

③两端同时张拉同一根预应力筋时,为了减少预应力损失,宜先在一端锚固,再在另一端补足张拉力后进行锚固。

(4)张拉顺序。预应力筋的张拉顺序应符合设计要求,当设计无具体要求时,可采用分批、分阶段对称张拉,以使混凝土不产生超应力,构件不扭转与侧弯,结构不变位等。因此,对称张拉是一项重要原则,同时,还要考虑尽量减少张拉机械的移动次数。

对配有多根预应力筋的预应力混凝土构件,应分批、对称地进行张拉。分批张拉时,要考虑到后批预应力筋张拉时对混凝土产生的弹性压缩而造成前批张拉并锚固好的预应力的预应力损失,所以对前批张拉的预应力筋的张拉力应进行补偿,增加 $\alpha E \cdot \sigma_{pc}$,其中,$\alpha E$ 为钢筋弹性模量与混凝土弹性模量的比值,σ_{pc} 是后批张拉的预应力筋对前批张拉的预应力重心处的混凝土法向应力。

(5)孔道灌浆。预应力筋张拉锚固后,应尽快地用灰浆泵将水泥浆压灌到预应力孔道中,以防止预应力筋锈蚀,增加结构的整体性和耐久性。

灌浆用水泥浆应有足够的黏结力,且应有较大的流动性、较小的干缩性和泌水性。灌浆宜用强度等级不低于 32.5 MPa 的普通硅酸盐水泥和矿渣硅酸盐水泥配制的水泥浆,应优先采用普通硅酸盐水泥,水灰比宜为 0.4 左右。水泥浆搅拌后 3 h 泌水率宜控制在 2%,最大不得超过 3%。当需要增加孔道灌浆的密实性时,可在水泥浆中掺入适量的减水剂。

灌浆前,用压力水冲洗和湿润孔道。灌浆顺序应先下后上,以免上层孔道漏浆把下层孔道堵塞。灌浆可以采用电动灰浆泵,灌浆应缓慢均匀进行,不得中断。灌满孔道并封闭排气孔后,宜再继续加压至 0.5~0.6 MPa,并稳压一定时间,以确保灌浆的密实性。对于不掺外加剂的水泥浆,可以采用二次灌浆法提高灌浆的密实性。

灌浆后,当水泥浆强度达到 15 MPa 时,方可移动构件;水泥浆强度达到 100%设计强度时,方允许吊装。

第九章　防水工程施工技术

防水工程包括屋面防水工程和地下防水工程。

防水工程按其构造做法分为结构自防水和防水层防水两大类。

结构自防水主要是依靠建筑物构件材料自身的密实性及其构造措施（坡度、埋设止水带等），使结构构件起到防水作用。

防水层防水是在建筑物构件的迎水面或背水面以及接缝处，附加防水材料做成防水层，以起到防水作用。如卷材防水、涂膜防水、刚性材料防水层防水等。

防水工程又分为：柔性防水，如卷材防水、涂膜防水等；刚性防水，如刚性材料防水层防水、结构自防水等。

第一节　屋面防水工程

屋面工程包括屋面结构层以上的屋面找平层、隔气层、防水层、保温隔热层、保护层和使用面层，是房屋建筑的一项重要的分部工程。其施工质量的优劣，不仅关系到建筑物的使用寿命，而且直接影响到生产活动和人民生活的正常进行，也关系到整个城市的市容。

一、屋面防水工程质量要求

根据建筑物的性能、重要程度、使用功能及防水层合理使用年限等要求，国家标准《屋面工程质量验收规范》(GB 50207—2002)规定将屋面防水划分为四个等级，并规定了不同等级的设防要求及防水层厚度，见表 9-1、表 9-2。

表 9-1　屋面防水等级和设防要求

项目	屋面防水等级			
	Ⅰ	Ⅱ	Ⅲ	Ⅳ
建筑物类别	特别重要或对防水有特殊要求的建筑	重要的建筑和高层建筑	一般的建筑	非永久性的建筑
防水层合理使用年限	25 年	15 年	10 年	5 年

项目	屋面防水等级			
	I	II	III	IV
防水层选用材料	宜选用合成高分子防水卷材、高聚物改性沥青防水卷材、金属板材、合成高分子防水涂料、细石混凝土等材料	宜选用高聚物改性沥青防水卷材、合成高分子防水卷材、金属板材、合成高分子防水涂料、高聚物改性沥青防水涂料、细石混凝土、平瓦、油毡瓦等材料	宜选用三毡四油沥青防水卷材、高聚物改性沥青防水卷材、合成高分子防水卷材、金属板材、高聚物改性沥青防水涂料、合成高分子防水涂料、细石混凝土、平瓦、油毡瓦等材料	可选用二毡三油沥青防水卷材、高聚物改性沥青防水涂料等材料
设防要求	三道或三道以上防水设防	二道防水设防	一道防水设防	一道防水设防

表9-2　防水层厚度选用规定

屋面防水等级	I	II	III	IV
合成高分子防水卷材	≥1.5mm	≥1.2mm	≥1.2mm	—
高聚物改性沥青防水卷材	≥3mm	≥3mm	≥4mm	—
沥青防水卷材	—	—	三毡四油	二毡三油
高聚物改性沥青防水涂料	—	≥3mm	≥3mm	≥2mm
合成高分子防水涂料	≥1.5mm	≥1.5mm	≥2mm	—
细石混凝土	≥40mm	≥40mm	≥40mm	—

二、常见屋面渗漏防治方法

造成屋面渗漏的原因是多方面的,包括设计、施工、材料质量、维修管理等。要提高屋面防水工程的质量,应以材料为基础,以设计为前提,以施工为关键,并加强维护,对屋面工程进行综合治理。

1. 屋面渗漏的原因

(1)山墙、女儿墙和突出屋面的烟囱等墙体与防水层相交部位渗漏雨水。其原因是节点做法过于简单,垂直面卷材与屋面卷材没有很好地分层搭接,或卷材收口处开裂,在冬季不断冻结,夏天受热溶化,使开口增大,并延伸至屋面基层,造成漏水。此外,由于卷材转角处未做成圆弧形、钝角或角太小,女儿墙压顶砂浆等级低,滴水线未做或没有做好等也会造成渗漏。

(2)天沟漏水。其原因是天沟长度大,纵向坡度小,雨水口少,雨水斗四周卷材粘贴不严,排水不畅,造成漏水。

（3）屋面变形缝（伸缩缝、沉降缝）处漏水。其原因是处理不当，如薄钢板凸棱安反，薄钢板安装不牢，泛水坡度不当等造成漏水。

（4）挑檐、檐口处漏水。其原因是檐口砂浆未压住卷材，封口处卷材张口，檐口砂浆开裂，下口滴水线未做好而造成漏水。

（5）雨水口处漏水。其原因是雨水口处水斗安装过高，泛水坡度不够，使雨水沿雨水斗外侧流入室内，造成渗漏。

（6）厕所、厨房的通气管根部漏水。其原因是防水层未盖严，或包管高度不够，在油毡上口未缠麻丝或钢丝，油毡没有做压毡保护层，使雨水沿出气管进入室内造成渗漏。

（7）大面积漏水。其原因是屋面防水层找坡不够，表面凹凸不平，造成屋面积水而渗漏。

2. 屋面渗漏的预防及治理办法

遇上女儿墙压顶开裂时，可铲除开裂压顶的砂浆，重抹 1∶（2~2.5）水泥砂浆，并做好滴水线，有条件者可换成预制钢筋混凝土压顶板。突出屋面的烟囱、山墙、管根等与屋面交接处、转角处做成钝角，垂直面与屋面的卷材应分层搭接，对已漏水的部位，可将转角渗透漏处的卷材割开，并分层将旧卷材烤干剥离，清除原有沥青胶。

出屋面管道：管根处做成钝角，并建议设计单位加做防雨罩，使油毡在防雨罩下收头。

檐口漏雨：将檐口处旧卷材掀起，用 24 号镀锌薄钢板将其钉于檐口，将新卷材贴于薄钢板上。

雨水口漏雨渗水：将雨水斗四周卷材铲除，检查短管是否紧贴基层板面或铁水盘。如短管浮搁在找平层上，则将找平层凿掉，清除后安装好短管，再用搭搓法重做三毡四油防水层，然后进行雨水斗附近卷材的收口和包贴。

如用铸铁弯头代替雨水斗时，则需将弯头凿开取出，清理干净后安装弯头，再铺油毡（或卷材）一层，其伸入弯头内应大于 50 mm，最后做防水层至弯头内并与弯头端部搭接顺畅、抹压密实。

对于大面积渗漏屋面，针对不同原因可采用不同方法治理。一般有以下两种方法：

第一种方法是将原豆石保护层清扫一遍，去掉松动的浮石，抹 20 mm 厚水泥砂浆找平层，然后做一布三油乳化沥青（或氯丁胶乳沥青）防水层和黄砂（或粗砂）保护层。

第二种方法是按上述方法将基层处理好后，将一布三油改为二毡三油防水层，再做豆石保护层。第一层油毡应干铺于找平层上，只在四周女儿墙和通风道处卷起，与基层粘贴。

第二节　卷材防水屋面

卷材防水屋面是用胶结材料粘贴卷材进行防水的屋面。这种屋面具有重量轻、防水性能好的优点。其防水层的柔韧性好,能适应一定程度的结构振动和胀缩变形。所用卷材有传统的沥青防水卷材、高聚物改性沥青防水卷材和合成高分子防水卷材三大系列。

一、卷材屋面构造

卷材屋面的防水层是用胶结剂或热熔法逐层粘贴卷材而成的。其一般构造层次如图 9-1 所示,施工时以设计为施工依据。

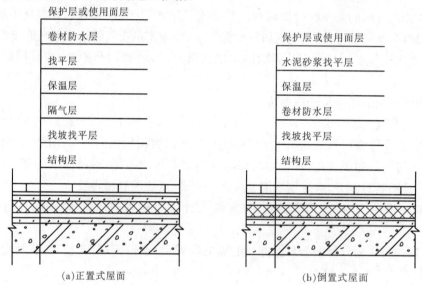

(a)正置式屋面   (b)倒置式屋面

图 9-1　卷材防水屋面构造层次示意图

二、材料要求

1. 沥青

沥青具有不透水、不导电、耐酸、耐碱、耐腐蚀等特点,是屋面防水的理想材料。

沥青有石油沥青和焦油沥青两类,性能不同的沥青不得混合使用。石油沥青与焦油沥青的区别见表 9-3。

表 9-3　石油沥青与焦油沥青的区别

项目	石油沥青	焦油沥青
相对密度	近于 1.0	1.20~1.35
燃烧	烟少、无色、有松香味	烟多、黄色、臭味大、有毒
锤击	韧性好	韧性差、较脆
颜色	呈辉亮褐色	浓黑色
溶解	易溶于煤油或汽油中,呈棕色	难溶于煤油、汽油中,溶液呈黄绿色

石油沥青分为道路石油沥青、建筑石油沥青和普通石油沥青。建筑石油沥青主要用

于屋面、地下防水和油毡制造,常用牌号为30号甲、30号乙和10号。建筑石油沥青的几项主要指标见表9-4。

表9-4　建筑石油沥青的主要指标

指标	牌号		
	30号甲	30号乙	10号
针入度(25℃)	21~40	21~40	5~20
延伸度(25℃时不小于)(cm)	3	3	1
软化点不低于(℃)	70	60	95
溶解度不低于(%)	99	99	99

2. 卷材

屋面工程所采用的防水、保温隔热层材料应有产品合格证书和性能检测报告,材料的品种、规格、性能等应符合现行的国家产品和设计要求。

(1)石油沥青油毡卷材。外观:不允许有孔洞、硌伤,不允许露胎、涂盖不均;折纹、折皱距卷芯1000mm以外,长度不大于100mm;裂纹距卷芯1000mm以外,长度不大于10mm;边缘裂口小于20mm,缺边长度小于50mm;每卷卷材的接头不超过1处,较短的一段不小于2500mm,接头处应加长150mm。沥青防水卷材规格及技术性能要求见表9-5、表9-6。

表9-5　沥青防水卷材规格

标号	宽度(mm)	每卷面积(m²)	卷重(kg)	
350号	915	20±0.3	粉毡	≥28.5
	1000		片毡	≥31.5
500号	915	20±0.3	粉毡	≥39.5
	1000		片毡	≥42.5

表9-6　沥青防水卷材物理性能

项目		性能要求	
		350号	500号
纵向拉力[(25±2)℃时],(N)		≥340	≥440
耐热度[(85±2)℃,2h]		不流淌,无集中性气泡	
柔性[(18±2)℃]		绕φ20mm圆棒无裂纹	绕φ25mm圆棒无裂纹
不透水性	压力(MPa)	≥0.10	≥0.15
	保持时间(min)	≥30	≥30

(2)高聚物改性沥青卷材

外观:不允许有孔洞、缺边、裂口;边缘不整齐不超过10mm;不允许胎体露白、未浸透;撒布材料粒度、颜色均匀;每一卷卷材的接头不超过1处,较短的一段不应小于1000mm,接头处应加长150mm。 高聚物改性沥青防水卷材规格和物理性能要求分别见表9-7,表9-8。

表9-7 高聚物改性沥青防水卷材规格

厚度(mm)	宽度(mm)	每卷长度(m)
2.0	≥1000	15.0～20.0
3.0	≥1000	10.0
4.0	≥1000	7.5
5.0	≥1000	5.0

表9-8 高聚物改性沥青防水卷材的物理性能

项目		性能要求		
		聚酯毡胎体	玻纤胎体	聚乙烯胎体
拉力(N/50 mm)		≥450	纵向≥350,横向≥250	≥100
延伸率(%)		最大拉力时,≥30	—	断裂时≥200
耐热度(℃,2 h)		SBS卷材90,APP卷材110,无滑动、流淌、滴落		PEE卷材90,无流淌、起泡
低温柔度(℃)		SBS卷材-18,APP卷材-5,PEE卷材-10 3 mm厚 r=15 mm;4 mm厚 r=25 mm;3 s弯180°,无裂纹		
不透水性	压力(MPa)	≥0.3	≥0.2	≥0.3
	保持时间(min)	≥30		

注:SBS——弹性体改性沥青防水卷材;APP——塑性体改性沥青防水卷材;PEE——改性沥青聚乙烯胎防水卷材

(3)合成高分子防水卷材。外观:折痕每卷不超过2处,总长度不超过20mm;杂质不允许有大于0.5mm的颗粒;胶块每卷不超过6处,每处面积不大于4mm²;凹痕每卷不超过6处,深度不超过本身厚度的30%,树脂类卷材深度不超过15%;每卷的接头,橡胶类卷材每20m不超过1处,较短的一段不应小于3000mm,接头处应加长150mm,树脂类20m长度内不允许有接头。合成高分子防水卷材规格和物理性能要求分别见表9-9、表9-10。

表9-9 合成高分子防水卷材规格

厚度(mm)	宽度(mm)	每卷长度(m)
1.0	≥1000	20.0
1.2	≥1000	20.0
1.5	≥1000	20.0
2.0	≥1000	10.0

表9-10 合成高分子防水卷材的物理性能

项目		性能要求			
		硫化橡胶类	非硫化橡胶类	树脂类	纤维增强类
断裂拉伸强度(MPa)		≥6	≥3	≥10	≥9
扯断伸长率(%)		≥400	≥200	≥200	≥10
低温弯折(℃)		−30	−20	−20	−20
不透水性	压力(MPa)	≥0.3	≥0.2	≥0.3	≥0.3
	保持时间(min)	≥30			
加热收缩率(%)		<1.2	<2.0	<2.0	<1.0
热老化保持率 [(80±2)℃,168h]	断裂拉伸强度	≥80%			
	扯断伸长率	≥70%			

（4）卷材储存。防水卷材应储存在阴凉通风的室内,严禁接近火源;油毡必须直立堆放,高度不宜超过两层,不得横放、斜放;应按标号、品种分类堆放。

3. 结构层要求和找平层施工

（1）结构层要求。屋面结构层一般采用钢筋混凝土结构,分为装配式钢筋混凝土板和整体现浇细石混凝土板。基层采用装配式钢筋混凝土板时,要求该板安置平稳,板端缝要密封处理,板端、板的侧缝应用细石混凝土灌缝密实,其强度等级不应低于C20。板缝经调节后宽度仍大于 40 mm 以上时,应在板下设吊模补放构造钢筋后,再浇细石混凝土。

（2）找平层施工。

①找平层一般有细石混凝土、水泥砂浆和沥青砂浆几种做法,它的技术要求见表9-11。

表11-11 找平层厚度和技术要求

类别	基层种类	厚度(mm)	技术要求
水泥砂浆找平层	整体混凝土	15～20	1:(2.5～3)(水泥:砂)体积比,水泥强度等级不低于32.5级
	整体或板状材料保温层	20～25	
	装配式混凝土板、松散材料保温层	20～30	
细石混凝土找平层	松散材料保温层	30～35	混凝土强度等级不低于C20
沥青砂浆找平层	整体混凝土	15～20	1:8(沥青:砂)重量比
	装配式混凝土板、整体或板状材料保温层	20～25	

②为避免或减少找平层开裂,找平层宜留设分格缝,缝宽为5～20 mm,缝中宜嵌密

封材料。当分格缝兼作排汽道时,分格缝可适当加宽,并应与保温层连通。分格缝宜留在板端缝处,其纵横缝的最大间距为:当找平层采用水泥砂浆或细石混凝土时,不宜大于6 m;当找平层采用沥青砂浆时,不宜大于4 m。分格缝施工可预先埋入木条、聚苯乙烯泡沫条或事后用切割机锯出。

③找平层是防水层的依附层,其质量的好坏将直接影响到防水层的质量,所以找平层必须做到:坡度要准确,使排水通畅;混凝土和砂浆的配合比要准确;表面要二次压光、充分养护,使找平层表面平整、坚固,不起砂、不起皮、不酥松、不开裂,并做到表面干净、干燥。

④基层与突出屋面结构(女儿墙、山墙、天窗壁、变形缝、烟囱等)的连接处和基层的转角处(水落口、檐口、天沟、檐沟、屋脊等)找平层均应做成圆弧。圆弧半径:沥青防水卷材应为20~100 mm,高聚物改性沥青防水卷材应为150 mm,合成高分子防水卷材应为20 mm。在内部排水的水落口周围,找平层应做成略低的凹坑。

⑤找平层的排水坡度应符合设计要求。平屋面采用结构找坡不应小于3%,采用材料找坡宜为2%;天沟、檐沟的纵向坡度不应小于1%,沟底的水落差不得超过200 mm。

⑥当找平层的基层采用装配式钢筋混凝土板时,应符合下列规定:

◆板端、侧缝应用细石混凝土灌缝,其强度等级不应低于C20;

◆当板缝宽度大于40 mm或上窄下宽时,板缝内应设置构造钢筋;

◆板端缝应进行密封处理。

4. 保温层施工

保温层的含水率必须符合设计要求。保温层可分为松散材料保温层、板状保温层及整体现浇保温层三种。

(1)松散材料保温层的施工要求:基层应平整、干燥、干净;含水率应符合设计的要求;松散保温材料应分层铺设并压实,压实的程度与厚度应经试验确定;保温层材料施工完毕后,应及时进行找平层和防水层的施工;雨季施工时,保温层应采取遮盖措施。

(2)板状保温层的施工要求:基层应平整、干燥、干净;板状保温材料应紧靠在需要保温的基层表面上,并应铺平垫稳;分层铺设的板块上下层接缝应相互错开,板间缝隙应采用同类材料填密实;粘贴的板状保温材料应贴严、粘牢。

(3)整体现浇保温层的施工要求:沥青膨胀蛭石、沥青膨胀珍珠岩宜用机械搅拌,并应色泽一致无沥青团;压实程度根据试验确定,其厚度应符合设计要求,表面应平整;硬质聚氨醋泡沫塑料应按配合比准确计量,发泡厚度均匀一致。

5. 卷材防水层的施工

(1)材料选择。

①基层处理剂:基层处理剂是为增强防水材料与基层之间的黏结力,在防水层施工前预先涂刷在基层上的涂料。它应与所用卷材的材性相容。常用的基层处理剂有用于沥青卷材防水屋面的冷底子油,用于高聚物改性沥青防水卷材屋面的氯丁胶沥青乳胶、

橡胶改性沥青溶液、沥青溶液和用于合成高分子防水卷材屋面的聚胶酯煤焦油系的二甲苯溶液、氯丁胶乳溶液、氯丁胶沥青乳胶等。

②胶粘剂：卷材防水层的黏结材料，必须选用与卷材相应的胶粘剂。沥青卷材可选用沥青玛谛脂，沥青玛谛脂的标号应根据屋面坡度、当地历年的室外极端最高气温选用。

高聚物改性沥青卷材可选用橡胶或再生橡胶改性沥青的汽油溶液或水乳液作为胶粘剂，其黏结剪切强度应大于 0.05 MPa，黏结剥离强度应大于 8 N/10 mm。

合成高分子防水卷材可选用以氯丁橡胶和丁基酚醛树脂为主要成分的胶粘剂或以氯丁橡胶乳液制成的胶粘剂，其黏结剥离强度不应小于 15 N/10 mm，用量为 0.4～0.5 kg/m²。胶粘剂均由卷材生产厂家配套供应。

各种防水卷材及制品均应符合设计要求，具有质量合格证明，进场前应按规范要求进行抽样复检，严禁使用不合格产品。

③卷材厚度：卷材厚度的选用应符合表 9-12 的规定。

表 9-12 卷材厚度的选用 （单位：mm）

屋面防水等级	设防道数	合成高分子防水卷材	高聚物改性沥青卷材	沥青防水卷材
Ⅰ	3 道或 3 道以上设防	不应小于 1.5	不应小于 3	—
Ⅱ	两道设防	不应小于 1.2	不应小于 3	—
Ⅲ	一道设防	不应小于 1.2	不应小于 4	三毡四油
Ⅳ	一道设防			二毡三油

（2）卷材施工。

①沥青卷材防水施工。沥青卷材防水施工的一般工艺流程为：基层表面清理、修补→涂刷冷底子油→节点附加层增强处理→定位、弹线、试铺→铺贴卷材→收头处理、节点密封→蓄水试验→保护施工→检查验收。

a.铺设方向。沥青防水卷材的铺设方向应根据屋面坡度和屋面是否有振动来确定。当屋面坡度小于 3% 时，宜平行于屋脊铺贴；当屋面坡度在 3%～15% 时，可平行于或垂直于屋脊铺贴；当屋面坡度大于 15% 或屋面受震动时，应垂直于屋脊铺贴；上下层卷材不得相互垂直铺贴。

b.施工顺序。在屋面防水层施工时，应先做好节点、附加层和屋面排水比较集中部位（如屋面与水落口的连接处、檐口、天沟、屋面转角处等）的处理，然后由屋面最低标高处向上施工。在铺贴天沟、檐口卷材时，宜顺天沟、檐口方向，尽量减少搭接。在铺贴多跨和有高低跨的屋面时，应按先高后低、先远后近的顺序进行。在大面积屋面施工时，应根据屋面特征及面积大小等因素划分流水施工段。施工段的界限宜设在屋脊、天沟、变形缝等处。

c.搭接方法及宽度要求。铺贴卷材采用搭接法，上下层及相邻两幅卷材的搭接缝应错开。平行于屋脊的搭接应顺流水方向，垂直于屋脊的搭接应顺主导风向。叠层铺设的各层卷材在天沟与屋面的连接处,应采用叉接法搭接,搭接缝应错开,接缝宜留在屋面或天沟侧面,不宜留在沟底。各种卷材的搭接宽度应符合表 9-13 的要求。

表 9-13 卷材搭接宽度

搭接方向		短边搭接宽度(mm)		长边搭接宽度(mm)	
铺贴方法 卷材种类		满粘法	空铺、点粘、条粘法	满粘法	空铺、点粘、条粘法
沥青防水卷材		100	150	70	100
高聚物改性沥青防水卷材		80	100	80	100
合成高分子 防水卷材	胶粘剂	80	100	80	100
	胶粘带	50	60	50	60
	单焊缝	60,有效焊接宽度不小于 25			
	双焊缝	80,有效焊接宽度 10×2+空腔宽			

d. 铺贴方法。沥青卷材的铺贴方法有浇油法、刷油法、刮油法、撒油法等。通常采用浇油法或刷油法在干燥的基层上涂满沥青胶,应随浇涂随铺油毡。在铺毡时,油毡要展平压实,使之与下层紧密黏结,卷材的接缝应用沥青胶赶平封严。对容易渗漏水的薄弱部位(如天沟、檐口、泛水、水落口等)均应加铺 1~2 层卷材附加层。

②高聚物改性沥青卷材防水施工。其施工工艺流程与普通沥青卷材防水层相同。

依据其特性,其施工方法有冷粘法、热熔法和自粘法之分。在立面或大坡面铺贴高聚物改性沥青防水卷材时,应采用满粘法,并宜减少短边搭接。

a. 冷粘法施工。冷粘法施工是利用毛刷将胶粘剂涂刷在基层或卷材上,然后直接铺贴卷材,使卷材与基层、卷材与卷材黏结。在施工时,胶粘剂涂刷应均匀、不漏底、不堆积,铺贴卷材下面的空气应排尽,并辊压黏结牢固。在铺贴时应平整顺直、搭接尺寸准确,不得扭曲、皱褶,将溢出的胶粘剂随即刮出封口。接缝应用密封材料封严,宽度不小于 10 mm。

b. 热熔法施工。热熔法施工是指利用火焰加热器熔化热熔型防水卷材底层的热熔胶进行粘贴。施工时,在卷材表面热熔后(以卷材表面熔融至光亮黑色为度)应立即滚铺卷材,使之平展,并辊压黏结牢固。大接缝处宜以溢出热熔的改性沥青为度,并应随即刮封接口。

c. 自粘法施工。自粘法施工是指采用带有自粘胶的防水卷材,不用热施工,也不需涂胶结材料而进行黏结。铺贴前,基层表面应均匀涂刷基层处理剂,待干燥后及时铺贴卷材。在铺贴时,应先将自粘胶底面的隔离纸完全撕净,排除卷材下面的空气,并辊压黏结牢固,搭接部位宜采用热风焊枪加热后随即粘贴牢固,随即将溢出的自粘胶刮平封口。接缝口用不小于 10 mm 宽的密封材料封严。

③合成高分子卷材防水施工。其施工工艺流程与前相同。施工方法一般有冷粘法、

自粘法和热风焊接法 3 种。

冷粘法和自粘法的施工要求与高聚物改性沥青防水卷材的基本相同,但冷粘法施工时搭接部位应采用与卷材配套的接缝专用胶粘剂,在搭接缝黏合面上涂刷均匀,并控制涂刷与黏合的间隔时间,排除空气,辊压黏结牢固。

热风焊接法是利用热空气焊枪进行防水卷材搭接黏合。焊接前卷材铺放应平整顺直,搭接尺寸应准确。施工时焊接缝的结合面应清扫干净,先焊长边搭接缝,后焊短边搭接缝。

(3)屋面特殊部位的附加增强层和卷材铺贴要求

①檐口。将铺贴到檐口端头的卷材裁齐后压入凹槽内,然后将凹槽用密封材料嵌填密实。如用压条(20 mm 宽薄钢板等)或用带垫片钉子固定时,钉子应敲入凹槽内,钉帽及卷材端头用密封材料封严。

②天沟、檐沟及水落口。天沟、檐沟卷材铺设前,应先对水落口进行密封处理。在水落口杯埋设时,水落口杯与竖管承插口的连接处应用密封材料嵌填密实,防止该部位在暴雨时产生倒水现象。水落口周围直径 500 mm 范围内用防水涂料或密封材料涂封作为附加增强层,厚度不少于 2 mm,涂刷时应根据防水材料的种类采用不同的涂刷遍数来满足涂层的厚度要求。水落口杯与基层接触处应留宽 10 mm、深 10 mm 的凹槽,嵌填密封材料。

由于天沟、檐沟部位水流量较大,防水层经常受雨水冲刷或浸泡,因此在天沟或檐沟转角处应先用密封材料涂封,每边宽度不少于 30 mm,干燥后再增铺一层卷材或涂刷涂料作为附加增强层。

天沟或檐沟铺贴卷材应从沟底开始,顺天沟从水落口向分水岭方向铺贴,边铺边用刮板从沟底中心向两侧刮压,赶出气泡使卷材铺贴平整,粘贴密实。如沟底过宽时,会有纵向搭接缝,搭接缝处必须用密封材料封口。

铺至水落口的各层卷材和附加增强层,均应粘贴在杯口上,用雨水罩的底盘将其压紧,底盘与卷材间应满涂胶结材料予以黏结,底盘周围用密封材料填封。

③泛水与卷材收头。泛水是指屋面的转角与立墙部位。这些部位结构变形大,容易受太阳曝晒,因此为了增强接头部位防水层的耐久性,一般要在这些部位加铺一层卷材或涂刷涂料作为附加增强层。

泛水部位卷材铺贴前,应先进行试铺,将立面卷材长度留足,先铺贴平面卷材至转角处,然后从下向上铺贴立面卷材。如先铺立面卷材,由于卷材自重作用,立面卷材张拉过紧,使用过程易产生翘边、空鼓、脱落等现象。

卷材铺贴完成后,将端头裁齐。若采用预留凹槽收头,将端头全部压入凹槽内,用压条钉压平服,再用密封材料封严,最后用水泥砂浆抹封凹槽。如无法预留凹槽,应先用带垫片钉子或金属压条将卷材端头固定在墙面上,用密封材料封严,再将金属或合成高分子卷材条用压条钉压作盖板,盖板与立墙间用密封材料封固或采用聚合物水泥砂浆将整个端头部位埋压。

④变形缝。屋面变形缝处附加墙与屋面交接处的泛水部位,应做好附加增强层;接缝两侧的卷材防水层铺贴至缝边;然后在缝中填嵌直径略大于缝宽的衬垫材料,如聚苯乙烯泡沫塑料棒、聚苯乙烯泡沫板等。为了使其不掉落,在附加墙砌筑前,缝口用可伸缩卷材或金属板覆盖。附加墙砌好后,将衬垫材料填入缝内。嵌填完衬垫材料后,再在变形缝上铺贴盖缝卷材,并延伸至附加墙立面。卷材在立面上应采用满粘法,铺贴宽度不小于100mm。为提高卷材适应变形的能力,卷材与附加墙顶面上宜黏结。

高低跨变形缝处,低跨的卷材防水层应铺至附加墙顶面缝边。然后将金属或合成高分子卷材盖板上、下两端用带垫片的钉子分别固定在高跨外墙面和低跨的附加墙立面上,盖板两端及钉帽用密封材料封严。

⑤排气孔与伸出屋面管道。排气孔与屋面交角处卷材的铺贴方法和立墙与屋面转角处相似,所不同的是流水方向不应有逆槎,排气孔阴角处卷材应做附加增强层,上部剪口交叉贴实或者涂刷涂料增强。

伸出屋面管道卷材铺贴与排气孔相似,但应加铺两层附加层。防水层铺贴后,上端用细铁丝扎紧,最后用密封材料密封,或焊上薄钢板泛水增强。附加层卷材裁剪方法参见水落口做法。

⑥阴阳角。阴阳角处的基层涂胶后要用密封材料涂封,宽度为距转角每边100mm,再铺一层卷材附加层,附加层卷材剪成图9-2所示形状[(a)阳角做法,(b)阴角做法]。铺贴后剪缝处用密封材料封固。

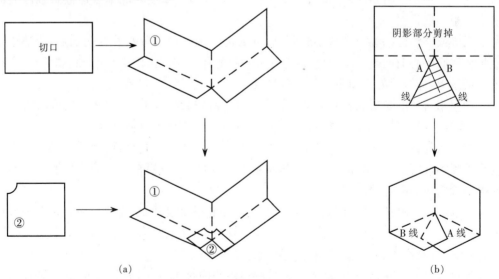

图9-2 阴阳角卷材剪贴方法

⑦高低跨屋面。高跨屋面向低跨屋面自由排水的低跨屋面,在受雨水冲刷的部位应采用满粘法铺贴,并加铺一层整幅的卷材,再浇抹宽300～500mm、厚30mm的水泥砂浆

或铺相同尺寸的块材加强保护。如为有组织排水,水落管下加设钢筋混凝土簸箕,应坐浆安放平稳。

6. 排汽屋面施工

当屋面保温层、找平层因施工时含水率过大或遇雨水浸泡不能及时干燥,而又要立即铺设柔性防水层时,必须将屋面做成排汽屋面,以避免因防水层下部水分汽化造成防水层起鼓破坏,保温层含水率过高造成保温性能降低。如果采用低吸水率(<6%)的保温材料时,就可以不必做排汽屋面。

排汽屋面可通过在保温层中设置排汽通道实现,其施工要点如下。

(1)排汽道应纵横贯通,不得堵塞,并应与大气连通的排汽孔相连。排汽道间距宜为 6 m 纵横设置,屋面面积每 36 m² 宜设置 1 个排汽孔。在保温层中预留槽做排汽道时,其宽度一般为 20～40 mm;在保温层中埋置打孔细管(塑料管或镀锌钢管)做排汽道时,管径 25 mm。排汽道应与找平层分格缝相重合。

(2)为避免排汽孔与基层接触处发生渗漏,应做防水处理,如图 9-3 和图 9-4 所示。

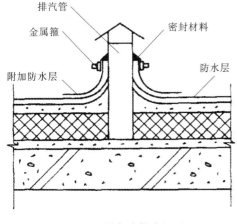

图 9-3　排汽孔做法(一)

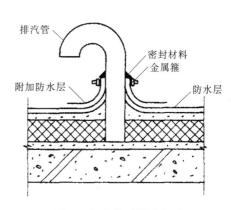

图 9-4　排汽孔做法(二)

排汽屋面防水层施工前,应检查排汽道是否被堵塞,并加以清扫。然后宜在排汽道上粘贴一层隔离纸或塑料薄膜,宽约 200 mm,在排汽道上对中贴好,完成后才可铺贴防水卷材(或涂刷防水涂料)。防水层施工时不得刺破隔离纸,以免胶粘剂(或涂料)流入排汽道,造成堵塞或排汽不畅。

排汽屋面还可利用空铺、条粘、点粘第一层卷材,或第一层为打孔卷材铺贴防水层的方法使其下面形成连通排汽通道,再在一定范围内设置排汽孔。这种方法比较适合非保温屋面的找平层不能干燥的情形。此时,在檐口、屋脊和屋面转角处及突出屋面的连接处,卷材应满涂胶黏结,其宽度不得小于 800 mm。当采用热玛蹄脂时,应涂刷冷底子油。

7. 保护层和隔热层施工

(1)保护层。由于屋面防水层长期处于阳光辐射、雨雪冰冻、上人活动等的影响,所以容易使防水层遭到破坏,必须加以保护,以延长防水层的使用年限。常用的各种保护层的做法有以下几种。

①浅色、反射涂料保护层。在卷材防水层上直接涂刷浅色或反射涂料,起阻止紫外线、臭氧的作用和对阳光的反射作用,并可降低防水层的表面温度。目前常用的有铝基沥青悬浊液、丙烯酸浅色涂料等。涂刷方法与用量按各种涂料的使用说明书操作,涂刷工具、操作方法和要求与涂膜防水施工相同,涂刷应均匀、避免漏涂。

②绿豆砂保护层。它用于非上人沥青卷材屋面。在卷材表面涂刷最后一道沥青玛蹄脂后,趁热铺撒一层粒径为3～5mm的绿豆砂(或人工砂)。绿豆砂颗粒均匀,并用水冲洗干净,在使用时应在铁板上预先加热干燥(温度为130～150℃)。撒时要均匀,不能有重叠堆积现象。扫过后马上用软辊轻轻滚一遍,使砂粒一半嵌入玛蹄脂内。

③细砂、蛭石及云母保护层。细砂多用于涂膜和冷玛蹄脂面层的保护层,当最后一次涂刷涂料或冷玛蹄脂时随即铺撒均匀。在用砂做保护层时,应采用天然水成砂,砂粒粒径不得大于涂层厚度的1/4。

蛭石或云母主要用于涂膜防水层的保护层,只能用于非上人屋面。当涂刷最后一道涂料时,应边涂刷边撒布细砂(或云母、蛭石),同时用软质的胶辊在保护层上反复轻轻滚压,以使保护层牢固地粘接在涂层上。涂层干燥后,应扫除未粘接材料并收集起来再用。

④水泥砂浆保护层。水泥砂浆保护层的厚度一般为15～25mm,配合比一般为水泥∶砂=1∶(2.5～3)(体积比)。若为上人屋面,砂浆层应适当加厚。水泥砂浆保护层与防水层之间一般也设置隔离层。

由于砂浆干缩较大,在保护层施工前,应根据结构情况每隔4～6m用木模设置纵横分格缝。在铺设水泥砂浆时,应随铺随拍实,并用刮尺找平,排水坡度应符合设计要求。为保证立面水泥砂浆保护层粘接牢固,在立面防水层施工时,应预先在防水层表面粘上砂粒或小豆石,然后做保护层。

⑤细石混凝土保护层。细石混凝土保护层施工前,应在防水层上铺设隔离层,并按设计要求支设好分格缝木模。当设计无要求时,每格面积不大于36㎡,分格缝宽度为20mm。一个分格内的混凝土应尽可能连续浇筑,不留施工缝。振捣时宜采用铁辊滚压或人工拍实,不宜采用机械振捣,以免破坏防水层。振实后随即用刮尺按排水坡度刮平,并在初凝前用木抹子提浆抹平,初凝后及时取出分格缝木模,终凝前用木抹子压光。在抹平压光时不宜在表面掺加水泥砂浆或干灰,否则表面砂浆易产生裂缝或剥落现象。

若采用钢筋细石混凝土保护层,那么在浇筑完后应及时进行养护,养护时间不小于7d。养护完后,将分格缝清理干净,嵌填密封材料。

⑥块材保护层。块材保护层的结合层一般采用砂或水泥砂浆。块材铺砌前应根据排水坡度的要求挂线,以满足排水要求。保护层铺砌的块体应横平竖直。

在砂结合层上铺砌块体时,砂结合层应洒水压实,并用刮尺刮平,以满足块体铺设的平整度要求。块体应对接铺砌,缝隙宽度为10mm左右。块体铺砌完成后,应适当洒水并轻轻拍平压实,以免产生翘角现象。板缝先用砂填至一半的高度,然后用1∶2的水泥砂浆勾成凹缝。

为防止砂子流失,在保护层四周 500 mm 范围内,应改用低强度等级水泥砂浆做结合层。当采用水泥砂浆做结合层时,应在防水层上做隔离层。预制块材应先浸水湿润并阴干。如果块材尺寸较大,可采用铺灰法铺砌。铺砌工作应在水泥砂浆凝结前完成,块体间预留 10 mm 的缝隙,铺砌 1～2 d 后用 1：2 的水泥砂浆勾成凹缝。

块体保护层每 100 m² 以内应留设分格缝,以防止因热胀冷缩而造成板块拱起或板缝过大。分格缝宽为 20 mm,缝内嵌填密封材料。

对于上人屋面的预制块体保护层及块体材料应按照楼地面的工程质量要求选用。

(2)板块保护隔热层施工。架空隔热制品的质量必须符合设计要求,严禁有断裂的露筋等缺陷。架空隔热层的高度应按照屋面宽度或坡度大小的变化确定,一般为 100～300 mm。架空隔热制品支座底面的卷材、涂膜防水层上应采取加强措施,操作时不得损坏已经完工的防水层。

第三节　刚性防水屋面

刚性防水屋面是用细石混凝土、块体材料或补偿收缩混凝土等材料做屋面防水层,依靠混凝土密实并采取一定的构造措施,以达到防水的目的。

一、细石混凝土材料要求

细石混凝土不得使用火山灰质水泥;砂采用粒径为 0.3～0.5 mm 的中粗砂,粗骨料含泥量不应大于 1%;细骨料含泥量不应大于 2%;水采用自来水或可饮用的天然水;混凝土强度不应低于 C20,每立方米混凝土水泥用量不少于 330 kg,水灰比不应大于 0.55;含砂率宜为 35%～40%;灰砂比宜为 1：2～1：2.5。

二、构造要求

刚性防水屋面构造如图 9-5 所示。

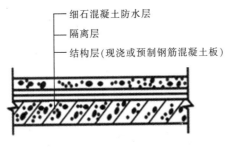

图 9-5　刚性防水屋面结构

三、细石混凝土防水层施工

细石混凝土防水层不得有渗漏或者积水现象。

1. 分格缝留置

分格缝又称分仓缝,应按设计要求设置,如设计无明确规定,分格缝留置原则为:分格缝应设在屋面板的支承端、屋面转折处、防水层与突出层面结构的交接处,其纵横间距不宜大于6 m。一般为一间一分格,分格面积不超过20 m²;分格缝上口宽为30 mm,下口宽为20 mm,应嵌填密封材料。

2. 防水层细石混凝土浇捣

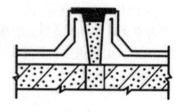

在混凝土浇捣前,应清除隔离层表面浮渣、杂物,先在隔离层上刷水泥浆一道,使防水层与隔离层紧密结合,随即浇筑细石混凝土。混凝土的浇捣按先远后近、先高后低的原则进行。施工时,一个分格缝范围内的混凝土必须一次浇完,不得留施工缝;分格缝做成直立反边,如图9-6所示,并与板一次浇筑成型。

图9-6 分格缝

3. 分格缝及其他细部做法

(1)分格缝的盖缝式做法及贴缝式做法如图9-7、图9-8所示。

(2)檐口节点如图9-9所示。

(3)屋面穿管节点如图9-10所示。

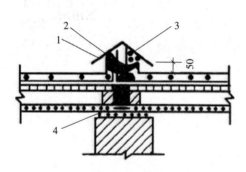

图9-7 盖缝式

1-石灰黄砂浆(1:3);2-沥青砂浆;

3-黏土脊瓦;4-沥青麻丝

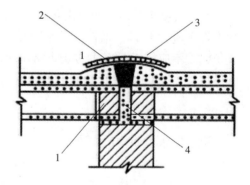

图9-8 贴缝式

1-沥青麻丝;2-玻璃布贴缝(或油毡贴缝);

3-防水接缝材料;4-细石混凝土

4. 密封材料嵌缝

密封材料嵌缝必须密实、连续、饱满、黏结牢固,无气泡、开裂、脱落等缺陷。

密封防水部位的基层应牢固,表面应平整、密实,不得有蜂窝、麻面、起皮和起砂现象;嵌填密封材料的基层应干净、干燥。密封防水处理的基层,应涂刷与密封材料相配套的基层处理剂,处理剂应配比准确,搅拌均匀。

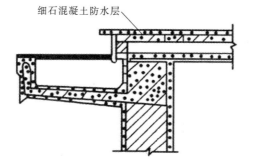

图 9-9　屋面板端头挑檐口

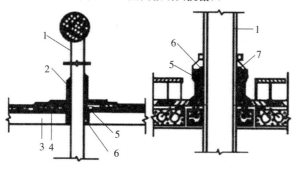

图 9-10　屋面板端头挑檐口

1-金属管；2-二布二油；3-屋面板；4-防水层；5-油膏嵌缝；6-沥青麻布；7-镀锌铁皮

四、隔离层施工

为了减小结构变形对防水层的不利影响，可将防水层和结构层完全脱离，在结构层和防水层之间增加一层厚度为 10～20 mm 的黏土砂浆，或铺贴卷材隔离层。

1. 黏土砂浆隔离层施工

将石灰膏：砂：黏土＝1：2.4：3.6 材料均匀拌和，铺抹厚度为 10～20 mm，压平抹光，待砂浆基本干燥后，进行防水层施工。

2. 卷材隔离层施工

用 1：3 水泥砂浆找平结构层，在干燥的找平层上铺一层干细砂后，再在其上铺一层卷材隔离层，搭接缝用热沥青粘贴。

第四节　涂膜防水屋面

涂膜防水屋面是在屋面基层上涂刷防水涂料，经固化后形成一层有一定厚度和弹性的整体涂膜，从而达到防水目的的一种防水屋面形式。涂膜防水屋面的典型构造层次如图 9-11 所示，具体施工层次根据设计要求确定。这种屋面具有施工操作简便、无污染、冷操作、无接缝、能适应复杂基层、防水性能好、温度适应性强、容易修补等特点。适用于防水等级为Ⅰ~Ⅲ的屋面防水。

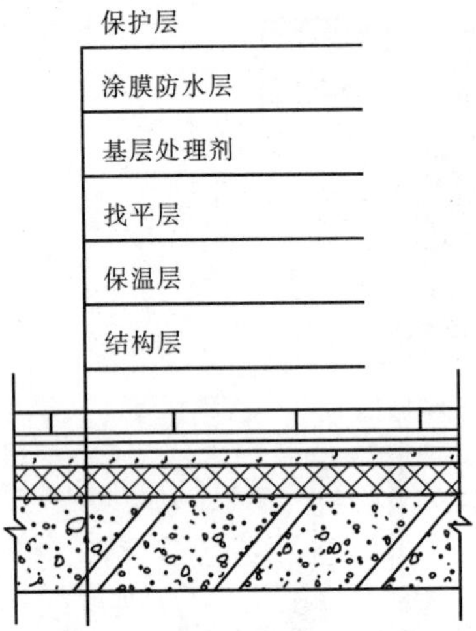

(a)正置式涂膜屋面 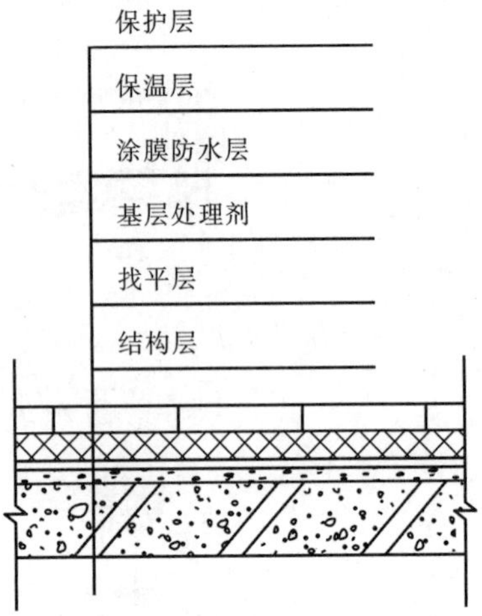　　　　　　　　(b)倒置式涂膜屋面

图 11-11　涂膜防水屋面构造

一、基层做法及要求

(1)涂膜防水屋面满涂于找平层(基层)上,要求找平层应有一定的强度,且要有一定的平整度,尽可能避免裂缝的发生。

(2)在基层上应设宽20mm的分格缝,并嵌填密封材料。分格缝应留设在板端缝处,其纵横缝的最大间距:水泥砂浆或细石混凝土找平层,不宜大于6m;沥青砂浆找平层,不宜大于4m。基层转角处应抹成圆弧形,其半径不小于50mm。通常涂膜防水层的找平层宜采用掺膨胀剂的细石混凝土,强度等级不低于C20,厚度不少于30mm,宜为40mm。

(3)分格缝应在浇筑找平层时预留,分格缝应符合设计要求,与板端缝或板的搁置部位对齐,均匀顺直,嵌填密封材料前要清扫干净。分格缝处应铺设带胎体增强材料的空铺附加层,其宽度为200~300mm。

(4)天沟、檐沟、檐口等部位,均应加铺有胎体增强材料的附加层,宽度不小于200mm。

(5)水落口周边应做密封处理,管口周围500mm范围内应加铺有胎体增强材料的附加增强层,涂膜伸入水落口的深度不得小于50mm。

(6)泛水处应加铺有胎体增强材料的附加层,此处的涂膜附加层宜直接涂刷至女儿墙压顶下,压顶应采用铺贴卷材或涂刷涂料等做防水处理。

(7)涂膜防水层的收头应用防水涂料多遍涂刷或用密封材料封固严密。

二、涂膜防水层施工

涂膜防水层的施工工艺如图11-12所示。

(1)涂膜防水层的施工也应按"先高后低,先远后近"的原则进行。当遇高低跨屋面时,一般先涂布高跨屋面,后涂布低跨屋面;对于相同高度屋面,要合理安排施工段,先涂布距上料点远的部位,后涂布近处;对于同一屋面,先涂布排水较集中的水落口、天沟、檐沟、檐口等节点部位,再进行大面积涂布。

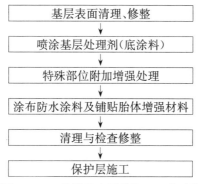

图 11-12　涂膜防水层的施工工艺过程

(2)涂膜防水层施工前,应先对水落口、天沟、檐沟、泛水、伸出屋面管道根部等节点部位进行增强处理,一般涂刷加铺胎体增强材料的涂料进行增强处理。

(3)当需铺设胎体增强材料时,如果坡度小于 15% 可平行屋脊铺设;如果坡度大于 15% 应垂直屋脊铺设,并由屋面最低标高处开始向上铺设。胎体增强材料的长边搭接宽度不得小于 50 mm,短边搭接宽度不得小于 70 mm。当采用两层胎体增强材料时,上下层不得互相垂直铺设,搭接缝应错开,其间距不应小于幅宽的 1/3。

(4)在涂膜防水屋面上如果使用两种或两种以上不同防水材料时,应考虑不同材料之间的相容性(即亲和性大小、是否会发生侵蚀),如果相容则可使用,否则会造成相互结合困难或互相侵蚀引起防水层短期失效。当涂料和卷材同时使用时,卷材和涂膜的接缝应顺水流方向,搭接宽度不得小于 100 mm。

(5)坡屋面防水涂料涂刷时,如果不小心踩踏尚未固化的涂层,很容易滑倒,甚至引起坠落事故。因此,在坡屋面涂刷防水涂料时,必须采取安全措施,如系安全带等。

(6)涂膜防水层厚度:沥青基防水涂膜在Ⅲ级防水屋面上单独使用时不得小于 8 mm,在Ⅳ级防水屋面或复合使用时不宜小于 4 mm;高聚物改性沥青防水涂膜不得小于 3 mm,在Ⅲ级防水屋面上复合使用时不宜小于 1.5 mm;合成高分子防水涂膜在Ⅰ、Ⅱ级防水屋面上使用时不得小于 1.5 mm,在Ⅲ级防水屋面上单独使用时不得小于 2 mm,复合使用时不宜小于 1 mm。

(7)在涂膜防水层未干前,不得在其上进行其他施工作业。涂膜防水层上不得直接堆放物品。

三、涂膜保护层

为防止涂料过快老化,涂膜防水屋面应设置保护层。涂膜防水层的保护层材料应根据设计图纸的要求选用。保护层施工前,应将防水层上的杂物清理干净,并对防水层质量进行严格检查,有条件的应做蓄水试验,合格后才能铺设保护层。如果采用刚性保护层,保护层与女儿墙之间预留 30 mm 以上空隙并嵌填密封材料,防水层和刚性保护层之间还应做隔离层。常见的保护层做法有浅色、反射涂料保护层,粒料保护层,水泥砂浆保护层,板块保护层,细石混凝土保护层等。

第五节　地下防水工程

地下工程长期受地下水变化影响,处于水的包围之中。如果防水措施不当出现渗漏,不但修缮困难,影响工程正常使用,而且长期下去会使主体结构产生腐蚀,出现地基下沉现象,危及安全,易造成重大经济损失。地下工程防水等级分为 4 级,见表 11 - 14。

表 11 - 14　地下工程防水等级

防水等级	标准
Ⅰ	不允许渗水,结构表面可有少量湿渍
Ⅱ	不允许漏水,结构表面可有少量湿渍 工业与民用建筑:总湿渍面积不应大于总防水面积(包括顶板、墙面、地面)的 1/1000;任意 100 m² 防水面积上的湿渍不超过 1 处,但单个湿渍的最大面积不大于 0.1 m² 其他地下工程:总湿渍面积不应大于总防水面积的 6/1 000;防水面积上的湿渍不超过 4 处,单个湿渍的最大面积不大于 0.2 m²
Ⅲ	有少量漏水点,不得有线流和漏泥沙 任意 100 m² 防水面积上的湿渍不超过 7 处,单个漏水点的最大漏水量不大于 2.5 L/d,单个湿渍的最大面积不大于 0.3 m²
Ⅳ	有漏水点,不得有线流和漏泥沙 整个工程平均漏水量不大于 2 L/(m²·d);任意 100 m² 防水面积的平均漏水量不大于 2 L/(m²·d)

目前,地下防水工程的方案主要有以下几种:

(1)采用防水混凝土结构。通过调整配合比或掺入外加剂等方法,来提高混凝土本身的密实度和抗渗性,使其成为具有一定防水能力的整体式混凝土或钢筋混凝土结构。

(2)在地下结构表面另加防水层。如抹水泥砂浆防水层或刷涂料防水层等。

(3)采用防水加排水措施,即"防排结合"方案。排水方案通常可用盲沟排水、渗排水与内排法排水等方法把地下水排走,以达到防水的目的。其中"防、排、截、堵相结合,刚柔相济,因地制宜,综合治理"的原则是我国建筑防水技术发展至今的实践经验总结。

一、混凝土结构自防水的施工

混凝土结构自防水施工质量的好坏直接关系着混凝土结构自防水质量的优劣。为保证施工质量,施工人员必须以高度的责任心遵循国家标准规范,从施工准备到每道工序,都要高标准、严要求地精心施工。

1. 模板安装

防水混凝土的所有模板,除满足一般要求外,应特别注意模板拼缝严密不漏浆,并应有足够的刚度、强度,吸水性要小,以钢模、木模、木(竹)胶合板模为宜。

结构内的钢筋或绑扎钢丝不得接触模板。当固定模板用的螺栓必须穿过混凝土结构时,可采用工具式螺栓、螺栓加堵头、螺栓上加焊方形止水环等做法。止水环尺寸及环数应符合设计规定。如果设计无规定,则止水环应为 10 cm×10 cm 的方形止水环,且至少有一环。

采用对拉螺栓固定模板时的方法如下。

(1)工具式螺栓做法。用工具式螺栓将防水螺栓固定并拉紧,以压紧固定模板。拆模时,将工具式螺栓取下,再以嵌缝材料及聚合物水泥砂浆将螺栓凹槽封堵严密,如图9-13所示。

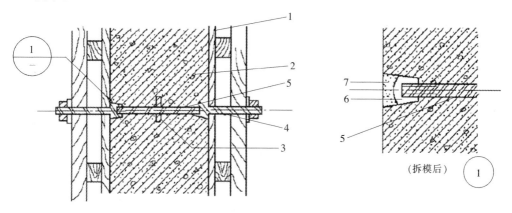

图 9-13　工具式螺栓的防水做法示意图

1-模板;2-结构混凝土;3-止水环;4-工具式螺栓;5-固定模板用螺栓;6-嵌缝材料;7-聚合物水泥砂浆

(2)螺栓加焊止水环做法。在对拉螺栓中部加焊止水环,止水环与螺栓必须满焊严密。拆模后应沿混凝土结构边缘将螺栓割断。此法将消耗所用螺栓,如图9-14所示。

(3)预埋套管加焊止水环做法。套管采用钢管,其长度等于墙厚(或其长度加上两端垫木的厚度之和等于墙厚),兼具撑头作用,以保持模板之间的设计尺寸。止水环在套管上满焊严密。支模时在预埋套管中穿入对拉螺栓拉紧固定模板。拆模后将螺栓抽出,套管内以膨胀水泥砂浆封堵密实。如果套管两端有垫木,在拆模时连同垫木一并拆除,除密实封堵套管外,还应将两端垫木留下的凹坑用同样方法封实。此法可用于抗渗要求一般的结构,如图9-15所示。

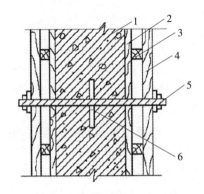

图9-14　螺栓加焊止水环

1-围护结构；2-模板；3-小龙骨；
4-大龙骨；5-螺栓；6-止水环

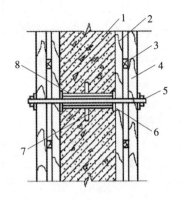

图9-15　预埋套管支撑示意

1-防水结构；2-模板；3-小龙骨；4-大龙骨；5-螺栓；
6-垫木（与模板一并拆除后，连同套管一起用膨胀水泥砂
浆封堵）；7-止水环；8-预埋套管

2. 钢筋绑扎

（1）做好钢筋绑扎前的除污、除锈工作。

（2）在绑扎钢筋时，应按设计规定留足保护层，且迎水面钢筋的保护层厚度不应小于50 mm。应以相同配合比的细石混凝土或水泥砂浆制成垫块，将钢筋垫起，以保证保护层厚度，严禁以垫铁或钢筋头垫钢筋，或将钢筋用铁钉及钢丝直接固定在模板上。

（3）钢筋应绑扎牢固，避免因碰撞、振动使绑扣松散、钢筋移位，造成露筋。

（4）钢筋及绑扎钢丝均不得接触模板。在采用铁马凳架设钢筋时，在不便取掉铁马凳的情况下，应在铁马凳上加焊止水环。

（5）在钢筋密集的情况下，更应注意绑扎或焊接质量。并用自密实高性能混凝土浇筑。

3. 混凝土搅拌

在选定配合比时，其试配要求的抗渗水压应较其设计值提高0.2 MPa，并准确计算及称量每种用料，再投入混凝土搅拌机。外加剂的掺入方法应遵从所选外加剂的使用要求。

防水混凝土必须采用机械搅拌。搅拌时间不应小于120 s。在掺外加剂时，应根据外加剂的技术要求确定搅拌时间。

4. 混凝土运输

运输过程中应采取措施防止混凝土拌合物产生离析，以及坍落度和含气量的损失，同时要防止漏浆。

防水混凝土拌合物在常温下应于0.5 h以内运至现场；当运送距离较远或气温较高时，可掺入缓凝型减水剂，缓凝时间宜为6～8 h。

防水混凝土拌合物在运输后如果出现离析，则必须进行二次搅拌。当坍落度损失后不能满足施工要求时，应加入原水灰比的水泥浆或二次掺加减水剂进行搅拌，严禁直接

加水搅拌。

5. 混凝土的浇筑和振捣

浇筑前,应清除模板内的积水、木屑、钢丝、铁钉等杂物,并以水湿润模板。使用钢模应保持其表面清洁无浮浆。

浇筑混凝土的自落高度不得超过 1.5 m,否则应使用串筒、溜槽或溜管等工具进行浇筑,以防产生石子堆积,影响质量。

在结构中若有密集管群,以及预埋件或钢筋稠密之处,不易使混凝土浇捣密实时,应选用免振捣的自密实高性能混凝土进行浇筑。

在浇筑大体积结构中,当遇有预埋大管径套管或面积较大的金属板时,其下部的倒三角形区域不易浇捣密实而形成空隙,造成漏水,为此,可在管底或金属板上预先留置浇筑振捣孔以利浇捣和排气,浇筑后再将孔补焊严密。

混凝土浇筑应分层,每层厚度不宜超过 30~40 cm,相邻两层的浇筑时间间隔不应超过 2 h,夏季可适当缩短。混凝土在浇筑地点须检查坍落度,每工作班至少检查两次。普通防水混凝土的坍落度不宜大于 50 mm。且实测坍落度与要求坍落度之间的偏差应符合表 9 - 15 的规定。

表 9 - 15　混凝土坍落度的允许偏差

要求坍落度/mm	允许偏差/mm
≤40	±10
50~90	±15
≥100	±20

防水混凝土必须采用高频机械振捣,振捣时间宜为 10~30 s,以混凝土泛浆和不冒气泡为准。要依次振捣密实,应避免漏振、欠振和超振。在掺加引气剂或引气型减水剂时,应采用高频插入式振捣器振捣密实。

6. 混凝土的养护

防水混凝土的养护对其抗渗性能的影响极大,特别是早期湿润养护更为重要。一般在混凝土进入终凝时(浇筑后 4~6 h)即应覆盖,浇水湿润养护不少于 14 d。因为在湿润条件下,混凝土内部水分蒸发缓慢,不致形成早期失水,有利于水泥水化,特别是浇筑后的前 14 d,水泥硬化速度快,强度增长几乎可达 28 d 标准强度的 80%,由于水泥充分水化,其生成物将毛细孔堵塞,切断毛细通路,并使水泥石结晶致密,混凝土强度和抗渗性均能很快提高;14 d 以后,水泥水化速度逐渐变慢,强度增长亦趋缓慢,虽然继续养护依然有益,但对质量的影响不如早期大,所以应注意前 14 d 的养护。防水混凝土不宜用电热法养护和蒸汽养护。

7. 模板拆除

由于防水混凝土要求较严,因此不宜过早拆模。拆模时混凝土的强度必须超过设计强度等级的 70%,混凝土表面温度与环境温度之差不得超过 15 ℃,以防止混凝土表面产生裂缝。拆模时应注意勿使模板和防水混凝土结构受损。

8. 防水混凝土结构的保护

　　地下工程的结构部分拆模后，经检查合格后，应及时回填。这样可避免因干缩和温差引起开裂，并有利于混凝土后期强度的增长和抗渗性的提高，同时也可减轻涌水对工程的危害，起一道阻水线的作用。回填前应将基坑清理干净，保证无杂物且无积水。回填土应分层夯实。地下工程周围 800 mm 以内宜用灰土、黏土或粉质黏土回填；回填土中不得含有石块、碎砖、灰渣、有机杂物以及冻土。回填施工应均匀对称进行。回填后地面建筑周围应做不小于 800 mm 宽的散水，其坡度宜为 5%，以防地面水侵入地下。

　　完工后的自防水结构，严禁再在其上打洞。若结构表面有蜂窝麻面，应及时修补；在修补时，应先用水冲洗干净，涂刷一道水灰比为 0.4 的水泥浆，再用水灰比为 0.5 的1：2.5水泥砂浆填实抹平。

9. 施工缝

　　施工缝是防水的薄弱部位之一，应不留或少留施工缝。底板的混凝土应连续浇筑。墙体上不得留垂直的施工缝，垂直施工缝应与变形缝统一考虑。最低的水平施工缝距底板面应不少于 300 mm，并避免设在墙板承受弯矩或剪力最大的部位。施工缝的接缝断面可做成不同的形状，如凸缝、高低缝和钢板止水缝等，如图 9-16 所示。

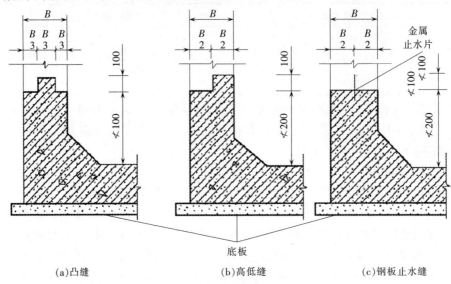

(a)凸缝　　　　　　　(b)高低缝　　　　　　　(c)钢板止水缝

图 9-16　施工缝接缝形式(单位:mm)

　　无论采用哪种形式的施工缝，为使接缝严密，混凝土浇筑前均应对缝表面进行凿毛处理，清除浮粒，用水冲洗干净，保持湿润，铺上一层 20～25 mm 厚的水泥砂浆，其材料和灰砂比应与混凝土相同。捣压密实后再继续浇筑混凝土。

二、水泥砂浆防水层施工

水泥砂浆防水层是在混凝土或砌砖的基层上用多层抹面的水泥砂浆等构成的防水层,它是利用抹压均匀、密实,并交替施工构成坚硬封闭的整体,具有较高的抗渗能力(2.5～3.0 MPa,30 d无渗漏),以达到阻止压力水的渗透作用。适用于承受一定静水压力的地下和地上钢筋混凝土、混凝土和砖石砌体等防水工程。

水泥砂浆防水层各层之间必须结合牢固,无空鼓现象。

1. 水泥砂浆的配合比和拌制

与基层结合的第一层水泥浆是用水泥和水拌和而成,水灰比为0.55～0.60;其他层水泥浆的水灰比为0.37～0.40;水泥砂浆由水泥、砂、水拌和而成,水灰比为0.40～0.50,灰砂比为1.5～2.0。

2. 基层处理

基层处理十分重要,是保证防水层与基层表面结合牢固,不空鼓和密实不透水的关键。基层处理包括清理、浇水、刷洗、补平等工序,其可使基层表面保持潮湿、清洁、平整、坚实、粗糙。

(1)混凝土基层的处理。

①新建混凝土工程,拆除模板后,立即用钢丝刷将混凝土表面刷毛,并在抹面前浇水冲刷干净。

②当旧混凝土工程补做防水层时,需用钻子、剁斧、钢丝刷将表面凿毛,清理平整后再冲水,用棕刷刷洗干净。

③混凝土基层表面凹凸不平、有蜂窝孔洞,应根据不同情况分别进行处理。

混凝土基层表面有超过1 cm的棱角及凹凸不平处,应剔成慢坡形,并浇水清洗干净,用素灰和水泥砂浆分层找平,如图9-17所示。

混凝土表面的蜂窝孔洞,应先将松散不牢的石子除掉,浇水冲洗干净,再用素灰和水泥砂浆交替抹到与基层面相平,如图9-18所示。

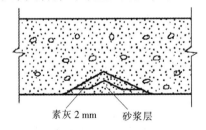

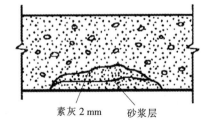

图9-17 混凝土基层凹凸不平的处理   **图9-18 混凝土基层蜂窝孔洞的处理**

如果混凝土表面的蜂窝麻面不深,石子黏结较牢固,则只需用水冲洗干净后,用素灰打底、水泥砂浆压实找平即可,如图9-19所示。

④混凝土结构的施工缝要沿缝剔成八字形凹槽,用水冲洗后,再用素灰打底、水泥砂

浆压实抹平,如图 9 - 20 所示。

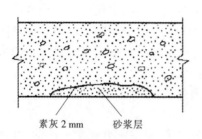

图 9 - 19　混凝土基层蜂窝麻面的处理

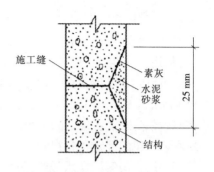

图 9 - 20　混凝土结构施工缝的处理

(2)砖砌体基层的处理。对于新砌体,应将其表面残留的砂浆等污物清除干净,并浇水冲洗。对于旧砌体,要将其表面的酥松表皮及砂浆等污物清理干净,至露出坚硬的砖面后并浇水冲洗。

对于石灰砂浆或混合砂浆砌的砖砌体,应将缝剔深 1 cm,缝内呈直角,如图 9 - 21 所示。

3. 施工方法

下面以普通水泥砂浆防水层的施工为例说明施工方法。

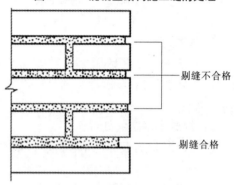

图 9 - 21　砖砌体的剔缝

(1)混凝土顶板与墙面防水层的操作。素灰层厚 2 mm。先抹一道 1 mm 厚素灰,用铁抹子往返用力刮抹,使素灰填实基层表面的孔隙。随即在已刮抹过素灰的基层表面再抹一道厚 1 mm 的素灰找平层,抹完后,用湿毛刷在素灰层表面按顺序涂刷一遍。

第一层水泥砂浆层厚 6～8 mm。在素灰层初凝时抹水泥砂浆层,要防止素灰层过软或过硬,过软会将素灰层破坏;过硬则黏结不良,要使水泥砂浆薄薄压入素灰层厚度的 1/4 左右。抹完后,在水泥砂浆初凝时用扫帚按顺序向一个方向扫出横向条纹。

第二层水泥砂浆层厚 6～8 mm。按照第一层的操作方法将水泥砂浆抹在第一层上,抹后在水泥砂浆凝固前的水分蒸发过程中,分次用铁抹子压实,一般以抹压 2～3 次为宜,最后压光。

(2)砖墙面和拱顶防水层的操作。第一层是刷水泥浆一道,厚度约为 1 mm,用毛刷往返涂刷均匀,涂刷后可抹第二、三、四层等,其操作方法与混凝土基层防水相同。

(3)地面防水层的操作。地面防水层的操作与墙面、顶板操作不同的地方是,素灰层(一、三层)不采用刮抹的方法,而是把拌和好的素灰倒在地面上,用棕刷往返用力涂刷均匀,第二层和第四层是在素灰层初凝前后把拌和好的水泥砂浆层按厚度要求均匀地铺在素灰层上,按墙面、顶板的操作要求抹压,各层厚度也均与墙面、顶板防水层的相同。地面防水层在施工时要防止践踏,应由里向外顺序进行,如图 9-22 所示。

(4)特殊部位的施工。结构阴阳角处的防水层,均需抹成圆角,阴角直径为 5 cm,阳角直径为 1 cm。

防水层的施工缝需留斜坡阶梯形搓,搓子的搭接要依照层次操作顺序层层搭接。留搓的位置一般留在地面上,亦可留在墙面上,所留的搓子均需离阴阳角 20 cm 以上,如图 9-23 所示。

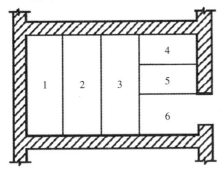

图 9-22 地面施工顺序

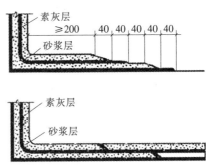

图 9-23 地面防水层接搓处理

三、卷材防水施工

地下防水工程一般把卷材防水层设置在建筑结构的外侧,称为外防水。它与卷材防水层设在结构内侧的内防水相比较,具有以下优点:外防水的防水层在迎水面,受压力水的作用紧压在结构上,防水效果良好,而内防水的卷材防水层在背水面,受压力水的作用容易局部脱开;外防水造成的渗漏机会比内防水少,因此,一般多采用外防水。

外防水有两种设置方法,即"外防外贴法"(简称"外贴法")和"外防内贴法"(简称"内贴法")。

两种设置方法的优、缺点比较见表 9-16。

表 9-16 外贴法和内贴法的优、缺点比较

名称	优点	缺点
外防外贴法	由于绝大部分卷材防水层直接贴在结构外表面,所以防水层较少受结构沉降、变形影响; 由于是后贴立面防水层,所以在浇捣结构混凝土时不会损坏防水层,只需注意保护底板与留搓部位的防水层即可; 便于检查混凝土结构及卷材防水层的质量,且容易修补	工序多、工期长,需要一定工作面; 土方量大,模板需用量大; 卷材接头不易保护好,施工烦琐,影响防水层质量

续表

名称	优点	缺点
外防内贴法	工序简便,工期短; 节省施工占地,土方量较小; 节约外墙外侧模板; 卷材防水层无须临时固定留搓,可连续铺贴,质量容易保证	受结构沉降变形影响,容易断裂、产生漏水; 卷材防水层及混凝土结构的抗渗质量不易检验; 如果产生渗漏,则修补卷材防水层困难

1. 外防外贴法

外防外贴法是将立面卷材防水层直接铺设在需防水结构的外墙外表面,施工程序如下:

(1)先浇筑需防水结构的底面混凝土垫层。

(2)在垫层上砌筑永久性保护墙,墙下铺一层干油毡。墙的高度不小于需防水结构底板厚度再加 100 mm 的高度。

(3)在永久性保护墙上用石灰砂浆接砌临时保护墙,墙高为 300 mm。

(4)在永久性保护墙上抹 1:3 的水泥砂浆找平层,在临时保护墙上抹石灰砂浆找平层,并刷石灰浆。如果用模板代替临时性保护墙,则应在其上涂刷隔离剂。

(5)待找平层基本干燥后,即可根据所选卷材的施工要求进行铺贴。

(6)在大面积铺贴卷材之前,应先在转角处粘贴一层卷材附加层,然后进行大面积铺贴,先铺平面、后铺立面。在垫层和永久性保护墙上应将卷材防水层空铺,而在临时保护墙(或模板)上应将卷材防水层临时贴附,并分层临时固定在其顶端。

(7)当不设保护墙时,从底面折向立面卷材的接搓部位应采取可靠的保护措施。

(8)浇筑需防水结构的混凝土底板和墙体。

(9)在需防水结构的外墙外表面抹找平层。

(10)在主体结构完成后,铺贴立面卷材时,应先将接搓部位的各层卷材揭开,并将其表面清理干净,如果卷材有局部损伤,应及时进行修补。对于卷材接搓的搭接长度,高聚物改性沥青卷材为 150 mm,合成高分子卷材为 100 mm。当使用两层卷材时,卷材应错搓接缝,上层卷材应盖过下层卷材。

(11)待卷材防水层施工完毕,并经过检查验收合格后,即应及时做好卷材防水层的保护结构。保护结构的几种做法如下:

①砌筑永久保护墙,并每隔 5～6 m 即在转角处断开,断开的缝中填以卷材条或沥青麻丝;保护墙与卷材防水层之间的空隙应随砌随以砌筑砂浆填实,保护墙完工后方可回填土。注意在砌保护墙的过程中切勿损坏防水层。

②抹水泥砂浆。在涂抹卷材防水层的最后一道沥青胶结材料时,应趁热撒上干净的热砂或散麻丝,冷却后随即抹一层 10～20 mm 的 1:3 水泥砂浆,水泥砂浆经养护达到强度后,即可回填土。

③贴塑料板。在卷材防水层外侧直接用氯丁系胶粘剂粘贴固定 5～6 mm 厚的聚乙烯泡沫塑料板,完工后即可回填土。亦可用聚酚酸乙烯乳液粘贴 40 mm 厚的聚苯泡沫塑料板代替。

2. 外防内贴法

外防内贴法是浇筑混凝土垫层后,在垫层上将永久保护墙全部砌好,再将卷材防水层铺贴在垫层和永久保护墙上,施工程序如下。

(1)在已施工好的混凝土垫层上砌筑永久保护墙,保护墙全部砌好后,用 1∶3 的水泥砂浆在垫层和永久保护墙上抹找平层。保护墙与垫层之间须干铺一层油毡。

(2)找平层干燥后即涂刷冷底子油或基层处理剂,干燥后方可铺贴卷材防水层。在铺贴时应先铺立面、后铺平面,先铺转角、后铺大面。在全部转角处应铺贴卷材附加层,附加层可为两层同类油毡或一层抗拉强度较高的卷材,并应仔细粘贴紧密。

(3)卷材防水层铺完经验收合格后即应做好保护层。立面可抹水泥砂浆、贴塑料板,或用氯丁系胶粘剂粘铺石油沥青纸胎油毡;平面可抹水泥砂浆,或浇筑不小于 50 mm 厚的细石混凝土。

(4)施工需防水结构将防水层压紧。如果为混凝土结构,则永久保护墙可当一侧模板;结构顶板卷材防水层上细石混凝土的保护层厚度不应小于 70 mm,防水层如果为单层卷材,则其与保护层之间应设置隔离层。

(5)结构完工后,方可回填土。

3. 提高卷材防水层质量的技术措施

(1)卷材的点粘、条粘及空铺。卷材防水层是黏附在具有足够刚度的结构层或结构层上的找平层上面,当结构层产生变形裂缝时,要求卷材有一定的延伸率来适应这种变形,采用点粘、条粘、空铺的措施可以充分发挥卷材的延伸性能,有效地减少卷材被拉裂的可能性。具体做法如下。

①点粘法:每平方米卷材下粘 5 点(100 mm×100 mm),粘贴面积不大于总面积的 6%。

②条粘法:每幅卷材两边各与基层粘贴 150 mm 宽。

③空铺法:卷材防水层周边与基层粘贴 800 mm 宽。

(2)增铺卷材附加层。对变形较大、易遭破坏或易老化的部位,如变形缝、转角、三面角,以及穿墙管道周围、地下出入口通道等处,均应铺设卷材附加层。

附加层可采用同种卷材加铺 1～2 层,亦可用其他材料做增强处理。

(3)做密封处理。为使卷材防水层增强适应变形的能力,提高防水层的整体质量,在分格缝、穿墙管道周围、卷材搭接缝以及收头部位应做密封处理。

施工中,要重视对卷材防水层的保护。

第六节　卫生间防水工程施工

卫生间(厕浴间)是建筑物中不可忽视的防水工程部位。一般将卫生间的防水层布置在结构层与地面面层之间。传统的卫生间防水做法多为一布二油或二布三油,而卫生间存在管道多、卫生器具形状复杂、工作面小、穿墙管道多、设备多、阴阳转角复杂、房间长期处于潮湿状态等不利条件,致使卷材施工困难,防水质量难以保证。

近年来涂膜防水材料得到广泛应用。由于其施工简单、方便,防水效果好,特别适合表面形状复杂的结构防水施工。实践证明,卫生间采用涂膜防水材料比传统的卷材做法更为适合,尤其是选用高弹性的聚氨酯涂膜防水或选用弹塑性的氯丁胶乳沥青等防水材料和新工艺,可以使卫生间的地面和墙面形成一个没有接缝、封闭严密的整体防水层,从而提高了卫生间的防水工程质量。

涂膜防水是在结构层表面涂刷一定厚度的、无定型液态的防水卷材,经过常温胶联、固化后,形成一层具有一定坚韧性的弹性涂膜,从而具有防水功能。根据防水基层的情况和适用部位,可将加固材料和缓冲材料铺设在防水层内,可达到提高涂膜防水效果、增强防水层强度和耐久性的目的。

一、卫生间涂膜防水施工

1. 卫生间楼地面聚氨酯防水施工

聚氨酯涂膜防水材料是双组分化学反应固化型的高弹性防水卷材,多以甲、乙双组分形式使用,主要材料有聚氨酯涂膜防水材料甲组分、聚氨酯涂膜防水材料乙组分和无机铝盐防水剂等。施工用辅料应备有二甲苯、乙酸乙酯、石碴等。

聚氨酯防水涂料的施工工艺流程:清扫基层→涂刷底胶→细部附加层→第一层涂膜→第二层涂膜→第三层涂膜和粘石碴。

(1)清扫基层:用铲刀将粘在找平层上的灰皮除掉,用扫帚将尘土清扫干净,尤其是管根、地漏和排水口等部位要仔细清理。如果有油污,应用钢丝刷和砂纸刷掉。表面必须平整,凹陷处要用1:3的水泥砂浆找平。

(2)涂刷底胶:将聚氨酯甲、乙两组分和二甲苯按1:1.5:2的比例(重量比)配合搅拌均匀即可使用。用滚动刷或油漆刷蘸底胶均匀地涂刷在基层表面,不得过薄也不得过厚,涂刷量以 0.2 kg/m² 左右为宜。涂刷后应干燥 4 h 以上,才能进行下一工序的操作。

(3)细部附加层:将聚氨酯涂膜防水材料按甲组分:乙组分=1:1.5 的比例混合搅拌均匀,用油漆刷蘸涂料在地漏、管道根、阴阳角和出水口等容易漏水的薄弱部位均匀涂刷,不得漏刷(地面与墙面交接处、涂膜防水拐墙上做 100 mm 高)。

(4)第一层涂膜:将聚氨酯甲、乙两组分和二甲苯按1:1.5:0.2的比例配合后,倒入拌料桶中,用电动搅拌器搅拌均匀(搅拌约 5 min),用橡胶刮板或油漆刷刮涂第一层涂料,刮涂厚度要均匀一致,刮涂量以 0.8～1.0 kg/m² 为宜,从内往外退着操作。

(5)第二层涂膜:当第一层涂膜后,涂膜固化到不粘手时,按第一遍材料的配比方法,进行第二遍涂膜操作,为使涂膜厚度均匀,刮涂方向必须与第一遍刮涂方向垂直,刮涂量与第一遍同。

(6)第三层涂膜:第二层涂膜固化后,仍按前两遍的材料配比搅拌好涂膜材料进行第三遍刮涂,刮涂量以 0.4～0.5 kg/m² 为宜,当涂完之后未固化时,可在涂膜表面稀撒干净的 $\phi2～\phi3$ mm 粒径的石碴,以增加与水泥砂浆覆盖层的黏结力。

在操作过程中应根据当天的操作量配料,不得搅拌过多。当涂料黏度过大不便涂刮时,可加入少量二甲苯进行稀释,加入量不得大于乙料的 10%。如果甲、乙料混合后固化过快,影响施工,则可加入少许磷酸或苯磺酰氯缓凝剂,加入量不得大于甲料的 0.5%;如果涂膜固化太慢,可加入少许二月桂酸二丁基锡作促凝剂,但加入量不得大于甲料的 0.3%。

涂膜防水做完,经检查验收合格后可进行蓄水试验,如果 24 h 无渗漏,可进行面层施工。

2. 卫生间楼地面氯丁胶乳沥青防水涂料施工

胶乳沥青防水涂料的施工工艺流程:基层处理→涂刮氯丁胶乳沥青水泥腻子→刮第一遍防水涂料→细部构造和加强层→铺贴玻璃丝布(或无纺布)同时刷第二遍涂料→刷第三遍涂料→刷第四遍涂料→蓄水试验

(1)基层处理:先检查基层水泥砂浆找平层是否平整,泛水坡度是否符合设计要求,当面层有坑凹处时,用水泥砂浆找平,用钢丝刷、扁铲将黏结在面层上的浆皮铲掉,最后用扫帚将尘土扫干净。

(2)涂刮氯丁胶乳沥青水泥腻子:将搅拌均匀的氯丁胶乳沥青防水涂料倒入小桶中,掺少许水泥搅拌均匀,用刮板将基层满刮一遍。

(3)刮第一遍防水涂料:根据每天的使用量将氯丁胶乳沥青防水涂料倒入小桶中,下班时将余料倒回大桶内保存,防止干燥结膜影响使用。待基层氯丁胶乳水泥腻子干燥后,开始涂刷第一遍涂料,用油漆刷或滚动刷蘸涂料满刷一遍,涂刷要均匀,表面不得有流淌堆积现象。

(4)细部构造和加强层:阴角、阳角先做一道加强层,即将玻璃丝布(或无纺布)铺贴于上述部位,同时用油漆刷刷氯丁胶乳沥青防水涂料,要贴实、刷平,不得有折皱。

管子根部也是先做加强层。可将玻璃丝布(或无纺布)剪成锯齿形,铺贴在套管表面,上端卷入套管中,下端贴实在管根部平面上,同时刷氯丁胶乳沥青防水涂料,贴实、刷平。

地漏、蹲坑等与地面相交的部位也先做二层加强层。

当墙面无防水要求时,地面的防水涂层往墙面四周卷起 100 mm 高,也做加强层。

(5)铺贴加强层同时刷第二遍涂料:细部构造层做完之后,可进行大面积涂布操作,将玻璃丝布(或无纺布)卷成圆筒,用油漆刷蘸涂料,边刷边滚动玻璃丝布(或无纺布)卷,边绲边铺贴,并随即用毛刷将玻璃丝布(或无纺布)碾压平整,排除气泡,同时用刷子蘸涂料在已铺好的玻璃丝市(或无纺布)上均匀涂刷,使玻璃丝布(或无纺布)牢固地黏结在基层上,不得有漏涂和折皱。一般的平面施工从低处向高处做,按顺水接茬从里往门口做,先做水平面、后做垂直面,玻璃丝布(或无纺布)的搭接长度不小于 10 cm。

(6)刷第三遍防水涂料:待第二层涂料干燥后,用油漆刷或滚动刷满刷第三遍防水涂料。

(7)刷第四遍防水涂料:第三遍涂料干燥后,再满刷最后一遍涂料,表面撒一层粗砂,干透后做蓄水试验。

(8)蓄水试验:防水层涂刷验收合格后,将地漏堵塞,蓄水 2 cm 高,持续时间不少于24 h,若无渗漏为合格,可进行面层施工。

氯丁胶孔沥青防水涂料的涂布遍数和玻璃丝布(或无纺布)的层数,均根据设计要求操作,可参照上述方法。

3. 卫生间楼地面 SBS 橡胶改性沥青防水涂料施工

SBS 橡胶改性沥青防水涂料的施工工艺流程:基层处理→涂刷第一遍涂料→细部处理、一布二涂→蓄水试验。

(1)基层处理:同氯丁胶乳沥青涂料的做法。

(2)涂刷第一遍涂料:用油漆刷蘸 SBS 橡胶改性沥青防水涂料,满涂刷一遍,要先上后下、先高后低,涂刷均匀,不得有漏刷之处。

(3)细部处理:立管根部、地漏、蹲坑等部位与地面交接处,均要细致地涂刷 SBS 防水涂料,不得漏刷。

(4)一布二涂:先将玻璃丝布卷成筒,用油漆刷蘸涂料,边刷边滚动、边粘贴,随时用油漆刷将布碾平整,排除气泡,玻璃丝布的搭接长度不小于 5 cm(如果需铺多层布,要将上下搭接缝错开),紧跟着油漆刷在已铺的玻璃丝布上再涂刷一遍涂料为止,直到玻璃丝布的网眼布满涂料为止,刷涂料后不得留有死折、气泡、翘边和白茬,铺贴要平整。

(5)蓄水试验:防水涂料按设计要求的涂层涂完,经质量验收合格后,即可进行蓄水试验,临时将地漏堵塞,门口处抹挡水坎,蓄水高 2 cm,观察 24 h 如果无渗漏为合格,可进行面层施工。

二、卫生间渗漏与堵漏技术

卫生间用水频繁,防水处理不当就会发生渗漏。主要表现在楼板管道滴漏水、地面积水、墙壁潮湿渗水,甚至下层顶板和墙壁也出现滴水现象。治理卫生间的渗漏,必须先查找渗漏的部位和原因,然后采取有效的针对性措施。

1. 板面及墙面渗水

(1)原因。混凝土、砂浆的施工质量不良,存在微孔渗漏;板面、隔墙出现轻微裂缝;

防水涂层的施工质量不好或被损坏。

（2）堵漏措施。

①拆除卫生间渗漏部位的饰面材料，涂刷防水涂料。

②如果有开裂现象，则应对裂缝先进行增强防水处理，再刷防水涂料。增强处理一般采用贴缝法、填缝法和填缝加贴法。贴缝法主要适用于较显著的裂缝，施工时要先进行扩缝处理，将缝扩展成 15 mm×15 mm 左右的 V 形槽，清理干净后刮填嵌缝材料。填缝加贴缝法除采用填缝处理外，还在缝表面再涂刷防水涂料，并粘贴纤维材料处理。

③当渗漏不严重、饰面拆除困难时，也可直接在其表面刮涂透明或彩色的聚氨酚防水材料。

2. 卫生洁具及穿楼板管道、排水管口等部位渗漏

（1）原因。细部处理方法欠妥，卫生洁具及管口周边填塞不严；由于振动及砂浆、混凝土收缩等出现裂缝；卫生洁具及管口周边未用弹性材料处理或施工时的嵌缝材料及防水涂料粘接不牢；嵌缝材料及防水涂层被拉裂或拉离粘贴面。

（2）堵漏措施。

①将漏水部位彻底清理，刮填弹性嵌缝材料。

②在渗漏部位涂刷防水涂料，并粘贴纤维材料增强。

参 考 文 献

[1] "建筑施工手册"(第5版)编委会. 建筑施工手册. 第五版. 缩印本. 北京:中国建筑工业出版社, 2013.

[2] 张伟,徐淳. 建筑施工技术. 第二版. 上海:同济大学出版社,2015.

[3] 王军霞. 建筑施工技术. 北京:中国建筑工业出版社,2011.

[4] 杨波. 建筑工程施工手册. 北京:化学工业出版社,2012.

[5] 应惠清. 建筑施工技术. 上海:同济大学出版社,2006.

[6] 项建国. 建筑工程项目管理. 第三版. 北京:中国建筑工业出版社,2015.

[7] 俞斌辉. 建筑防水工程施工手册. 济南:山东科学技术出版社,2004.

[8] 危道军. 建筑施工技术. 第二版. 北京:人民交通出版社,2011.

[9] 滕邵华. 实用建筑施工手册. 第二版. 北京:金盾出版社,2002.

[10] 杨波. 建筑工程施工手册. 北京:化学工业出版社,2012.

[11] 中国建筑工程总公司. 建筑工程施工工艺标准汇编. 缩印本. 北京:中国建筑工业出版社,2005.

[12] 喻艳梅. 建筑工程测量. 长沙:中南大学出版社有限责任公司,2015.

[13] 郝俊. 建筑装饰工程施工. 北京:中国建筑工业出版社,2005.

[14] 李晓芳. 建筑防水工程施工. 北京:中国建筑工业出版社,2005.

[15] 国振喜,韩兆平. 简明建筑工程施工手册. 北京:机械工业出版社,2001.

[16] 李源清. 建筑施工组织设计与实训. 北京:北京大学出版社,2014.